JADAM
Organic Farming

초저비용으로 전진하는 자닮 유기농업

조 영 상 지음

www.jadam.kr

JADAM ORGANIC FARMING:
초저비용으로 전진하는 자닮 유기농업

초판 1쇄 발행 : 2012년 4월 15일
초판 2쇄 발행 : 2012년 9월 1일
1차 개정판 1쇄 발행 : 2014년 3월 9일
2차 개정판 1쇄 발행 : 2016년 2월 20일
3차 개정판 1쇄 발생 : 2018년 11월 15일
4차 개정판 1쇄 발행 : 2020년 5월 15일

글/사진 : 조영상
책임편집 : 주선화, 조영상
표지디자인 : 조영상
e-book 편집 : 조성우
교정/교열 : 주선화, 이원경, 이경희, 이상희, 조선영, 조성우.
펴낸곳 : 자연을닮은사람들
펴낸이 : 조영상
인쇄 : 금강인쇄(주)

주소 : 대전 유성구 테크노2로 187, 미건테크노월드 2차 B동 311호
대표전화 : 1899-5012, 팩스 : 070-4667-2955
E-mail : vnt0226@naver.com
사이트 주소 : www.jadam.kr
출판등록일 : 2000년 5월 29일
등록번호 : 제 20-1-41호

ISBN 978-89-89220-13-8 13520

이 책의 저작권은 자연을닮은사람들에게 있습니다.
저작권법에 의해 보호받는 저작물로 무단 전재나 무단 복제, 매체 수록 등을 금합니다.
부분적인 인용도 서면 허가를 받아야 합니다.

자닮의 초저비용 유기농업을 연구 보급하는데 여러분들의 후원을 받습니다.
국내 : 하나은행 741-910013-08404 조영상, 국외 : Paypal vnt0226@naver.com

자닮 활동의 핵심은 농업기술의 주도권을
농업의 주체인 농민에게 옮겨 오는 것이다.

농업기술이 상업자본에 종속되는 것을 막고
농민의 역량으로 주도되는 초저비용농업의 실현으로 유기농업을
대중화시켜 농민과 소비자는 물론 대자연과 함께
상생하는 농업의 신세계를 열고자 한다.

머리말

　인간이 자신의 건강을 전문 의료 집단에 위탁하는 것처럼 농업기술 분야도 전문가 집단에게 위탁하는 서비스업이 되고 있습니다. 농자재 제조, 시비 설계, 방제 설계가 농민이 아닌 사람들의 전문 영역으로 변하고 농민은 그들로부터 서비스를 받는 단순 소비자로 전락해 갑니다. 이런 흐름은 농업의 고비용화와 밀접한 관련이 있고 이 흐름 때문에 농업의 수익성이 악화되어 농업이 파탄으로 이어지고 있음에도 사회적 정치적으로 심각한 문제 제기가 없습니다. 농업 생산 방식이 자생력의 근본이 된다는 문제의식 없이 진행되는 국가정책과 지원은 오히려 농민의 기술적 종속을 심화시키고 수익성 악화를 조장하고 있습니다. 막대한 농업 예산 투입은 결국 농민을 살찌우는 것이 아니고 농업 주변인들의 배만 불리고 있는 형국입니다.

　BC2333년 고조선이 설립된 이래 현재까지 우리 유기농업의 공식적인 역사는 4,300여 년에 달함에도 불구하고, 아시아권에서 이미 해왔던 유기농업의 가치에는 관심을 기울이지 않고 외국의 유기농업을 도입하여 이식하려 합니다. 유기농업, 분명히 우리 민족이 처음 하는 농업이 아닌데 아주 새로운 농업기술인듯, 외국에서 어렵사리 구해 온 기술인듯, 유기농업의 특별함과 어려움을 과장하여 농민의 기술적 자신감을 박탈하는 '지적 학대'가 갖가지 교육과 전시회 등으로 더욱 심화되고 있습니다.

　농자재를 구입에 전적으로 의존하는 방식은 유기농업을 고비용으로 이끌고, 이는 소비자의 외면으로 이어지고 있습니다. 앞으로 10년, 20년, 이대로 가다가는 농민에게 농업의 미래는 없다고 생각합니다. 유기농업 기술의 고비용화 문제를 풀지 못하면 유기농업의 세계적인 대중화는 물론 지구환경 복원도 요원할 것입니다. 자닮은 농업의 고비용 문제를 극복하고 초저비용농업의 유기농업 대중화를 위해 전력투구해 왔습니다. 수십 년의 노력이 결실을 이뤄 평당 100원대 농자재비로 가능한 초저비용농업(Ultra-Low-Cost Agriculture, ULC)을 선보이게 되었습니다.

여러분들은 이 책으로 유기농업에 필요한 모든 농자재를 손쉽게 만들어 활용하는 방법을 배우게 될 것입니다. 화학농약을 대체할 수 있는 천연농약의 제조기술조차도 매우 단순하고 쉽게 설계되어 있기에 천연농약의 자가제조도 손쉽게 해낼 수 있다는 자신감을 갖게 될 것입니다. 농자재를 스스로 해결한다는 것은 농업기술이 상업자본으로부터 독립한다는 것을 의미하고 농업기술의 주도권이 농민에게 돌아온다는 것을 의미합니다. 이는 또한 농민이 주도하는 초저비용농업에 든든한 버팀목이 됩니다. 농업기술이 기업집단의 상업적 이익의 수단으로 이용당하는 것은 국가와 인류를 위해 바람직하지 않습니다. 자닮의 초저비용농업을 돈을 벌기위해 돈을 적게 쓰자는 농업쯤으로 생각하실 수도 있겠지만, 초저비용농업은 농업의 역사적, 철학적, 생태적 고뇌와 반성도 함께 담고 성장해 온 결과물입니다. 자닮은 초저비용농업으로 국가의 농업, 더 나아가 세계의 농업을 대혁신하고자 합니다. 그리하여 유기농업의 대중화와 농민과 소비자가 함께 상생하고 자연과 조화로운 희망의 농업시대를 열기를 고대합니다.

2003년부터 꾸준하게 운영해 온 자닮사이트 www.jadam.kr와 자닮이 운영하는 유튜브 채널(JADAM Organic Farming)를 통해서 초저비용농업이 전 세계 여러나라에 알려져 다양한 질문들이 들어오고 있습니다. 자닮식 농업은 한국이라는 풍토에서 정착되고 발전된 것이어서 전 세계 모든 국가에 바로 접목되려면 사전에 조정과정이 필요할 것으로 판단합니다. 하지만 자닮식 농업은 그 지역의 농업을 변화시키는데 필요한 강력한 기술적 대안이 될 것입니다. 다양한 기후대가 존재하는 미국 하와이에서 1년간 자닮 천연농약 적용 실험을 한 결과 열대지역에서 발생하는 병해충에도 자닮 천연농약이 아주 효과적임을 확인했습니다.

자닮이 1991년부터 활동을 시작하여 30여년이 지난 지금, 자닮사이트에 가입된 회원과 자닮 강좌에 참여한 회원수가 7만 명이 넘었습니다. 많은 분들이 관심을 가져주셔서 매우 고맙게 생각합니다. 또한 자닮이란 조직이 경제적 어려움을 견디며 굳건하게 유지될 수 있도록 매월 1만 원 이상 묵묵히 후원해주신 후원자 여러분께 깊은 감사를 올립니다. 여러분들의 지속적인 후원이 없었다면 자닮은 수십 년의 세월을 지켜내지 못했을 것이고 초저비용농업이라는 독창적인 농업 비전도 만들지 못했을 것입니다. 후원자 여러분! 고맙습니다.

수십 년의 경험으로 얻은 값진 기술을 기꺼이 자닮과 함께 공유해주신 농민 여러분이 없었으면 자닮의 초저비용농업은 완성이 불가능했습니다. 농민과 농민의 지혜를 맞대고 모으는 것만으로도 얼마나 놀라운 결과가 나올 수 있는지 이 책과 자닮사이트를 통해서 여러분들은 확인하실 수 있습니다. 이 책 말미에 여러분들의 삶과 농업에 도움이 될만한 다양한 책들을 소개하였습니다. 상업적 정보가 넘쳐나는 세속의 시류에 휘둘리지 않고 자신의 삶을 온전하게 하기 위해 지적탐구는 큰 힘이 됩니다.

농촌진흥청 협동연구사업의 결과로 자닮식 농자재에 대한 정밀한 분석수치까지 제시할 수 있어 친환경 농자재 자가제조의 현실적 실효성이 더욱 두드러지게 표현될 수 있었습니다. 이를 적극 지원해 주신 국립농업과학원 전 유기농업과장 지형진 박사님께 깊은 감사의 마음을 올립니다. 자닮식 농법의 과학화를 위해 저를 포함시켜 연구를 주도하고 있는 국립원예특작과학원 남춘우 박사님과 초저비용농업의 확산을 적극적으로 지원해 주신 친환경농업인연합회 박종서 총장님, 부여농산물품질관리원의 이광구 전 소장님, 강진군청 조지연 선생님, 부안군청 이상원 선생님, 상주농업기술센터 최낙두 선생님, 예산농업기술센터 구자운 선생님, 가평농업기술센터 박명산 선생님, 청송농업기술센터 하경찬 선생님, 단양농업기술센터 김관동 선생님, 완도농업기술센터 이은희 선생님, 곡성농업기술센터 김수곤 선생님, 산림청 유병무 선생님께 고마움을 전합니다.

자닮이 그려온 초저비용농업에 큰 밑그림이 되어주신 저의 부친이며 평생 자연농업을 위해 생을 바쳐오신 조한규 회장님의 기술적 업적이 없었다면 지금의 자닮은 없었을 것입니다. 40만 평 대면적에 자닮식의 유기농업을 과감하게 적용하여 대성공으로 이끌고, 자닮식 농법의 대중화의 가능성을 입증해 보이신 김정호 국회의원(전 봉하마을 김정호 대표)님께도 깊은 감사를 올립니다. 늘 새로운 지혜를 모아 자닮 진로에 명쾌한 조언을 해주시는 전 순천농협 채대홍 조합장님, 친환경농산물자조금관리위원회 최동근 국장님, 하동에 유재관 선생님, 부안의 최동춘 선생님께 감사드립니다. 모진 어려움에도 불구하고 늘 든든하게 저와 함께해 주신 자닮 식구들 이원경, 김명숙, 이경희, 최종수, 유걸, 이상희, 김경호, 유문철, 박덕기, 조선영, 조성우님께 그리고 수시로 원고를 평가하고 저작의 방향을 잡는 데 도움을 준 아내 주선화님께 이 자리를 빌어 고마움을 전합니다.

자연을닮은사람들 대표 조 영 상

한국 자연농업(KNF) 조한규 회장 추천사

50년 전부터 도입되기 시작한 화학농법은 자연의 섭리를 따르던 우리의 전통적 농업관을 붕괴시켰고, 우리의 산하를 화학비료와 화학농약으로 심각하게 오염시키기 시작했다. 화학비료는 작물의 성장을 폭발적으로 늘려 농민들의 주목을 끌었지만, 동전의 양면처럼 찾아온 토양 황폐화로 생산성이 오히려 더 떨어지는 상황이 되었다. 대한민국 전역 대부분의 농가들은 집집마다 소나 돼지, 닭 같은 가축을 키웠고 사료는 농업 부산물로 100% 자급하였으며 가축은 농민의 가족과 같이 대우를 받으며 자랐지만 서구의 공장식 사육시스템이 도입되면서 가축들은 최악의 환경에서 사육되기 시작했다. 사료를 100% 자급했고, 축분을 양질의 거름으로 사용했던 전통적 축산은 붕괴되고, 사료를 전적으로 수입에 의존하고 환경파괴의 주범이 되는 공장형 축산이 대세를 이루고 있다. 나는 자연농업 축산으로 오래전부터 '인권'만이 아니라 '동물의 권리'를 부르짖어 왔다. 돼지에게는 돼지의 본성에 맞는 삶의 방식이, 닭에게는 닭의 본성에 맞는 생활이 있고 그것을 보장해야 한다.

선조 대대로 살아온 한반도는 우리 선조들이 지혜로운 농업을 지속한 덕에 흙은 해마다 비옥해졌고, 토양의 환경이 파괴되는 일이 거의 없었다. 그러나 농업 규모화와 편리성을 위해 무거운 농기계가 대지를 달리면서 흙 속에 경반층이 단단하게 형성되어 빗물도 공기도 뿌리도 뚫고 들어갈 수 없게 되었다. 요즘 더욱 더 심각해지는 연작장해와 염류집적과 경반층은 모두 서구식 화학농법의 결과이다. 근래에 이르러서야 서구의 학자들이 농업의 지속가능성을 운운하기 시작했지만, 우리 민족의 절실한 생존의 역사가 증명하는 전통농업 그 이상의 지속가능성이 어디 있으랴.

1960년대, 대한민국이 근대화의 열풍에 휩싸여 전통적인 모든 것을 서구적인 새로운 것으로 바꿔버리던 시절, 나는 착취적 화학농업에 반대하여 자연농업을 주장하였다. 당시 국가시책에 반대하던 많은 사람들이 그러하였듯 나 역시 반국가 사범으로, 공산주의자로, 이상주의자 혹 정신병자로 몰리곤 하였다. 나는 1965년부터 시범농장을 만들고 '생력다수확농법연구회'를 조직하여 관행 화학농업을 대신할 새로운 농업을 모색하고, 직접 땅을 파고 흙을 만지며 농민을 가르치는 활동을 전개하였다. 그렇게 만들어온 농업은 '자연농업(自然農業)'이란 이름이 붙게 되었고, 세월이 흐르며 체계는 점점 발달해갔다. 일본을 수시 오가며 배운 지식도 소중한 밑거름이 되었다.

나는 농업은 자연을 파괴하면 안 된다고 믿었다. 환경파괴나 자연보호 같은 개념도 없던 시절부터 그러하였다. 파괴적 물질의 사용을 전면 금지하면서 어떻게 하면 자연 친화적으로 그 효과를 낼지 고민하면서 토착미생물, 천혜녹즙, 한방영양제, 유산균, 천연칼슘, 천연인산 등 다양한 농자재를 고안해냈다. 나는 농업은 농민을 상업자본의 예속물로 만들면 안 된다고 믿었다. 나의 가슴 속에는 어떻게 하면 농민을 농자재 업체의 단순 구매자 지위에서 벗어나게 할 것인가, 어떻게 하면 농민이 돈을 쓰지 않고 농사지을 수 있게 할 것인가, 어떻게 하면 주변에 널려있는 재료들을 활용해서 효과적인 영농자재를 만들어낼 것인가 같은 의문이 가득하였고, 그 해결을 위해 열정을 바쳐왔다.

바로 그것이 자연농업의 정신이었고, 그 정신이 내 아들 조영상 대표가 이끄는 "자연을 닮은 사람들"에 의해 계승되고 있음을 한없이 기쁘게 생각한다. 조영상 대표는 나와 함께 오랜 시간 일하였고, 누구보다 더 정확하게 자연농업을 숙지하고 통달하였다. 대학교에서 화학을 전공한 후 스스로 귀농을 선택하여 흙을 만지면서 작물과 가축을 기르면서 농업 이해와 실천을 위한 단단한 기반을 다졌다. 진보적인 사람들도 생태와 농업의 가치를 이해하지 못하던 시절 용감하게 농촌으로 뛰어들었던 그 당시 내 아들의 용기와 결단에 진심으로 고마움과 존경을 표하고 싶다.

조영상 대표는 1991년에 "자연을 닮은 사람들(자닮)"이라는 단체를 조직하여 지금까지 30여년 성공적으로 운영해오고 있다. 회원이 7만명을 넘어섰고, 인터넷으로 항상 농민들 농사의 궁금증을 풀어주고 있고, 이제는 스마트폰과 같은 첨단 기기를 활용해서 열심히 초저비용 농업을 보급하고 있다. 조영상 대표가 내세우는 구호는 "초저비용"이다. 자닮의 농업은 대부분 농자재를 농민 스스로 자급해서 직접 만들어 쓰므로 비용이 극적으로 절감된다. 이제 공식적으로 평당 100원대면 농약을 모두 충당할 수 있다고 선언하고 있으니, 나는 그 방향이야말로 농업과 농민의 희망을 위해 꼭 필요한 것이라고 생각한다. 투입을 늘리고 비싼 가격에 판매함으로써 수입을 늘리는 것이 아니라 우선 비용을 최소화시키는, 보다 안전하고 합리적인 길을 걷는 것이 농민에게 이롭다. 자닮은 내가 추구해온 자연농업과 마찬가지로 자연친화적이고, 농민이 농업기술의 주인이 되게 해주고, 돈이 아주 적게 들어갈뿐만 아니라 중요한 장점이 또 있다. 그것은 관행농업에 비해 결코 수확량이 떨어지거나 품질이 나쁘지 않다는 것이다. 그렇게 '경제성'을 확보한 유기농업이라야 비로소 전 세계적으로 퍼져나가는 역량을 갖출 것이다.

자닮은 자연농업을 계승하고 발전시켰다. 특히 친 자연, 친 농민, 초저비용과 같은 근본 가치를 공유하고 있다. 조영상 대표는 자연농업을 기초로 하였지만 거기 머물지 않고 본인의 창의성과 독창성을 덧붙이고, 또 여러 농민의 지혜를 모아 여러 새로운 방법론을 정리하고 자닮 초저비용농업을 주창하였다. 이렇게 아들이 아버지와 맥을 같이 하면서 자신의 생각과 기술을 정리하여 자신의 책을 내고, 또 그 책이 각종 외국어로 번역되어 퍼져나가게 된 점은 아버지로서 한 없이 자랑스러운 일이다. 내 아들뿐만 아니라 자연농업과 자닮의 정신을 이어가는 모든 이의 앞날을 축원하고 싶다.

내가 추천사를 쓰는 이 책은 조영상 대표가 초저비용농업을 실현하기 위해 20년 이상 연구한 결실을 오롯이 담고 있다. 나의 견문과 식견으로 이러한 유기농업의 체계는 전 세계 어디에도 전례가 없다. 특히 전착제, 살균제, 살충제를 독창적 방법으로 만들고, 강력한 효과를 지닌 친환경농약을 농민 스스로 집에서 간단히 만들어낸다는 점은 세계적 센세이션이 될 것으로 본다. 본 책은 여러 쇄를 거듭하며 많은 농민의 곁에서 실천의 지침을 제공하였다. 이제 외국에서도 초청이 쇄도하면서 다국어로 번역되어 나가게 된 것에 심심한 축하를 보내고 싶다. 이 책은 초저비용을 실현하는 기술에 대한 설명뿐만 아니라 자연, 농업, 농민을 어떻게 바라볼 것인지에 대한 깊은 통찰을 제공하고 있다. 부디 독자 제현들께서 가까이 두고 거듭 읽어 숙지하시면 기술과 마음의 눈이 활짝 열리는 경험이 있을 것이다.

내가 내 한국어 책 서문을 쓰던 것이 1995년이고, 20년이 흘러 내 아들의 책 추천사를 쓰고 있다. 그렇게 80년 돌고 돌아 다시 이렇게 책상 앞에 와서 앉으니 길었던 내 인생이 춘몽처럼 짧다. 기나길었던 고통도 진주와 같은 눈물처럼 영롱하게 빛날 뿐이다.

한국 자연농업(KNF) 조한규 회장

한국 자연농업(KNF) 조한규 회장 약력

1935년 경기 수원 출생
'조한규의 자연농업' 출간
'자연농업 자재만들기' 출간
영어, 중국어, 일본어, 힌디어 등으로 번역 출간
전 세계 16개국 기술지도

석탑산업훈장 수상
조선일보 환경대상 수상
중국 정부 우의상 수상
중국 길림성 우의상 수상
중국 연변자치주 우수외국전문가상 수상
도산교육상 수상

순 서

Ⅰ. 초저비용농업(ULC)으로 농업 희망을   18

    1. '자닮' 초저비용농업 기술의 지향   20
    2. 내가 바로 '농업기술 전문가'   21
    3. 급변하는 미래의 농업 환경들   22
      - 자닮의 초저비용농업 1967년부터 태동   24
      - 자닮 천연농약 연구 농장   26
    5. 우리의 농업 어디로 가고 있는가   28
    6. 나의 농업, 2020년 이후를 넘어   30
    7. 유기재배로 접근하는 법   36

Ⅱ. 유기농업의 중심 원리   38

    1. 도법자연(道法自然)   40
    2. 자타일체(自他一體)   54
    3. 성속일여(聖俗一如)   61
    4. 산야초 공생(山野草 共生)   72

Ⅲ. 초저비용농업은 토양관리로부터   82

    1. 지금 우리 토양의 현주소는   84

2. 뿌리를 보면 토양이 보인다 89
3. 부엽토처럼 토양을 바꿔라 93
 - 어려운 섞어띄움비에서 벗어납시다 105
4. 부엽토처럼 방식의 토양 관리 부대 효과
 - 부엽토를 이용한 종자, 종묘 처리 125

IV. 유기농자재 제조의 원리 126

1. 유기농자재의 올바른 이해 128
2. 혐기 발효를 기본으로 한다 130
3. 물과 부엽토로 간다 137
4. 상온(常溫)에서 만든다 145
 - 자닮식 'SESE' 건강법 151

V. 유기농자재 만들기 152

1. 천연 약수 만들기 154
2. 자닮 미생물 배양하기 159
3. 미생물 곡물 배지 만들기 176
4. 맞춤형 미생물 배지 만들기 177
5. 산야초 액비 만들기 179

6. 열매, 잔사 액비 만들기	189
7. 음식 부산물 액비 만들기	193
8. 인분과 오줌 액비 만들기	195
9. 천연질소 액비 만들기	198
10. 천연인산칼슘 액비 만들기	203
11. 천연칼슘 액비 만들기	204
12. 천연칼륨 액비 만들기	206
13. 천연키토산 액비 만들기	207
14. 천연미네랄 액비 만들기	208
15. 천연착색제 만들기	210
16. 영양의 균형에 입각한 시비 설계	211
17. 다양한 시비설계의 예	222
- 제초매트를 이용한 무경운 재배 1	224
- 제초매트를 이용한 무경운 재배 2	228

VI. 천연농약 만들기　　　　　　　　　　　　　230

1. PLS 해법은 자닮 천연농약!	232
2. 천연농약 왜 필요한가	238
3. 천연농약과 화학농약의 차이	241

4. 천연농약, 꼭 지켜야 할 것들	246
5. 나도 천연농약 전문가	257
6. 자닮식 천연농약 연구는 이렇게	264
7. '자닮오일' 만들기	269
8. '자닮유황' 만들기	281
9. 약초액 만들기	296
10. 자닮 미생물 배양액이 미생물 농약으로	313
11. 각 재료별 사용 범주	216
12. 천연농약의 설계도	318
- 진딧물 방제 과정	322
13. 다양한 천연농약 조합의 예	325
14. 약초 훈증기 만들기	342
- 자닮 천연농약 전문강좌 완전 공개	344
맺음말	346
- 미국 유기농업 관련 규정	352
- 대한민국 유기농업 관련 규정	358
- 유기농업에 도움이 되는 책들	364

I. 초저비용농업으로 농업 희망을

조영상

"우리의 우물에서 생수를 마시련다"
구스타보 구티에레스
(Gustavo Gutiérrez、1928~)

나의 아버지, 조한규님은 1967년부터 자연농업(KNF)운동을 전개해왔다. 대를 이어 3대가 유기농업을 하고 있다.

상업적 기업의 이익창출을 목적으로 한 고비용농업 기술은
농민을 쇠락의 길로 국가 농업의 존립을 위태롭게 할 것이다.

현대 농업은 '가장 흔한 것을 가장 소중히 다루는 방식'이 아닌
'가장 흔한 것을 버리고 멀리서 귀한 것을 사 오는 방식'으로 바뀌었다.

1. '자닮' 초저비용농업의 기술 지향

어떤 농업기술을 적용하면 유기농업이 가능하다는 것만으로 부족하다. 화학비료와 화학농약을 기반으로 하는 관행농업의 생산성과 가격을 겨룰 수 있을 만큼 유기농업 기술이 발전하지 않는다면 유기농업 확산 운동은 메아리에 그칠 것이다. 전 세계 대부분의 국가가 지구 생태적 당위성과 인간의 건강을 강조하며 유기농업을 확산시키려 하지만 농업기술 양식이 편하고 쉽게 그리고 비용면에서도 유리해지지 않고서 유기농업의 대중화는 어렵다고 생각한다.

유기농업의 대중화를 위해서 상업적 기술처럼 세속적인 유혹이 필요하다. 농업기술은 그 유혹을 충족시킬 수 있어야 대중화될 수 있다. 이것이 인간의 역사이자 혁명의 역사였다. 어려움과 비용을 감수하고도 꼭 필요한 것이기에 해야 한다는 유기농업에서 머문다면 대중화는 멀어진채 소수의 지적 유희로만 남게 될 것이다. 이제 어려움과 고비용으로 고착화되는 유기농업에 새로운 비상의 날개가 필요하다. 자닮의 초저비용농업을 기존 농업의 혁신적 대안으로 삼아보길 권한다. 다음은 자닮 초저비용농업의 기술적 지향이다.

'SESE' : '자닮' 초저비용농업의 4대 지향

Simple : 원리가 명료하고 단순하다.
Easy : 주변 재료를 활용하고 제조가 쉽다.
Scientific : 과학의 최전선에 있다.
Effective : 효과적이고 경제적이다

자닮이 지향하는 초저비용농업이 대중화되기 위해서는 그 기술이 반드시 'SESE'를 충족시킬 수 있어야 한다고 판단하였고 이를 실현하기 위해 수십 년을 고군분투해왔다. 자닮의 초저비용농업이 궤도에 오르기까지 유기농업에 생을 바친 선각자들과 자닮과 함께 해온 친환경농업인들의 '기술적 나눔'이 있었다. 'SESE' 기반의 초저비용농업은 고품질 다수확의 지름길을 여는 핵심기술이다.

2. 내가 바로 '농업기술 전문가'

화학농약과 화학비료가 없었을 때, 중국, 한국, 그리고 일본 전역의 모든 농민이 유기농업을 했다. 그때의 유기농업은 '가장 가까이 있고 가장 흔한 것을 귀하게 활용하는 방식'이었기에 농업에 특별히 돈이 들어갈 이유가 없었다. 우리에게 유기농업은 전혀 새롭지 않다. 우리가 수천 년 이어온 유기농업은 기술의 주권이 농민에게 있었으며 기술 구현이 돈 없어 막히는 경우가 좀처럼 없었다. '할 일 없으면 농사나 지어라.'라는 말을 농업을 경시하는 표현으로 이해할 수 있지만 그 말은 당시의 농업 환경을 적절하게 설명했던 것이다. 돈이 필요 없었던 농사, 그것이 바로 우리가 했던 유기농업이었다. 지금의 유기농업은 '가장 흔한 것을 소중히 다루는 방식'이 아닌 '가장 흔한 것을 버리고 멀리서 귀한 것을 돈을 주고 사오는 방식'으로 바뀌었다. 그 이유는 농자재를 판매하는 기업이 농업기술의 주도권을 쥐고 유기농업을 이끌어 왔기 때문이다.

유기농업은 새로운 농법이 아니다. 우리 기억 속에 아직도 생생히 남아 있다. 선조들의 지혜 속에 고비용의 원인이 되는 미생물의 문제, 액비의 문제, 시비의 문제, 방제의 문제를 풀 수 있는 해법이 가득하다. 여기에 여러분이 축적한 기술과 자닮이 개발한 기술을 합치면 유기농업은 관행농업보다 비용이 훨씬 적게 들어갈 뿐만 아니라 더 간단하고 쉽다. 유기농업은 우리가

종주국이다. 수천 년의 유기재배 역사를 헌신짝처럼 버리고 우리는 유럽으로 미국으로 기술을 찾아 헤매고 있다. 우리의 선조가 유기농업 기술의 중심에 있었기에 지금 우리가 그 기술의 중심으로 들어감은 당연하다. 자닮의 초저비용농업은 여러분에게 진실한 안내자가 될 것이다.

농민이 농업기술의 주도권을 확보하는 것이 농업에 자생력 회복의 핵심이다. 비싸게 팔아서 수익을 높이려 고비용을 투입하는 농업은 이제 그만두어야 한다. 비용을 철저하게 줄여서 시장가격으로 판매하고도 수익을 확보할 수 있는 초저비용농업은 농산물 유통이 국제화되고 가격경쟁이 격화되는 이 시대를 슬기롭게 극복할 수 있는 모든 농민들의 대안이 될 것이다.

3. 급변하는 미래의 농업 환경들

불과 수십 년 내에 우리에게 닥쳐올 수 있는 상황들이다. 앞으로 20년 사이에 엄청난 환경적·경제적 변화가 일어날 것이고, 농업의 가치는 더욱 높아져 농업은 국가 정책에서 가장 중시하는 핵심 영역이 될 것이다. 각국에서 치뤄지는 선거 이슈에서 사라진 농업이 곧 핵심 이슈로 등장할 것이다. 농업을 지키지 못하는 국가는 망한다. 미래의 대안을 철저하게 준비하는 농민에게 강력한 기회의 시간이 다가오고 있다.

- 농산물 유통의 전 세계화로 가격경쟁력이 없는 농산물은 퇴출된다.

세계경제의 활성화를 위해 가속화되고 있는 자유무역은 농산물 유통을 전 세계화한다. 따라서 고비용구조의 농업방식은 시장에서 뿌리를 내릴 수 없다. 농산물 가격경쟁력을 높이고 국제적으로 공인된 품질 인증 확보가 중요하다. 자닮의 초저비용농업으로 자생력을 높이는 것은 물론 수익구조를 획기적으로 개선할 필요가 있다.

- 세계적 식량 위기로 곡물 가격이 치솟고 수입이 어려워진다.

지구 온난화는 내륙에 건조화로 이어져 농사를 짓지 못하는 토양이 급격히 늘어나고 농산물 생산성도 떨어지면서 아시아권의 대 기근과 대 혼란이 촉발될 것이며 이는 전 지구촌으로 이어질 것이다. 한국도 예외가 아니다. 식량자급률이 50%에도 못미치는 상황에서 농업정책을 후순위에 둔다면 치명적인 피해를 입게 될 것은 자명하다. 쌀과 밀, 밀과 콩의 이모작, 감자와 고구마를 생산하는 식량작물 농업의 가치가 급부상할 것이다.

- 해수면 상승으로 경작지가 축소되고 해안도시가 폐쇄된다.

빙하가 녹아 해수면이 상승하여 해안가에 경작지를 두고 있는 모든 나라에 큰 피해가 발생할 것이다. 초 강력 태풍과 허리케인이 빈번하게 발생하면서 해안도시의 대규모 피해가 더 자주 일어나고 태풍권의 해안도시는 폐쇄로 이어질 것이다. 해안도시의 인구가 내륙으로 이동하면서 사회는 극심한 혼란을 겪을 것이다. 치안과 국방력이 미비한 나라는 국가 통제력을 상실할 것이다. 안전한 삶터와 비옥한 경작지가 매우 중요한 시대가 된다.

- 저성장의 지속으로 경제는 더 악화된다.

지구적 환경 재앙과 국제 경제 불안으로 장기적인 저 성장 국면으로 진입하면서 금융자산과 실물자산의 가치가 줄어들 것이다. 국가 경제 안전성이 떨어지고 금리는 점점 더 상승할 것이다. 농업인은 부채 경영에서 신속히 빠져나와야 한다. 화폐의 의존을 최소화하는 초절제의 삶으로, 주요 식량과 식품을 자급하는 생활방식으로, 토양의 비옥도를 스스로 유지할 수 있는 자립적 농업방식으로 나가야한다.

자닮의 초저비용농업 1967년부터 태동

자닮 초저비용 유기농업 기술의 근간이 된 조한규 회장의 자연농업은 1967년부터 시작하였다. 조한규 회장은 화학비료와 화학농약의 보급을 결사 반대하고 정부의 탄압을 무릅쓰고 자연농업을 보급하기 위해 농장을 직접 운영하며 지속적으로 연찬을 진행했다.

사진 좌측이 조한규 회장님 그리고 그 밑에 아이가 필자이다. 연찬은 7일 내외 일정으로 진행되었다.

냄새가 없고 똥도 자주 치울 필요 없는 획기적인 자연농업 축산

나는 1990년부터 충남 아산에서 농장을 하며 조한규님 (아버지)으로부터 자연농업축산과 자연농업 재배에 대한 모든 기술을 성공적으로 전수 받았다. 이를 바탕으로 수십 년에 걸친 노력 끝에 더욱 손쉽고 편리하게 실천할 수 있는 초저비용 유기농업을 완성했다.

축사는 남쪽을 향하고 있어 천창이 있어 태양이 순차적으로 모든 부분을 비춘다. 따뜻한 공기는 천장으로 나가고 측창에서 공기가 들어와 자연순환이 일어난다. 지붕은 아연 도금 골함석으로 만들어져 공기 순환을 촉진한다.

볏짚을 잘게 썰어서 바닥에 넣고 부엽토를 뿌린다. 닭의 분뇨는 축사 바닥에서 발효되어 재 사료화된다. 분뇨가 사료화되어 분뇨가 쌓이지 않는다. 1~2년 분뇨제거가 필요없다!

톱밥과 부엽토 미생물과 돼지 분뇨가 혼합되어 돈사 바닥에서 발효되어 분뇨가 재 사료화된다. 오히려 돈사 바닥의 톱밥이 줄어들어 1년에 한번씩 톱밥을 투입해준다.

자닮 천연농약 연구농장

매년 60여종의 과채류와 과수를 재배하며 천연농약 연구를 진행하고 있다. 유기농업의 경험이 풍부한 자닮의 회원들과 정보를 공유하며 함께했기에 단기간내에 막강한 연구실적을 보유할 수 있었다. 정보의 독점이 아니고 공유를 기본으로 하는 자닮식 문화의 결실이다. 자닮 천연농약은 거의 모든 작물에 확실한 방제효과를 입증해 보이고 있다.

4. 우리 농업 어디로 가고 있는가

우리 선조들이 수천 년을 해 온 유기농업의 기억들이 아직 생생하게 우리 가운데 남아있다. 그런데 지금의 유기농업은 우리 농업 역사와 자연 속에서 지혜를 구한 것을 좀처럼 보기 어렵다. 농업기술이 점점 복잡하고 어려워지고 있다. 농업기술이 진정 복잡하고 어려워서 그렇게 변해 가는 것일까? 복잡함의 진전, 어려움의 진전 속에는 기술의 기득권을 쥐려는 자들의 음모가 도사리고 있다고 생각한다. 기술의 복잡성을 부각시키고 어려움을 부각시키면 농민은 자발적으로 농업기술의 주도권을 포기하게 된다. 수시로 진행되는 각종 농업교육은 기술의 복잡성을 증대시켜 농민이 애초에 가지고 있었던 기술적 자신감을 박탈한다. 지적학대와 다름없다. 그 틈을 미생물 업자, 액비 업자 그리고 농약 업자가 전문가란 포장을 하고 들어간다.

이천 년 전쯤, 예수 시대의 예수님의 말씀과 부처님 시대의 부처님 말씀은 지극히 평범한 상식에 기초했었기에 누구나 가슴 속에 그 진리의 세계를 담을 수 있었다. 진리의 세계를 받아 들인 내 몸이 성전이 되었고 불당이 되었다. 신과 나 사이에 얇은 종이 막 조차 없이 하나가 되었던 것이다. 이후로 진화된 종교는 어떤 길을 걸었는가? 진리의 세계를 한 개인의 노력으로 쉽게 접근할 수 없는 아주 복잡한 세계로 변질시켜왔다. 현대의 종교, 한 평생을 바쳐 헌신해보아도 난해하기 그지 없다. 농업도 현대 의학도 종교와 같은 길을 가고 있다. 인간이 스스로 자기 정체성을 가지고 자립할 수 없도록 만드는 종교, 인간 스스로 자신의 건강을 유지할 수 있는 손쉬운 길을 막는 의학, 농민 스스로 농업기술을 주관해 나갈 수 있는 지름길을 막는 농학 속에서 인간은 지금 방황하고 있다. 자본주의 사회에서 인간이 영위하는 모든 문화가 상업적 이익집단에 점점 더 종속되어 간다. 그 결과 우리는 고비용을 지불하며 인생을 버겁게 살고 있다. 농업이 점점 고비용화되는 것은 결코 우연이 아니다.

나는 이런 근본적인 문제에서 벗어나야 농업이 희망을 찾을 수 있다고 생각한다. 자닮이 구축해왔던 초저비용농업 속에는 인간이 자기 정체성을 상실하고 소비자화되는 현 자본주의 문명에 강한 문제의식이 담겨있다. 농업 자생력의 중심에 농업기술이 있다. 기술이 고비용화되면 아무리 그 외의 정책을 잘 수립한다 하더라도 의미가 없다. 국가가 자생력이 강한 농업을 정착시키려면 농업기술 양식에 문제의식을 집중해야 한다. 농업 자생력 약화의 근원이 기술에서 시작되기 때문이다. 농업 기술의 주도권을 농자재 판매기업이 쥐고 수십 년을 이끌어 오면서 농업은 농자재 소비 중심의 농업으로 변해 버렸다. 그 결과 농업은 더욱 고비용화되고 농민 파산이 전 세계적으로 속출한다.

인간의 건강이 개선되면 환자 수가 줄기 때문에 상업적 의료집단은 인간의 건강을 근본적으로 개선하는 노력을 구조적으로 할 수 없다. 교묘하게 더욱 환자의 숫자를 늘이는 것이 그들의 일이 된다. 농업도 만찬가지여서 농업기술이 상업적 기업에 의해 주도되면 생산성은 점점 떨어져 농업은 더 어려워지고 농민 비용 부담만 더욱 가중되게 된다. 간단하다. 농사가 잘 안되면 액비와 농약의 소비가 증가해 기업의 이익에 도움이 되기 때문에 기업은 근본적으로 안정적으로 잘 되는 농업기술개발에 관심을 기울일 수 없다. 이런 농업의 문제와 의료의 문제는 국가의 재정붕괴로 이어진다. 공익 성격이 강한 농업부분과 의료부분을 상업적 기업집단이 주도하는 것을 방관하는 것처럼 위험천만한 것이 없다.

'자닮'은 농업기술의 주체를 기업에서 농민으로 옮겨오고자 한다. 농업기술의 주관자로서 농민이 비용에 얽매이지 않고 농자재의 문제를 자립적으로 해결할 수 있는 초저비용농업을 구현할 수 있도록 돕고자 한다. 초저비용농

업은 농업의 자생력을 높여 유기농업을 대중화시키는 중대한 수단이 되는 것은 물론 전 세계 농업 문제를 구조적으로 해결할 수 있는 혁신적인 대안이다. 자닮과 함께하면 상업자본에 얽매이지 않고 초저비용으로 스스로 자립해 나갈 수 있는 창의적이고 신명나는 농업의 길이 열릴 것이다.

5. 나의 농업, 2020년 이후를 넘어

앞으로 20년은 지난 20년과 다를 것이다. 경제의 위기, 농업의 위기, 에너지의 대전환과 위기, 환경의 위기, 식량의 위기 그리고 자원의 위기 등 개인적으로 감당할 수 없는 거대한 위기 상황이 중첩되기 때문이다. 어느 때보다도 지혜로운 선택이 절실하다. 위기는 항상 기회를 동반한다. 특히 농업은 단기적으로 아주 어렵겠지만 장기적으로 보면 절호의 기회를 맞이하게 될 것이다. 대신 철저한 준비가 필요하다. 준비에 철저하지 못한 농민은 낙오한다. '나는 농업 기업을 운영하는 CEO다'라는 책임 의식과 도전적인 자세로 농업의 미래 비전을 갖자. 우리 농업, 2020년 이후를 넘어서 농업의 위기를 기회로 삼으려면 어떻게 준비할 것인가에 대한 고민을 다음과 같이 정리해 보았다.

화폐 의존에서 벗어난 소박한 삶으로 돌아가라.

세계적 금융 위기, 국가 경제의 저성장 지속, 공공 부채 축소를 위한 예산 축소 등으로 경제 호황은 사라지고, 농산물 수입 개방까지 가세하여 농가 경제는 사상 유래가 없을 정도로 피폐해질 수 있다. 화폐 발행량의 증가로 물가가 많이 오르는 높은 인플레이션이 발생되고, 이는 은행권 이자 상승으로 이어진다면 부채 경영의 부담은 농민을 더욱 어렵게 만들 것이다. 수입 개방과 저성장으로 농가 조수익이 현저하게 줄어들면 고정적인 생활비만으로도 숨통이 막힐 것이다. 생활비를 과감하게 줄이는 노력이 절실히 필요하다. 우리 기억 속에 생생하게 남아있는 할아버지와 할머니의 생활 방식인 초절제와 초자립의 삶으로 돌아가는 것이다. 소비를 최소화해서 불확실한 미래를 대비할 현금을 확보하는 데 전력해야 한다.

3개월만 현금 융통이 안 돼도 전화, 전기, 가스, 기름에서 완전히 고립된다는 현실을 냉정하게 바라보자. 현금 유동성의 문제를 매우 심각하게 받아들여 이에 대한 철저한 계획이 필요하다. 손에 바로 쥘 수 있는 현금의 축적이 없으면 몇 달도 못 버티고 바로 무너진다. 생활비로 들어가는 돈의 느낌을 10원짜리 동전의 무게로 체감하자. 사활을 걸고 생활 비용을 줄여야 한다. 현재 우리 생활은 지나치게 호화롭다. 위기는 모든 기업을 망하게 하지 않는다. 오히려 위기가 돈 많은 기업에게는 절호의 사업 확장 기회가 되는 것처럼 농민도 마찬가지다. 현금을 단단히 쥐고 있는 농민에게는 농업의 위기가 바로 강력한 기회가 된다.

자녀를 정년이 없는 행복한 농부로 만들자.

생활비를 줄이는 데 있어 자녀 교육비까지 줄이는 문제를 매우 난감하게 생각한다. 농촌을 떠나 도시에서 잘살기 바라는 심정으로 도시 교육을 따라가기 때문이다. 부모로서 자식의 10년, 20년 미래를 내다보고 교육 설계를 해야지 무조건 도시 교육만 따라가는 것이 능사가 아니다. 부모로서 미래 사회에 가장 유망한 직종이 될 분야로 아이를 유도해야 마땅하다. 전 세계 미래학자들 대부분이 주목하는 유망 직업이 바로 농업이다. 그래서 자녀를 농민으로 만드는 부모는 가장 지혜로운 부모가 될 것이다.

공부는 학교 수업에 충실하게 하고 농사에 참여하는 시간으로 용돈을 주면 자녀들은 자연스럽게 농사일 척척 해내는 예비 농업인으로 클 것이다. 고

등학교 졸업할 때면 농장 운영을 책임질 만큼 믿음직한 아이로 성장해 있을 것이다. 대학은 학비도 저렴하고 농사를 지으면서 다닐 수 있는 곳을 선택하고, 농대 대학원 석박사 통합 과정에 진학시킨다. 대학원도 주 1회 수업하는 곳도 많기 때문에 농사를 병행하며 박사과정도 밟을 수 있다. 자식들에게 농업 현장을 체험시켜가며 농업 전문가로 키워보는 비전을 가져보자. 자녀 교육에 대해 명확하고 현실적인 판단을 내리지 않으면 농민은 한없이 초라해지고 인생 말년도 보장받을 수 없다.

평당 100원대의 초저비용농업으로 전환하자.

이제 고비용 구조의 유기농업, 관행농업은 버릴 때가 되었다. 자닮이 제안하는 더 쉽고 간단한 초저비용농업으로 갈아타면 된다. 관행농업도 이제 더 이상 비용을 감당할 수 없을 만큼 변했다. 화학비료와 화학농약의 가격이 더 오를 것이어서 이제 변화가 불가피하다. 자닮의 초저비용농업 해법은 관행농업과 유기농업 등 모든 농업 형태를 포괄한다. 자닮은 농업에 필요한 거의 모든 것에, 농약까지도 직접 만들어 활용하자는 제안을 농민들에게 하는 것인데, 만약 이 방법이 어렵다면 문제가 된다. 비용을 줄이는 자가제조 방법이 어려움에도 불구하고 보급하고자 한다면 농민에게 혼란만 가중시킬 수 있다는 것을 이미 충분히 인식하고 있다. 농업기술이 대중화되기 위해서는 어떤 요건을 갖추어야 하는지 너무도 잘 안다. 자닮은 친환경농업 기술의 확산을 위해서 노력해 왔지만 조금 의미 있는 일을 해보자고 모인 모임이 아니다. 자닮은 근본적으로 농업의 틀을 변화시켜 국가의 농업과 세계의 농업을 새롭게 바로잡는데 관심의 초점이 있다.

자닮은 기술을 단순화(Simple)시키고, 따라하기 쉽게(Easy) 하고자 수십 년 연구와 노력을 해왔다. 농민이 매일 밥을 해 먹듯, 쉽게 요리하듯, 모든 과정을 단순화시키고 쉽게 만들면, 그래서 기술의 문턱이 낮아지면 기술 대중화의 힘이 저절로 생길 것이라고 판단한 것이다. 그 노력의 결정체가 자닮의 '천연농약 전문강좌'이다. 요즘 평당 6,000원 이상 들여야 유기재배가 가능하다고 하는 판에 평당 100원대의 농자재비만 사용한다는 말이 허무맹랑하게 들릴지 모르지만 충분히 가능하다. 자닮을 통하면 어렵지 않게 자재에 관한 고민이 사라지고, 화학농약도 천연농약으로 충분히 대체할 수 있는 능력이 생긴다. 지금 우리의 농업을 수세적 방어의 관점으로 보는 이유는 고비용 구조의 농업으로 자생력을 상실했기 때문이다. 초저비용농업으로 거듭나서 농자재 비용 100원대의 농업으로 바꾸면 상황은 달라져 공세적 관점이 자연스럽게 들어서게 될 것이다. 농산물의 유통은 지역과 국가를 넘어 세계화되고 있다. 내 농업이 변해 자생력을 확보하고 품질의 우위를 만들어 낸다면 전 세계를 상대할 수 있다. 자닮의 초저비용농업이 그것을 가능하게 할 것이다.

아내를 살려야 농업이 산다.

위에서 언급한 변화는 간단한 일이 아니어서 남성 혼자서는 해낼 수 없다. 남성 혼자 가려다 길을 막아서는 의외의 복병을 만날 수도 있다. 아내가 반기를 들면 변화는 끝이다. 나의 유일한 협력자인 아내가 생활의 변화, 농업의 변화시키는 일에 적극적으로 동참할 수 있도록 함께 준비하는 것이 현명하다. 일상적이고 반복적인 가사를 돌보며 농사에서 모든 것의 보조를 맞춰주는 아내 같은 전문인을 어디서 어떻게 구할 수 있겠는가. 아내의 역할을 할 수 있는 전문인을 채용하려면 연간 4,000만원 이상의 급여를 지불해야 한다. 아내 없이 2020년의 고비를 넘기는 것은 불가능하다. 유일한 동반자인 아내의 도움과 역할이 절대적으로 필요하다. 고된 농사일을 하고 집에 돌아와서 끝없는 집안일로 지쳐가는 아내를 위해 남편과 자녀들이 가사를 분담하여 아내도 공부할 수 있는 시간을 갖도록 하자. 그리하여 남

편 없이도 농장의 모든 일을 주관할 수 있는 '농업기술의 전문가'로 우뚝 설 수 있도록 해야 한다.

가장 비용이 많이 들어가는 농약 부분을 자닮식으로 자급할 수 있도록 아내를 '천연농약 전문가'로 키우자. 친환경농자재와 천연농약은 아내가 전문가고 아내가 전담하여 초저비용농업에 중추적인 역할을 맡게 하는 것이다. 담배 물고 TV만 보다가 밥상 받는 남편은 미래 농업의 주인공이 될 수 없다. 아내를 농업기술과 천연농약의 전문가가 될 수 있도록 돕는다. 남성 중심의 교육이 농촌 가정불화의 중요 원인일 수도 있다. 남편의 생각이 새롭게 변할수록 상대적으로 변하지 못하는 아내와 정서적 공감이 점점 사라지기 때문이다. 아내도 함께 배우지 않으면 안 된다.

하루 8시간 몰입해 기술을 진보시키자.

새벽 안개를 뚫고 풀 한 섬 베어 헛간에 집어 넣고, 밭으로 나가 새참 먹고 일하고 점심 먹고 해질 때까지 일했던 농민의 삶이 불과 수십 년 전 일이다. 그런데 요즘은 농촌 남성들이 모임, 회의, 회식, 관광, 견학, 교육 및 연수 등으로 바쁘다. 그리고 여유 있는 시간은 잦은 휴대폰 통화로 다 찢겨나간다. 농업이 직업이라면 해 뜨고 일 시작해서 오후 4시까지 하루 기본 8시간은 농사일에 전념해야 한다. 그리고 농민은 농사지어서 돈 버는 일에 매진해야 한다. 그렇지 못하면 직무 유기이고 농민이라 말할 자격이 없다. 몰두하지 않는 농민은 아내로부터 자식으로부터 존경받을 수 없고, 몰두하지 않는 농민은 소비자를 감동시킬 수 있는 맛과 향을 만들어낼 수 없다. 몰두해야 고품질이 나오고 다수확도 가능하다. 우연히 성공하는 사업이 없듯 농업도 예외가 아니다.

시대가 변했다. 기업이 생산한 상품을 전 세계를 상대로 마케팅을 하는 것이 기본이 된것처럼 이제 농가 개별 농산물도 전 세계를 상대로 마케팅할 수 있는 시대에 살고 있다. 세계적인 인터넷쇼핑몰 업체인 아마존(www.amazon.com)과 알리익스프레(www.aliexpress.com)를 들어가 보라. 이런 곳에 입점하는 순간 내 농산물은 전 세계를 향할 수 있는 날개를 달게 된다. 여러분이 읽고 있는 이 책과 영문으로 번역된 책은 이미 아마존을 통해서 전세계 판매되고 있다. 중국은 전 세계에서 가장 거대한 유기농산물 시장이 될 것이다. 이 중국에 가장 빠르고 손쉽게 접근할 수 있는 나라가 바로 대한민국이다. 이러한 시대의 변화와 수입개방으로 인한 위기의 농업을 기회로 삶기 위해 꼭 필요한 것은 전 세계 소비자들에게 인정받을 수 있는 유기인증과 가격과 품질 경쟁력 확보다. 냉철하게 변화하는 시대를 준비하는 농민에게는 상상도 할 수 없는 기회의 시간이 다가오고 있다.

이제 농업은 농부만의 직업이 아니다. 실직과 환경위기, 식량위기로부터 나의 삶과 가족을 마지막까지 지켜줄 수 있는 작은 유기농장 운영은 이제 생존을 위한 마지막 보루가 될것이다. 하루 3시간 노동이면 충분한 200평 정도의 작은 농장이다.(자닮 연구 농장)

6. 유기재배로 접근하는 방법

유기농업의 부가 가치가 관행농업에 비해서 높아지겠지만 성급한 유기재배의 접근은 큰 실패를 동반할 수도 있다. 1년생 작물은 수월할 수 있지만 다년생 작물인 과수는 차원이 다르다. 철저한 사전 경험과 구체적인 확신이 필요하다. 화학농약을 2~3회로 줄였으니 유기재배로 넘어가도 되겠다는 자신감을 느낄 수도 있겠지만 화학농약 없는 유기재배는 또 다른 영역이다. 기술적 착오가 발생할 수 있음을 명심해야 한다. 처음부터 유기재배로 해보지 않으면 유기재배를 모른다. 화학농약과 병행했던 경험을 유기재배에 적용한다는 것은 위험하다. 실패해도 경제적 부담이 없도록 전체 면적의 1/10정도에서 시작하길 권한다. 토양 관리와 시비관리를 철저히 하면서 갖가지 균과 충에 효과적인 대응 방법을 터득하며 자신감을 확보하고, 이를 기반으로 면적을 점차 늘려나간다.

유기재배로 가려면 다음 사항을 진지하게 검토해야 한다.

❶ 토착미생물 활용과 토양 변화에 대한 확신이 있는가.
❷ 토양의 경반층 문제가 해소되었다고 자신하는가.
❸ 초생재배로 유기물을 대체하는 것에 대한 효과를 확신하는가.
❹ 작물별로 적합한 시비 방법에 대한 판단이 있는가.
❺ 화학비료 없이 밭작물 재배에 자신이 있는가.
❻ 천연 질소 액비의 효과를 확신하는가.
❼ 천연농약으로 진딧물과 응애를 방제할 수 있는가.
❽ 천연농약으로 담배나방, 배추흰나비, 깍지벌레 등을 방제할 수 있는가.
❾ 천연농약으로 흰가루병, 탄저병을 방제할 수 있는가.
❿ 유기재배로 수확량이 줄지 않는다는 확신이 있는가.
⓫ 유기재배로 상품성이 떨어지지 않는다는 자신감을 갖고 있는가.

진딧물, 응애, 흰가루병도 제어하지 못하면 유기재배는 실패하기 쉽다. 자닮식 천연농약 제조 방법을 익혀 나가며 실수 없는 유기재배를 위한 체계적인 준비에 들어가자. 시판되는 친환경농약도 무시할 이유는 없다. 농사짓는데 도움이 된다고 판단되면 사용하면서 자닮식 천연농약과 효과를 견주어 보자.

유기재배에 종자, 모종과 묘목이 매우 중요하다. 그러나 우리는 유기농업을 위한 기본 바탕이 너무도 취약하다. 모든 것이 철저히 분업화되어 모종업자는 모종만 근사하게 빨리 자라게 하면 그만이고, 묘목업자도 마찬가지여서 화학비료 사용의 유혹을 떨치지 못한다. 가급적 1년생 모종도 직접 키워서 쓰는 것을 원칙으로 해야 한다. 여건이 여의치 않아 1년생 모종은 구매해서 쓴다고 해도 다년생 과수의 묘목은 철저하게 가려서 선택해야 한다. 그래서 자닮 사람들은 묘목을 직접 키우거나 1~2년 전에 재배 조건을 걸어 미리 예약을 하고 구매한다.

30평 정도의 작은 공간에서도 수십 명이 충분히 먹을 수 있는 다양한 유기농 야채를 재배할 수 있다. 병해충 방제는 자닮식 천연농약을 활용하면 충분하다. (자닮 연구 농장)

Ⅱ. 유기농업의 중심 원리

조영상

"최고의 선은 물과 같다"
노자, 上善若水
(紀元(B.C.)前604年出生・推定)

윤작은 자연에 없는 것이다.
작물의 잔사를 투입하고 연작 해야 다수확이 실현된다.

유기농업은 '도법자연'을 따라 자연을 스승으로 삼고,
'자타일체'를 따라 나에게 기술의 중심을 두고,
'성속일여'를 따라 좌우로 치우침이 없는 길을 걷는 것이다.

1. 도법자연(道法自然)

　현대 농학은 식물과 인간 사이에 교감하는 감성을 농업기술에서 배제해 버리고 기계적인 것, 이원적인 것으로 바꿔 놓았다. 그 결과 농업기술은 농민 스스로의 인지 능력으로 발전시킬 수 있는 영역에서 벗어나 특정 전문가 집단만 관장할 수 있는 독점적 영역으로 공고화되었다. 인간의 건강을 전문 의료 서비스에 전적으로 위탁하듯, 농업기술도 거의 동일한 과정을 밟아가고 있다. 농민은 필요한 농자재를 사면 되고 그들이 시키는 대로 따라하면 된다. 기술의 주관자였던 농민은 이제 기술 서비스를 받는 단순 노동자로 전락하고 있다.

　의료 서비스가 첨단화되면 될수록 인간 스스로 건강을 제어할 수 있다는 자신감이 상실되는 것처럼 현대 농학의 등장과 발전은 농민이 갖고 있었던 기술적 자신감을 박탈했다. 양자가 상생의 구도라면 국가적 관점에서 크게 문제될 것이 없다고 본다. 그러나 자본주의 역사가 보여주듯 이익은 한쪽으로만 집중된다. 서비스를 받는 농민(소비자)이 서비스를 기획하거나 개선할 수 있는 권한이 거의 없기 때문에 관행농업과 유기농업이 점점 더 고비용화되는 것은 우연이 아니다. 농업기술을 두고 벌어지는 상황을 식시하면 현대 문명의 위기와 농업의 위기가 한 길에 서 있음을 알 수 있다.

　근래에 보급되기 시작한 유기농업도 참 이상하다. 우리는 분명히 4천년 이상 유기농업을 실천해왔었는데, 그 전통적 기술을 계승 발전시키는 노력은 없고 마치 새로운 농법이 등장한 것처럼 새로운 농자재를 만들어내는 것에만 급급하고 있다. 현대 농학이 해왔던 방법이 유기농업에도 그대로 적용되어 유기농업이 유기자재 농업화되고 농업의 수익성은 갈수록 악화되는 데도 불구하고 농업 전문가라는 사람들은 심각한 문제 제기 없이 객처럼 바라보고 있는 듯하다.

우리 선조가 수천년을 해왔던 유기농업은 주변 가까이 있고 쉽게 구할 수 있는 것을 귀하게 활용하는 농업이었다. 그래서 돈에 얽매임이 없었다. 그런데 지금의 유기농업은 가까이에 있는 것을 다 쓰레기 취급하게 만들고 멀리서 비싼 돈을 들여 구한다. 자닮은 이 농업기술을 둘러싸고 벌어지는 현 상황을 매우 심각하게 받아들인다. 이 상황을 농업과 농민의 입장으로 온전히 바꾸지 못하면 수입개방을 관통하며 나라의 농업이 망할 수도 있다는 위기감을 가지고 있기 때문이다. 현재의 농업기술의 구도는 양자 상생 구도가 아니고 일방적으로 농민이 당하고 있는 구도다. 그래서 자닮은 농민의 정신적, 기술적 창의성을 고취시켜 농민이 다시 농업기술의 주관자로 굳게 설 수 있도록 돕고자 하는 것이다. 자닮의 초저비용농업은 이런 노력의 결정체다. 자닮이 구축한 초저비용농업이 경제적 관점의 새로운 해석쯤으로 폄하되는 경우가 종종 있는데 참 아쉽다. 초저비용농업은 현대 농업에 대한 경제적, 사회적 그리고 철학적인 통절한 반성에서 비롯되었다.

농업기술은 우리 몸의 척추와 같다. 척추도 근육이 단단히 받쳐주지 못하면 뒤틀리는 것처럼, 농업의 인식이 올바르게 정립되어 있지 않으면 기술은 혼란속으로 빠져들게 된다. 농업기술은 근육이 단단히 받쳐주지 못하면 무기력하게 뒤틀어지는 우리 몸에 척추와 같다. 농업에 대한 생각, 농업기술에 대한 인식이 정립되지 않으면 안정적인 기술 구현은 어렵다. 일관성 없는 박물관식 친환경농업 교육이 전국적으로 진행되어 교육을 많이 받은 농민일수록 혼란이 더욱 가중되는 경향이 있다. 자재 판매를 목적으로 진행되는 교육이 많아서 더욱 그렇다. 생각 없는 형식적 교육의 지속이 진정한 유기농업의 길을 오히려 막는다. 그래서 사고의 중심과 사고의 기반을 든든히 다지는 것이 더욱 절실하다. 생각의 기반이 무너지면 기술의 기반도 무너지기 쉽다. 거울을 보듯 내가 나를 보고, 나누는 상식에 기초한 관념적 사고의 확

장이 농업기술을 변화시키는 강력한 동인이 된다.

　도법자연은 노자의 도덕경 25장에 나오는 말이다. 인간이 실천해야 할 도(道)를 자연에서 본받아야 함을 일깨우는 구절이다. 친환경농업을 하는 우리는 이 말을 간단하게 받아들인다. 농사짓다가 어려운 것이 있으면 자연에 물어보고 자연을 따르라. 친환경농업이라는 말의 의미가 도법자연이란 의미를 함축하고 있다. 실제 자연의 농사와 나의 농사의 차이점은 돈을 벌기 위한 경제 작목인가 아닌가 외에는 거의 없다. 자연의 농사는 수억 년이 지속되어 온 결과물이어서 더욱 내 농사에 든든한 기술 교본이 되고도 남는다. 주저하지 말고 친환경농업을 하는 농민들은 자연을 교과서 삼고 자연에게 궁금한 점을 직접 물어보자. 그러면 자연과 농업을 꿰뚫어 볼 수 있다. 도법자연은 내 농업의 지침으로, 희망의 농업으로 나를 인도할 것이다.

자연에 연작장해의 원인을 묻다.

　모든 농민들이 한결같이 어려워하는 문제를 이제 자연에 하나씩 물어보자. 어색해 하지 말고 내 몸도 자연의 일부이니 친구처럼 자연스럽게 '너는 연작장해가 있느냐'고 물어보자. 연작장해란 한 장소에 한 작물만 연속 재배하면서 그 토양 속에 그 작물이 필요로 하는 영양이 용탈되어 작물 지배가 점점 힘들어지는 현상을 말하는 것인데, 그래서 일반적으로 유기농업은 작물을 교대해서 심는 윤작을 강조한다. 그런데 윤작은 작물 선택 등의 현실적인 어려움이 많아 지켜지지 못하고, 대부분의 농민들은 해마다 그 자리에 같은 작물을 재배하는 연작을 하고 있다. 해마다 농사가 잘 안 되고 병해가 점점 늘어가는 이유가 연작에 있는 줄 알면서도 윤작을 선택하지 못하는 것이다. 그러나 자닮은 연작이 연작장해로 이어지는 것에 강력한 의문을 가지고 있다. '너는 연작장해 있느냐'라는 질문에 돌아온 자연의 답은 '아니다'였다. 그래서 자연에 윤작을 하느냐고 재차 물었다. 자연은 '나는 윤작이 없어 연작이야'라고 답한다.

 자연에는 윤작이란 개념이 없다. 어떤 곳에 씨앗이 떨어져 뿌리를 내리면 10년, 100년, 또는 1,000년 이상도 자란다. 그래도 아무런 문제가 없다. 오히려 점점 더 번성해서 지금과 같은 아름다운 녹색 지구가 되었다. 1,000년을 자란 나무에서 활력이 떨어졌다는 기색은 전혀 발견할 수 없다. 늘 청춘이다. 자연의 나무에서는 노화 현상도 발견할 수 없다. 인간의 수명에 비추어 본다면 영생과 다름없다. 자연의 농사는 영속한다. 자연의 연작과 내 연작에는 어떤 차이점이 있기에 자연은 문제가 없고 나에게서만 문제가 있는 것인가. 여러분은 작물의 줄기와 잎이 병충해의 온상이라는 배움을 따라 해마다 작물의 잔사를 밖으로 빼내지만 자연은 그것을 자신의 생명을 살리는 밑거름으로 받아들인다. 자연의 연작은 해가 거듭될수록 밑거름이 더욱 풍부해진다. 작물의 뿌리는 작물이 원하는 영양을 흙 속에서 선택적으로 흡수해 가지와 잎사귀를 만든다. 영양학적 관점으로 본다면 작물의 줄기와 잎사귀는 그 작물에 최적화된 영양의 집합, 작물에 최적화된 영양의 균형을 제공하는 완벽한 영양원이 된다. 가을이 되면 이 영양원은 다시 나무 밑으로 떨어져 토양은 세월이 지날수록 영양적·물리적으로 최상의 토양으로 변해간다. 이것이 자연의 역사이고 자연의 농사법이다.

 자닮은 내 밭에 있는 작물의 줄기와 잎을 병 덩어리가 아니고 최상의 완벽한 영양원으로 본다. 이것을 액비로 사용하거나 토양에 다시 넣어주는 것을 강력하게 촉구한다. 그래야 연작장해에서 벗어날 수 있다. 작물의 잔사는 토양속으로 다시 들어가 미생물에 분해되어서 그 작물이 원하는 완벽한 영양의 균형을 제공하는 값진 영양제가 된다. 완벽한 농업을 위해서

는 작물에게 최적화된 영양의 균형을 제공해야되는데 그 영양의 균형을 만족시키는데 작물의 잔사는 최적의 재료이다. 거의 대부분의 농업전문가들은 작물의 잔사가 병해충을 유발할 수 있다며 토양에서 잔사를 제거하도록 가르친다. 작물의 잔사를 재투입하면 유익하다는 논문은 극히 드물다. 이들은 작물의 잔사를 제거하고 작물에 필요한 영양을 보충하는 난해한 기술을 가르친다. 현대의 농업기술은 분명 농민과 농업을 위한 기술이 아니다. 그럼 누구를 위한 기술일까?

농업전문가들은 늘 탄저병과 흰가루병이 다음해 발생되지 않게 하려면 작물의 잔사를 철저히 제거해야 한다고 가르친다. 대부분의 농민들은 그들의 가르침을 따른다. 만약에 탄저균이나 흰가루균이 아주 희귀한 병원균이라면 그들이 가르치는 길을 따라야 할 것이다. 그러나 탄저균과 흰가루균은 토양에 너무도 흔한 균이어서 잔사를 제거한다해서 토양에서 완전히 사라지는 균이 아니다. 또한 증식속도가 빨라 병원균 한개의 포자가 10시간 후에는 수백만 마리 정도로 숫자가 늘어나는 균이다. 그래서 농가가 철저히 잔사를 제거한다 해도 벗어날 수 있는 병이 절대 아니다. 인간이 완벽하게 감기바이러스에서 분리되어 존재할 수 없음을 알기에 우리는 감기약을 상시 복용하기보다는 온전한 건강을 유지하는데 관심을 기울인다. 농업 또한 마찬가지다.

자닮은 탄저병과 흰가루병을 발바닥의 무좀의 관점으로 이해하길 권한다. 맨발로 다니는 사람은 발바닥에 다양한 균이 생존하기에 그 지독한 무좀에 걸리지 않는다. 무좀균은 다양한 균들과 함께 어우러져 있기에 발바닥의 영양을 독점할 수 없게 되고, 영양을 나눠먹을 수 없거나 늘 부족한 상황이어서 무좀균만 일방적으로 증식하여 무좀이 발병되는 일은 생기지 않는다. 그래서 평생 무좀약에 의존하지 않고 무좀을 이겨낸다. 우리가 탄저병을 이겨내고

매년 60여가지 품종을 심어 천연농약 적용 실험을 하고 있는 자닮 연구농장

흰가루병을 이겨내는 길도 이와 다르지 않다. 토양에 미생물의 숫자와 다양성을 극대화시키기 위해 미생물 사용을 주기적 지속적으로 해나가면 병원균에 의한 피해는 사라진다. 도저히 떨쳐낼 수 없는 탄저균과 흰가루균 등을 두려워 말고 작물의 잔사를 최상의 영양원으로, 작물에게 필요한 균형잡힌 영양을 제공할 수 있는 최고급 영양제로 새롭게 바라보길 바란다.

윤작은 자연의 순리에 어긋난다. 윤작은 자연에 없는 것이다. 인간의 잘못, 즉 작물의 잔사를 제거함으로 생기는 문제의 대안으로 윤작 개념이 도입되었다고 본다. 자닮은 유기농업 기술을 연구하고 보급하는 곳이지만 윤작을 지지하지 않는다. 진정으로 완벽한 농사를 위해서는 연작을 해야 마땅하기 때문이다. 이는 자닮이 사이트에서 보여주는 다양한 현장으로 증명한다. 수십 년을 힘겹게 고민해 온 윤작의 문제, 자연에 직접 물어 속 시원한 답을 얻었다. 농업기술의 지혜는 자연 속에 가득하다. 농업기술은 자연을 따라해야 한다. 여러분은 '도법자연' 통해서 그 어려운 기술적 문제들이 술술 풀려나가는 것을 확인하게 될 것이다.

자연에 염류 집적의 원인을 묻다.

다음은 염류 집적의 고충을 자연에 물어본다. 전국적으로 염류 집적의 문제가 정말 심각하다. 이 문제는 한편으로 자재 판매 사업에 강력한 기회를 주기도 한다. 전국의 농민이 염류 집적에서 헤어나기 위해 몸부림치고 있다. 자연에 염류 집적 있느냐고 물었더니 없다는 답을 한다. 어떻게 환경오염으로 점점 심해지는 산성비를 그렇게 맞고도 산성비의 나쁜 것들이 집적이 안 된단 말인가. 자연과 대화 몇 마디를 나누다 충격을 받는다. 산성비가 우리 토양에는 악영향을 미치고 있는데 같은 비를 맞고 있는 자연에 문제가 없다니 어찌 된 일일까. 자연의 토양을 잘 살펴보자. 우리의 토양과 달리 자연은 산성비가 내리면 토양 속으로 깊이 스민다. 스미고 스미면서 수 없이 다양한 미생물들을 만나게 되고 산성비와 그 속의 오염원은 미생물에 의해 분해되고 또 분해되어서 점점 맑고 깨끗한 물로 변해간다. 정화된 물은 지하 깊은 곳으로 흘러 강으로 바다로, 다시 하늘로 올라간다. 자연의 토양은 우리가 농사짓는 토양과 전혀 다르다. 하늘과 땅이 뚫려 있다. 우리의 몸처럼 심장에서 피부까지 연결되어 있고 피부는 하늘과 닿아 있다. 자연의 토양에서는 물질 순환이 잘 이루어지고 있으므로 오염원이 들어간다고 해도 축적되지 않는다. 염류 집적이 있을 수 없는 구조다. 지금 우리 토양은 어떤가. 무거운 기계의 빈번한 사용과 항생제가 사용된 축분 또는 퇴비, 화학비료, 화학농약, 제초제 등이 계속 축적되어 경반층을 형성하고 있다. 우리 토양은 지금 하늘과 땅이 막혀 있다. 작물의 뿌리가 딱딱한 경반층에 막혀 뻗지 못하는 상황이다. 비가 오면 물이 스미지 못하고 경반층에 막혀 흥건하게 고였다가 다시 건조해진다. 이런 지속적인 반복으로 토양은 빗물만 받아 먹어도 문제가 생긴다. 산성비가 증발할 때 순수한 수분만 날아가고 오염원과 중금속은 토양에 남기기 때문이다. 염류 집적의 근본적인 원인이 무엇인가? 자연에는 없는데 우리에게 있는 것 바로 경반층이 원인이다. 토양 15cm 정도만 파보면 확인할 수 있는 단단하게 굳은 이 층이 염류 집적의 원인이 되고 있다. 이 경반층을 제거하지 않는 이상 내 토양에 염류 집적의 문제는 영원한 숙제로 남게 될 것이고 해가 거듭될수록 농사는 더욱 힘들어질 것이다. 경반층을 해소하기 위한 노력만이 염류 집적의 문제를 근원적으로 해결할 수 있음을 자연에서 배운다. 경반층에 관한 해법은 다음 장에서 설명된다.

자연에 시비 방법의 정도를 묻다.

작물별 시비 방법이 복잡하고 정리가 안되면, 이 문제도 자연에게 시비방법의 정도를 물어보자. 가을이 되면 자연의 토양에는 잎사귀가 빼곡하게 쌓

인다. 해마다 쌓이고 쌓여 우리 토양과 비교도 할 수 없게 비옥한 토양으로 변해간다. 이런 현상을 자세히 살펴보면 자연의 시비 방법은 생짜 시비, 표층 시비, 가을 시비라는 것을 쉽게 알 수 있다. 그런데 요즘 우리가 배우는 방식은 무엇인가? 자연의 시비와 전혀 다른 방법이다. 발효 안된 퇴비를 넣으면 가스장해가 발생한다고 하고, 가을에 뿌리거나 표층에 뿌리면 비료의 효과가 상실된다고 하여, 전통적 농업기술이 발효 시비, 심층 시비, 봄 시비로 바뀌었다. 그래서 농민은 발효 퇴비를 구입하도록, 농기계가 꼭 필요하도록 기업에게 유리한 농업기술로 전환되었다.

자연의 생짜 시비, 표층 시비, 가을 시비가 이상한 게 아니다. 수천 년 이어온 우리의 유기농업은 이를 기반으로 했다. 전혀 문제 될 것이 없었다. 쌓아놓은 축분 등을 가을에 듬성듬성 밭에 뿌려 놓으면 겨우내 분해되어 봄이 되면 양질의 거름이 되었다. 그래서 변변한 퇴비사 없이 힘겨운 삽질도 거의 하지 않고 무난하게 농사를 지었다. 현대 농업기술은 발효 시비, 심층 시비, 봄 시비를 역설한다. 이것은 농민과 농업을 위한 것이 아니다. 발효 과정에 역겨운 냄새가 나면 안 되고, 온도를 몇도에 맞춰야하는 등 까다로운 조건을 붙여 농가 자가제조가 사실상 어렵게 규정해 놓았다. 퇴비 제조과정의 조건을 임격화하면서 퇴비 판매 사업은 정당성을 얻게 되었고, 심층 시비 필요성을 강조하면서 모든 농가가 농기계를 살 수 밖에 없는 상황을 만들었다. 나는 수십 년 간 농업을 해오면서 자본의 힘, 기업의 힘이 얼마나 용의주도하게 '농민을 위한 기술'을 '업자를 위한 기술'로 바꿔놓는가에 대해 생생히 보아왔다. 지금 우리 농업계는 4천 년 이상 된 선조들의 쉽고 단순한 유기재배 기술의 역사를 헌신짝 다루듯한다.

국가의 농업기술의 설계에 있어 '자본'의 힘을 통제하지 않으면 농민을 죽이는 고비용 구조의 농업이 정착되고 농업의 경쟁력은 떨어져 농업은 망한다. 한 거름 더 나아가 상업적 기업과 농업관료가 연합한 집단적 이익 추구는 국가적 생명줄인 농업을 극심한 혼란과 절망으로 떨어 뜨리고 있다.

자연에 미생물에 대해 묻다.

각종 농업 교육을 받다보면 미생물 교육이 필수로 따라온다. 자신들이 선발한 미생물의 효과를 설명하고 이것을 써야만 농사가 잘 된다고 한다. 그런데 비용이 많이 든다. 자연을 살펴보며, 자연에게 미생물에 대해 물어 본다. 토양 위에 떨어진 낙엽 등이 서서히 토양 소동물과 미생물에 의해 분해되어 아주 부드러운 토양으로 변해가는 것을 인접산의 부엽토를 보며 직접 확인할 수 있다. 토양 위로 떨어진 고체의 유기물이 미생물에 의해 완전히 분해되는 과정이 자연 속에서 실현되고 있다. 우리가 미생물을 사용하고자 하는 이유는 유기물을 분해해서 작물에 필요한 영양을 만들기 위함이다. 유기물 분해 현상이 별도의 미생물을 추가하지 않고도 자연 속에서 그곳에 있는 토양미생물에 의해서 일어나고 있다.

미생물에 의문을 갖고 자연의 토양을 바라보고 있는데 자연이 다가와 네 밭에서 가장 일 잘하는 미생물은 바로 여기 있다며 부엽토를 '갖다 써'라고 속삭인다. 순간 '갖다 써'란 한마디에 미생물에 관한 나의 모든 고민은 사라진다. 우리 선조들이 했던 것처럼 밭과 인접한 산에서 부엽토를 갖다 사용하는 것으로 모든 미생물 문제를 정리한다. 우리나라는 국토의 70%가 산이다. 지역의 산 마다 수백만 종의 토착미생물이 서식하는 부엽토가 풍부하다. 우리나라 수천 년의 유기농업은 이 부엽토 미생물을 기반으로 했다. 우리도 이 자연의 길을 선택하면 된다. 다음 장에서는 부엽토 한 줌을 이용하여 미생물을 간단하고 쉽게 배양할 수 있는 획기적인 방법을 소개한다.

전 세계의 고목들 - 이것이 자연의 농업이다

이것이 자연의 농업이다. 나무는 수천 년 이상을 한곳에서 연작된다. 호주에는 2억년이 넘은 소나무 군락지가 있을 정도이다. 시간이 지남에 따라 뿌리는 더욱 깊게 내리고, 뿌리는 토양속에서 자신에게 필요한 영양을 선택적으로 흡수해서 자신을 키운다. 무성했던 잎사귀는 바로 자신의 토양 위로 떨어지고 쌓이고 쌓이기를 반복한다. 영양학적 관점으로 보면 토양의 영양이 나무 자신에게 점점 더 최적화되는 과정이다. 그래서 자연의 나무는 영양을 외부에 전혀 의존할 필요가 없다. 시간이 흐를 수록 더욱 더 좋은 생육 조건에 놓이기 때문에 영생의 삶을 누릴 수 있다. 인간의 농업은 수확물 대부분을 판매해서 영양의 용탈이 생기기 때문에 부족함을 채워야 하지만 이런 자연의 농업이 유기농업 기술의 출발점이 되어야 한다.

일본을 방문했을 때 이따금 친환경농업인들에게 한국에서 유명한 일본산 미생물제를 사용하고 있는 가를 묻는다. 대부분 그 미생물제를 사용하지 않는다고 답한다. 이유는 간단했다. 그 미생물제는 일본에서도 제일 덥고 습한 곳에서 나온 것이기 때문에 우리에게는 적합하지 않아 자신들은 지역환경에 적합한 미생물을 사용한다는 것이다. 미생물은 그 지역 고유한 환경의 산물이다. 그래서 그 지역에 필요한 미생물은 그 지역의 환경속에서 구해야 마땅하다. 미생물은 지역을 넘어 상업화되서는 안되는 농자재이다.

특정한 물질을 분해할 수 있는 종균을 가지고 있다는 미생물 전문가란 사람들이 가끔씩 등장한다. 그들은 자신들이 누구도 갖을 수 없는 진귀한 균을 가지고 있다고 자랑하고 특허와 연구 배경 운운하면서 농민들을 현혹한다. 그들이 말하는 그 종균은 궁극적으로 어디서 왔을까? 새로운 생명의 창조가 아니라면 분명 자연에서 취했을 것이다. 지역환경에 토착화된 미생물의 보고인 인접산 부엽토는 만능 줄기세포와 같다. 부엽토에 어떤 물질을 내밀면 그 물질을 먹이로 하는 미생물이 붙게 된다. 콩을 주면 콩에 반응하고 보리를 주면 보리에 반응한다. 특정 단백질을 주면 그 단백질에 반응하고 특정 영양물질을 주면 그 물질에 반응한다. 이렇게 내게 필요한 미생물을 선택적으로 얻어내는 과정은 의외로 간단하다. 콩 분해를 촉진하는 미생물이 필요하면 부엽토에 콩을 던저라.

지역적으로 산이 없거나 산에서 부엽토를 구할 수 없는 경우는 부엽토를 인위적으로 만들어 사용하는 방법도 있다. 오염되지 않은 토양 위에 다양한 풀을 베어 두툼하게 덮어 놓고 수분이 마르지 않도록 지속적으로 물을 뿌려주면 시간이 지나면서 풀 밑에 흙이 부드럽게 변하기 시작한다. 이는 그 지역환경에 토착화된 미생물이 정착하여 증식되어 간다는 것을 의미한다. 부

드럽게 변한 토양을 미생물 배양에 필요한 종균으로 활용하다. 이런 방식으로 전 세계 어디서나 지역에 토착화된 미생물을 손쉽게 구할 수 있다.

자연에 비옥도의 비결을 묻다.

농민들은 다수확과 고품질을 고대하며 작물에게 최적화된 비옥도를 어떻게 만들것인가 매년 고민을 거듭한다. 그러나 머릿속에는 늘 쌀겨, 깻묵, 유박이 맴돌고 여기에 혈분을 넣을까, 패화석을 넣을까, 골분을 넣을까, 얼마를 넣을까 등의 고민을 하면서 답을 못찾고, 유기농업에 좋다는 친환경자재를 구매하여 농사를 지으면서 최선을 다했다했지만 항상 부족함을 느낀다. 해마다 조기 개화에 몸살을 앓고 냉해와 동해에 전전긍긍한다. 봄부터 과수는 도장지가 많이 뻗어 도장지를 제거하는 작업을 하느라 하루도 쉴 날이 없다. 자연도 이렇게 힘겨워할까 생각하면서 인접한 자연을 살펴보니 거기는 내가 힘겨워하는 조기 개화와 냉해, 동해 피해가 없었다. 더욱 놀라운 것은 토양 위에 유기물이 그렇게 많음에도 불구하고 봄에 신초생장이 일어난 다음 비가 계속 많이 내려도 추가적인 도장지가 전혀 발생하지 않는다는 것이다. 내가 찾아헤매던 비옥도의 정답이 자연 속에 있음을 깨닫는다. 자연의 비옥도 어디에도 쌀겨, 깻묵, 유박이 없다. 그러면 무엇이 토양을 비옥하게 만들까? 비옥도는 나무의 뿌리와 주변의 토양을 살피면 답이 나온다.

가을이 되면 나무는 뿌리가 뽑아올린 영양과 햇빛과 공기의 광합성으로 만든 낙엽을 떨군다. 그리고 나무 주변에 있던 다양한 산야초들이 드러눕는다. 늘 보아 오던 바로 그것이 자연의 토양에 필요한 유기 영양이 공급되는 방식이다. 그러면 작물 성장에 필요한 무기 영양은 어디서 나올까. 나무 아래를 깊이 파보면 검은 갈색의 부엽토를 지나 거친 모래알이 나오고 암석 부스러기가 나오고 축축한 수분과 미생물 고유의 냄새가 물씬 풍겨나온다. 미생물 힘으로 광물질인 암석이 분해되어 작물에게 필요한 무기 영양이 공급되고 있는 것이다. 조기 개화도 없고 냉해와 동해의 피해도 받지 않고 질소 과잉 흡수로 인한 도장지도 발생하지 않는 그 완벽한 비옥도가 너무도 단순한 과정 속에서 실현되는 것을 보고 새삼 놀란다.

　식물의 줄기 잎사귀 등의 잔사가 떨어져 바닥에 깔리고 주변의 산야초가 쓰러져 토양에 필요한 유기물을 채우고 토양 미생물에 이해 미네랄이 추가되는 단순한 조합이 지속 반복됨으로서 자연의 농사는 완벽하게 실현되고 있는 것이다. 자연이 우리에게 다가와 제발 쌀겨와 유박과 같은 껍질거름에만 연연하지 말고 나를 먼저 '따라해'라고 속삭인다. 쌀겨, 깻묵, 유박이면 다 해결된다는 생각에서 벗어나야 한다. 시비의 정도를 자연에서 찾고 자연을 따라 실천에 옮기면서 부족한 점을 채워나가는 것이 옳은 방법이다. 토실토실한 열매를 원하는데 껍질 거름(유박)만을 사용하면 농사가 잘 될 수가 없다. 토양에 유기물이라는 것만 넣으면 유기농업이 아니다. 유기물도 각각 수준이 다르다. 영양의 균형이 잘 잡힌 유기물이 아니고 부분적 영양이 많은 유기물이 과용되면 토양의 영양 균형이 깨지게 되는 것이고, 이것은 바로 토양 병해 발생과 직결된다. 영양 균형의 깨짐이 토양 오염이다. 농업은 책과 특정한 사람의 두뇌를 통해서 배우는 기술이 아니다. 농업은 자연을 교본으로 삼는 것이다. 바로 농업은 '도법자연'이다. 농업에 든든한 스승이자 친구가 늘 내 옆에 있었던 자연임을 깨닫는 순간 행복하고 신명나는 농업의 세계가 열린다. 자연은 우리 농업에 영원한 스승이다. 자연에서 배우면 농업이 쉬워진다. 자연에서 배우면 농업에 돈이 거의 들지 않는다. 자연에서 배우면 여러분이 고대하는 다수확과 고품질로 가는 지름길을 절로 걷게 된다. 자연을 농업의 스승이자 친구로 받아들이는 것이 어색하면 그간의 혼란스러웠던 마음의 짐을 내려놓고 자연을 벗삼아 따뜻한 술 한잔 하시라.

2. 자타일체(自他一體)

　자타일체는 나와 남을 하나로, 나와 다른 생명을 하나로 인식한다는 것이다. 대단히 새로운 생각 같지만 우리는 일상적으로 이를 인정하면서 살아왔다. 다름 아닌 신토불이(身土不二)가 그것이다. 몸과 땅[흙]은 둘이 아니고 하나라는 뜻인데 자신이 사는 땅에서 생산한 농산물이 좋다는 것을 홍보하는 의미로 많이 쓰고 있다.

　내 몸은 흙이다. 왜냐하면 흙에서 나온 물과 흙에서 나온 음식으로 나의 몸이 만들어졌기 때문이다. 그래서 나는 흙과 같다. 작물도 흙에서 나온다. 고로 나와 작물과 흙은 하나다. 이렇게 사고를 확장하면 전 지구적 모든 생명과의 관계를 자타일체로 확장시킬 수 있게 된다. 내가 나를 온전히 알게 되면 너를 바로 알게 되는 것이고, 하나의 도(道)를 온전히 깨우침으로 만고(萬古)의 도(道)를 품게 된다. 노자는 도덕경 41장에 '문 밖을 나서지 않고도 세상을 알 수 있다.'라는 '불출호(不出戶) 지천하(知天下)'란 글을 남기기도 했다.

　너와 내가 병들어가는 원인을 일체화시킨다. 더 나아가 작물이 병들거나 건강한 이유가 내가 병들거나 건강한 이유와 같다고 본다. 그래서 내 몸의 건강과 토양과 작물의 건강을 하나로 보며 사고의 지평을 확장해 보기로 하자. 현대인들은 수많은 질병을 몸에 담고 산다. 그 원인이 무엇일까? 우리는 몸에서 발생하는 수많은 건강상의 문제 앞에 속수무책이다. 내 건강 내가 챙기지 못하고 오로지 전문가의 손으로만 해결될 수 있다는 '문명병'이 만연해 있다. 진지하게 나의 건강을 생각해 보자. 이런저런 공개된 자료들이 많다. 건강 공부 웬만큼만 하면 건강에 왜 문제가 생기는지 어렵지 않게 알 수 있다. 내 건강에 문제가 생기는 원인으로 대표적인 세 가지가 있다. 정신적인 스트레스, 평소 몸에 안 좋은 나쁜 음식을 즐기는 것, 순환기장애로 인해 혈액의 순환이 원활하지 않은 것, 이 세 가지 원인이 만병의 원인이 되고 있다.

농업은 어떨까? 농사가 안 되는 이유는 무엇일까? 참 재미있게도 농사가 안 되는 이유가 내 몸이 안좋은 이유와 동일하다. 나쁜 시비와 순환기 장애 때문이다. 농업에 있어 나쁜 시비란 항생제가 포함된 축분과 화학비료, 화학농약, 제초제 등이 토양에 투입되는 것이고, 순환기 장애란 다름 아닌 토양 경반층의 생성으로 수분과 영양의 순환이 막힌 것을 말한다. 몸의 건강을 회복시키기 위해서 어떻게 하면 좋을까? 건강한 생활의 시작은 나쁜 음식을 순수하고 영양이 골고루 균형 잡힌 식단으로 바꾸고, 적당한 수분을 섭취하며 운동을 병행하여 순환기에 활력을 불어넣는 것이 기초이다. 여기서부터 생명의 건강은 시작된다. 이처럼 농사도 나쁜 시비를 끊고 순수 균형 시비로 전환하고 토양 경반층 해소를 위해 최선의 노력을 경주하면 된다. 여기서부터 농업은 새로운 활력을 찾게 된다. 이처럼 내 몸의 문제를 해결하는 방식으로 내 토양의 문제를 해결하는 실마리를 찾아 나간다.

우리 몸의 세포는 약 100조 개쯤으로 추정한다. 각 세포마다 생존을 위해서는 매일 영양을 공급받아야 하고 배설을 해야만 한다. 이를 위해 우리 몸은 동맥과 정맥으로 이어지는 고도로 복잡한 순환계를 유지하고 있다. 동맥은 모든 세포에 영양을 조달하는 일을 맡고 정맥은 배설물을 빼내는 역할을 한다. 여기에 문제가 생기는 것을 순환기 장애라고 한다. 인체 혈관의 길이는 약 96,000km 정도로 지구 두 바퀴가 넘는 길이로, 심장을 중심으로 하루에 천 번 정도 순환한다. 이 순환계의 정상적인 흐름을 결정적으로 좌우하는 것이 수분 섭취량으로 우리 건강과 직결되어 있다. 오줌색이 노랗게 나오지 않을 정도의 수분 섭취가 매우 중요하다. 물의 섭취량은 체내 독소를 배출하는 데 결정적 영향을 미친다. 이것만 잘 실천에 옮겨도 건강이 많이 개선된

다. 목욕과 가볍게 걷는 운동을 병행하는 것도 건강을 더욱 좋게 한다. 우리 몸의 세포 수명은 6개월 이하라고 한다. 그래서 매일 100억 개의 세포가 새롭게 생성이 된다. 이 새로운 세포들은 우리가 매일 섭취하는 물과 음식을 원료로 생성된다. 물이 바뀌고 음식이 바뀌고 마음이 바뀌면 몸이 바뀌는 것이고 이것을 '자연치유'라고 한다.

식물 또한 마찬가지다. 토양에 무엇을 넣느냐가 식물의 세포 생성에 지대한 변화를 일으키고 토양에 투입되는 물과 거름의 수준이 작물의 건강을 좌우하게 된다. 건강이 우연히 좋아지는 것이 아닌 것처럼 농사도 우연히 잘 될 수 없다. 인체는 평균 70%의 수분이 있는데 뇌와 장기는 90%의 수분을 보유하고 있다. 그래서 인간의 건강은 70% 이상 물이 좌우한다. 식물에게도 물이 중요하다. 인간보다 더 높은 95% 내외가 수분이다. 인간의 건강을 위해서 꼼꼼히 물을 선택해야 하는 것처럼, 농업이 성공하려면 물의 선택을 까다롭게 해야 한다. 물은 생명 건강의 시작이다. 가급적 정수기보다 생수 마시기를 권한다. 정수기 물의 상당수는 물고기를 키울 수 없다. 물고기가 죽는 물이 내 몸에 좋을 리가 없다. 농업에서 물은 자닮식 천연 약수 방식을 적극적으로 활용하기 바란다.

물 다음으로 중요한 것이 인간에게는 순수 균형 식단이고 작물에게는 순수 균형 시비이다. 우리가 간과하기 쉬운 것이 균형이다. 영양의 균형이 깨진 음식을 먹는 것도 병의 원인이 된다. 식물도 마찬가지다. 영양의 균형은 무엇일까? 간단히 생명에 필요한 유기 영양분과 무기 영양분의 균형을 말한다. 어떻게 하면 그 균형을 맞출 수 있을까? 껍질과 알맹이를 동시에 섭취하는 것이다. 그러면 저절로 생명이 요구하는 영양의 균형에 자연스럽게 근접하게 된다. 인간의 식생활은 껍질을 분리해서 먹는 습관이 일반적이다. 대

자닮식 천연농약은 인간에게 해롭지 않다. 방제시간에 서로 사진처럼 즐기기도 한다.

표로 쌀겨를 벗겨내고 흰 쌀밥을 먹는 것, 과일의 껍질을 까먹는 것 등이 있다. 아주 예사롭게 보이는 일상의 습관이지만, 이 습관이 인간의 건강을 회복 불능으로 몰아 넣는다.

　껍질에 주로 있는 무기 영양분과 각종 비타민 등이 쓰레기로 버리고 알맹이만 섭취한 결과 심각한 영향의 불균형이 일어난다. 껍질을 벗겨내고 흰 쌀밥을 먹은 결과 우리는 지나치게 탄수화물을 많이 섭취하고, 이는 우리 몸을 산성화시켜 질병에 걸리기 쉬운 체질로 바꾼다. 산성화를 막기 위해 체내에서 칼슘이 방출되어 대표적인 현대병 골다공증을 심화시키고 이는 당뇨병의 직접적인 원인이 된다. 껍질과 함께 먹으면 수많은 질병에서 자유로워지고 쉽게 건강을 지킬 수 있게 된다. 현미(통곡)와 잡곡을 함께 먹는 방식으로 전환해야 한다. 녹색 채소 여러가지를 함께 곁들여 먹으면 더 좋다. 과일은 껍질째 먹는다. 이처럼 농사도 시비의 방법을 바꾸면 재배가 쉬워진다. 지금의 농업에서 진행되는 시비 방법은 껍질을 안 먹는 인간과 반대로 껍질만 먹는 식으로 가고 있다. 그래서 토양에 영양 균형이 파괴된다. 사람처럼 영양 균형의 파괴는 토양 질병의 원인이 된다. 대표적인 껍질 거름인 쌀겨와 깻묵과 유박이 시비의 주력이 되어서는 안 된다. 껍질 거름을 주로 사용하는 방식은 토양을 살리고 작물을 살리는 순수 균형 시비에 도달할 수 없는 근본적 한계가 있다.

　생각을 이어가면 갈수록 점점 '몸 농사'와 '밭 농사'는 한 길로 통하고 있다는 사실을 알 수 있다. 농업기술은 나와 완전히 분리된 별도의 생명체에 일어나는 개별적인 생명 현상이 아니다. 몸 농사를 온전히 이해함으로 밭 농사의 원리를 습득하게 되고 나의 건강과 작물의 건강은 하나가 된다. 이제 농업기술은 나의 가슴속으로 들어와 나와 일생을 함께하는 운명으로 합일

된다. 그리고 농업의 기술적 사고는 내 인생의 학문과 철학을 향한 열정과 동일한 선상에 놓여 있음을 체감한다. 비로소 내가 농업기술의 주관자 자리에 들어와 있다는 진한 감동을 온몸으로 느낀다. 필자는 지난 수십 년을 '농업의 도(道), 인생의 도(道)를 관통한다.'는 매력에 사로잡혀 왔다. 농민이 지상에서 가장 영예로운 호칭인 농자천하지대본(農者天下之大本)이라는 찬사를 받을 수 있는 이유도 여기에 있다고 생각한다.

전국적으로 친환경 농산물의 학교 무상 급식이 확대되고 있다. 아주 바람직한 일이고 이는 유기농업 확대에 새로운 활력이 되고 있다. 그러나 급식에서 한 가지 아쉬운 점은 흰 쌀밥을 주식으로 한다는 것이다. 잡곡을 섞는다고 해도 소량에 불과하다. 전면적으로 현미잡곡밥으로 바꿔야만 국민 건강 향상에 실질적인 도움이 될 것이다. 현미잡곡밥도 배합비를 조정하여 얼마든지 부드럽고 맛있게 만들 수 있다. 순수한 친환경 농산물을 먹는 것만으로 건강이 오는 것이 아니다. 영양의 균형도 챙겨야만 건강이 완성된다.

하버드대학 보건대학 쑨 치 박사는 중국·일본·호주·미국에서 35만 명을 대상으로 4~22년에 걸쳐서 4건의 연구논문을 종합 분석한 결과 흰 쌀밥이 당뇨병의 직접적인 원인이 된다는 사실을 밝혔다. 앞으로 건전한 국가 재정을 유지하는 데 가장 핵심적인 부분이 의료비 지출을 줄이는 것이라 보는데 세 가지만 개선하면 의료비용을 획기적으로 개선할 수 있을 것이다. 첫째, 국민의 보편적 식습관을 현미잡곡밥으로 한다. 현미잡곡밥을 주식으로 하면 다양한 영양의 섭취로 식사량이 줄고 육식의 욕구가 줄어들고 몸에 활력이 생긴다. 둘째, 양치질은 천일염으로 한다. 천일염으로 양치질을 하면 잇몸에서 생기는 대부분의 질병을 미연에 막을 수 있다. 전 국민의 치아건강이 개선되는 것이다. 잇몸이 건강해지는 것을 몇 주 만에 확인할 수 있다.

치솔에 물을 묻혀 털어내고 가루 소금을 살짝 묻혀 양치하는 방식이다. 셋째, 오줌색이 노랗게 나오지 않을 만큼 물을 먹는다. 물은 치료의 핵심이다. 물 먹는 양만 잘 조절을 해도 대부분의 질병을 손쉽게 고칠 수 있다. 인체 순환기를 건강하게 이끄는 데 결정적 기여를 한다.

예방의학에는 무관심하고 처방의학에 예산을 집중하는 것은 장기적으로 국가의 존립을 위태롭게 할 것이다. 간단한 몇 가지의 실천으로 세상이 변할 수 있다. 병원과 의사는 늘어나는데 환자는 더 늘어만 간다. 분명히 잘못된 길을 가고 있음이 분명하다. 농업 정책의 실패와 의료 정책의 실패가 한 길을 가고 있음이 보인다. 예방의학은 실종되고 국민의 건강과 국가 예산은 상업적 의료 집단에 희생양이 되고 있다.

농업기술은 자연을 본 삼고, 몸 농사의 원리가 밭 농사의 원리가 같다는 새로운 인식의 변화는 여러분을 전혀 새로운 차원의 농업 세계로 안내한다. 나의 존재는 흙에서 왔고 흙으로 돌아간다. 작물도 그렇다. 그래서 내 느낌으로 너(작물)를 바라보고 내 느낌으로 작물을 판단한다. 특별한 과학적 수단이 없어도 나는 작물을 느낄 수 있고 자물과 교감할 수 있다.

작물의 보이는 건강은 보이지 않는 뿌리에서 시작된다. 사람의 보이는 건강은 보이지 않는 장기에서 비롯된다. 내 몸에 영양의 균형이 깨지면 병이 오듯이 작물도 그렇다. 작물의 뿌리가 살아가는 토양에 영양의 균형이 깨지면 작물에 병이 온다. 놀라운 자연과 합일이다!

3. 성속일여(聖俗一如)

성속일여는 종교적 삶과 세속의 삶이 분리될 수 없음을 강조하는 종교적 의미로 쓰이기도 한다. 이 의미를 확대 해석하면 좋은 것과 나쁜 것, 옳음과 그름, 선과 악, 천당과 지옥이 하나다(나뉘어 있지 않다)라는 의미이다. 이는 세상에 절대적 가치가 존재하지 않음을 의미하는 말이다. 빛과 어두움, 선과 악의 관계를 대립적인 관계로 보는 서양 철학과 서양 종교의 기반인 이원론(二元論)의 부정이다. 그래서 '성속일여'의 의미를 체득하면 이원론으로 고착화된 현대 학문과 종교적 가치관에서 멀어질 수밖에 없다. 이원론은 세상 전체가 서로 독립된 이질적인 두 개의 근본 원리로 되어 있다는 의미이다. 이원론과 반대되는 개념이 일원론인데 성속일여는 이를 함축적으로 표현하고 있다.

'성속일여'는 농업기술에서 아주 중요한 의미가 있다. 성속일여의 의미가 새로운 듯하지만 우리에게는 이미 뼛속 깊이 새겨져 있는 말이다. '약도 과하면 독이 되고 독도 적당하면 약이 된다.'라는 말의 의미가 그것이다. 누구나 첫 소절을 말하면 뒷소절이 저절로 따라올 정도로 익숙하다. 자연계를 살펴보면 명백하게 '약도 과하면 독이고 독도 적당하면 약이다.'라는 말이 맞는다. 지구를 구성하는 118종의 원소 속에는 인간에게 해가 되는 중금속도 있지만 중금속조차도 성속일여에서 예외가 아니다.

모든 생명에 절대적으로 필요한 산소도 과잉 흡입하면 대사 과정에서 생기는 활성산소가 우리 몸에 심각한 손상을 주어 생명을 단축시키고 치명적인 독이 된다. 작물 생장에 꼭 필요한 물도 과잉되면 작물이 죽는다. 이렇듯 모든 물질이 필요한 정도를 넘게 되면 독으로 변한다. 자연계에 있는 물질만이 아니다. 자연계에 있는 모든 살아있는 생명이 그렇다. 토양선충이 무조

건 나쁜 것이 아니다. 토양내 개체수가 적정하게 있으면 토양의 건강성에 도움이 된다. 무당벌레가 무조건 좋은 것이 아니다. 많아지면 해충으로 분류된다. 논에 왕우렁이가 적당하면 익충이 되지만 많아지면 해충으로 돌변한다. 이러한 자연 현상은 너무도 쉽게 확인할 수 있다. 그래서 지구상에 어떤 물질 어떤 생명에게도 절대적인 선과 악의 잣대를 댈 수 없는 것이다. 이것이 생명의 신비이고 생명의 원리이다. 그래서 자연은 이원론으로 바라볼 수 없다. 일원론, 성속일여로 바라보아야 마땅하다. 그러나 인류 역사는 다른 길을 선택했다. 이원론은 피로 얼룩진 인류 역사속에 종교와 국가간 전쟁의 정당성을 부여하는 강력한 무기였고 지금도 국가 통치에 유효 수단으로 작동하고 있다. 이원론 자체가 강자와 기득권을 가진 자들의 폭력과 전쟁을 정당화시키는 속성이 있기 때문이다.

이 농업판에도 자재 업자, 미생물 업자, 농약 업자들이 등장하여 유사한 일들이 벌어지고 있다. 빛과 어두움, 선과 악, 좋은 것과 나쁜 것, 이렇게 모든 것을 이분법적, 이원론적으로 생각하는 방식이 우리 농업 가운데 들어와 농업기술을 혼돈과 피폐함 속으로 몰아넣고 있는 것이다. 안타깝게도 좋은 것은 언제나 그들 손에 있는 것이고, 농민의 손에서 나온 것은 나쁜 것이고 불확실한 것이라고 폄하된다. 과학을 앞세워 그럴듯하게 포장한 이원론, 이분법적 사고가 기존의 성속일여의 사고 속에서 농업을 영위해 왔던 농업기술 체계를 완전 무력화시키는 데 성공을 거두고 있다.

기술은 사고 위에 춤추기 때문에 사고의 기반을 무너뜨리면 기술이 흔들린다는 것을 알아차린 것일까? 객관화된 기술적 체계가 별도로 존재하는 것 같지만 실상 기술은 척추뼈와 같다. 척추뼈는 지탱해 주는 근육이 없으면 홀로 설 수 없는 것처럼 인식체계가 흔들리면 기술도 흔들리는 것이다. 농민을 기술의 중심에서 밀어내고 서양 학문과 과학을 공부한 사람들이 전문가의 자리를 차지하면서, 우리의 전통적 농업기술은 검증되지 않은 불확실한 것이 되었고, 별 문제없이 수천 년을 해왔던 전통적 유기농업 기술은 농민의 손을 떠나고 말았다. 수천 년간 축적되어 이미 자연 검증된 우리 농업기술의 역사적, 기술적 가치가 철저하게 부정당하고 있다. 이를 위해 그들이 내세우는 무기가 바로 자연을 좋은 것과 나쁜 것으로 나누는 이원론이다. 다시 전통적 유기농업의 가치를 회복하여 농업을 '농민을 위한 농업'으로 만들기 위해서는 이 이원론을 철저하게 극복해야만 한다. 미생물과 기비로 쓰이는 퇴비와 추비로 쓰이는 액비, 농민이 꺼리낌 없이 수천 년을 손쉽게 만들어 썼던 자재들이 다 비과학적인 것으로 낙인 찍혔고 기업이 거의 모든 농자재를 독점하고 있는 상황이 되었다. 농민들은 농업을 스스로 해낼 수 있다는 자신감을 상실해가고 있다.

이원론은 그럴듯한 과학으로 포장하고 다가왔기에, 또한 국가를 등에 업고 나왔기에 농민은 속수무책으로 자리를 내어주고 말았다. 불과 40~50년 전만 해도 모든 것이 분명 농민의 손에 있었다. 그들이 입버릇처럼 하는 말이 있다. 그 미생물은, 그 액비는, 그 퇴비는 과학적으로 검증되지 않은 것입니다라고. 과학은 무엇인가? 과학은 언제나 객관화된 고정적 실체로 존재하는 것이 아니라 늘 변한다. 과학의 본질은 진리의 추구지만 자본주의 사회에서는 과학도 타락한다. 전 세계 농업 관련 대부분의 논문을 지원하는 자금이 어디서 나오는가를 알면 농학의 한계가 선명하게 보인다. 국가가 지원하는 연구사업이 축소되고 민간으로 이양되는 전 세계 추세에서 공적 목적(진리 탐구)을 가진 연구는 자리를 잡기 힘들어졌다.

우리 농업의 불행은 서양적 사고 방식(인식론)에서부터 시작되었다. 서양

우위를 인정하는 사대적 가치관이 이를 여과 없이 수용했고, 상업적 이익 집단과 이해가 맞물리면서 우리의 전통적 민간 의술과 농업기술은 처참히 무너져 버렸다. 그래서 기술에 앞서 사물을 바라보는 인식 체계가 중요하다. 지금 우리가 배우는 유기농업은 우리의 것이 아니다. 우리 유기재배의 전통적 기술 가치가 전혀 반영되어 있지 않다. 우리의 것은 해체되어 사라지고 없다. 그래서 자닮은 이것을 다시 일으켜 세우려 한다. 왜냐하면 아무리 살펴보아도 우리의 것이 최상이기 때문이다. 농산물 수입개방에 앞서 가장 절실한 농업기술, 비용을 절감할 수 있는 초저비용농업의 핵심 기술이 우리의 전통농업 속에 그대로 살아 숨쉬고 있음을, 농민이 열망하는 고품질과 다수확의 기술의 핵심이 그 속에 있음을 본다. 그 속을 들여다보면 농자재의 모든 문제가 속시원하게 뚫린다.

유기농업의 창시자로 앨버트 하워드, 루돌프 스타이너, J. I. 로데일 등을 열거하는 일들을 제발 그만 두었으면 한다. 고작 1920년 30년대에 유기농업이 정립되었단 말인가? 이것은 우리 역사의 몰이해다. 그런데 이를 문제 삼는 이를 거의 못 보았다. 중국의 고대 농업을 설명한 기원전 농서 「범승지서(汜勝之書)」와 서기 530년경에 쓴 중국의 종합농서 「제민요술(齊民要術)」과 우리 조선 세종 11년(1429년)에 편찬한 「농사직설(農事直說)」이 있다. 화학농약과 화학비료가 전혀 없었던 시대, 환경 오염 물질이 거의 없었던 시대의 농업이니 당연히 지금 우리가 추구하는 유기농업보다 더 완벽한 농업이었을 것이다.

BC. 2333년에 우리 민족은 최초의 국가 고조선을 설립하였다. 이는 세금을 거둘 수 있는 경제적 기초가 구축되었다는 것을 의미하고 경제 활동의 중심에 농업이 있었음은 당연하다. 고조선의 8조 금법에는 남에게 상처를 입

힌 자는 곡식으로 보상해야 한다는 법까지 있다. 그때의 농업은 무엇이었을까. 현대 농업이 등장하기 직전 아시아의 농업을 생생하게 보여주는 흥미로운 책이 하나 있다. 미국 농림부 토양관리국장을 지낸 프랭클린 하람 킹이 1909년 중국과 한국, 일본을 여행하면서 정리한 「사천 년의 농부(들녘)」란 책이다. 아시아권의 농업 형태를 개괄해 놓은 좋은 자료이다. 이 책을 읽다 보면 한때 한국에서 유명세를 떨쳤던 일본의 후쿠호카 마사노부의 농법도 크게 새롭지 않다는 인상을 받을 것이다. 하람 킹은 아시아권에서 하는 농업 방식을 보고 대단한 충격을 받는다. 불과 100년도 안 되어 토양의 오염과 수탈이 심화되는 미국의 농업 방식에 통렬한 비판을 제기한다. 진정한 유기농업의 원류는 중국과 한국, 일본임을 인정하고 서양 농업의 회생을 위해서는 동양의 농업을 배워야 함을 역설하고 있다. 지금도 50대 연령 이상이라면 기억 속에 생생하게 남아 있는 우리의 농업 방식, 그것의 가치를 하람 킹은 최상으로 본 것이다.

우리는 지금 우리 선조들의 농업을 어떻게 보고 있는가? 농업은 백성과 국가 존립에 절대적 기반이다. 자재 구입 중심의 고비용 구조 농업 방식을 신속히 탈피하지 않으면 수입 개방을 지나면서 우리 농업이 붕괴될 수도 있다. 필자는 현재 우리의 농업 상황에 다각적인 문제 의식을 가지고 있다. 그래서 기술만을 언급하기에 앞서 기술에 선행되는 인식의 문제를 근본적인 해결의 시작으로 보고 성속일여 가치관의 회복을 강력하게 제기하는 것이다. 성속일여의 관점으로 농업을 재인식해야 하고 이를 기반으로 해야만 초저비용농업을 든든하게 구축할 수 있다.

빛을 이용한 탄소동화작용을 하여 독립적으로 영양을 만드는 균을 광합성균이라고 한다. 유기물을 넣지 않고도 이 미생물을 토양에 투입하면 환상적인 농업이 될 듯한 느낌이 든다. 이 균이 유효균의 대표주자이다. 그러나 이 균도 성속일여에 단단히 묶여 있다. 토양에 적정선이 넘으면 물처럼 독이 된다. 그런데 적정선을 제어할 수단이 없다. 대기 중에 있는 질소를 고정하여 독립적으로 영양을 만든 균을 질소고정균이라고 한다. 토양에 질소비료를 넣지 않고 이 미생물을 투입하면 되겠기에 이 균도 유효균의 대표주자가 되었다. 이것도 여지없이 과하면 토양에 독이 되고 만다. 인분이 가장 좋다고 토양에 인분을 가득 채우는 것과 다름없다. 미생물의 다양성, 토착성을 중시하는 개념이 아닌 특정 기능을 중시하여 미생물을 선택적으로 골라 쓰는 방식이 오늘날 대세가 되었다. 효모균이 좋다, 유산균이 좋다, 방선균이 좋다, 고초균이 좋다, 납두균이 좋다 하며 유기농업을 좋은 균을 모아 많이 넣어주는 것으로 이해한다.

우리는 지금 토양 미생물 중 99% 이상을 모른다. 막연히 모른다고 추정하는 것이 아니고 현재까지 학계에서 이용하는 배양 기술로 배양이 가능한 미생물이 불과 1%도 안 되기 때문이다. 따라서 시중에 유통되는 미생물도 기존 학계에서 정립한 배양법으로 배양해 판매하는 것이라면 아무리 좋은 것이라고 해도 자연에 존재하는 미생물의 1% 이상을 담기 어려울 수밖에 없다. 현대의 과학이 여기까지밖에 못 온 것이다. 토양에 가장 풍부한 박테리아는 외형만 겨우 파악할 뿐 고도로 발전된 전자현미경으로도 내부를 볼 수 없다. 그리고 미생물 종 간의 상호 역할에 대해서는 전혀 모른다. 현존하는 최고의 생물학자인 하버드 대학 석좌교수 '에드워드 윌슨'도 이 문제를 언급했다. "일반인은 물론 생물학자들도 미생물은 의학, 생태학, 분자유전학 등에서 매우 중요한 존재이므로 비교적 잘 알려진 생물군이라고 오해하는 경우가 일반적이다. 그러나 사실 거의 대부분의 미생물은 이름도 없고 검출하는 방법도 모른 채 완전히 베일 속에 가려져 있는 존재이다."

　자닮은 특정 미생물의 선택적 활용이 아니라 밭의 환경에 최적화되어 있고 원생동물에서부터 조류, 곰팡이, 박테리아에서 바이러스까지 다양한 균이 있는 미생물의 보고 부엽토를 미생물의 원종으로 활용할 것을 강력하게 주장해 왔다. 어떤 시판 미생물과 견주어서도 절대 뒤지지 않는다. 인터넷이나 각종 자료를 보면 자신들이 판매하는 미생물 많이 집어 넣으면 농사 대박날 것처럼 광고한다. 성속일여의 입장에서 미생물을 바라보아야 한다. 좋은 것도 과하면 독이 된다는 사실을 잊지 말아야 한다. 미생물을 선택적으로 활용하는 것이 그럴듯해 보이지만 이는 토양 영양을 극히 편협하게 만들고, 영양의 편협은 작물의 병해를 심화시키는 원인이 된다. 미생물은 함부로 골라 써서는 안 된다. 미생물의 변화는 영양의 변화로 직결되기 때문이다. 미생물뿐 아니라 영양도 '성속일여'이다. 칼슘이 좋다, 인산이 좋다, 게르마늄이 좋다, 셀레늄이 좋다, 규산질이 좋다는 식으로 유기농업을 좋은 영양제 많이 넣어주면 되는 것으로 이해하면 안 된다. 좋은 것만 골라 투입하는 방식으로는 어떤 농사도 잘 지을 수 없다.

　'성속일여'는 우리에게 아주 중요한 농업의 기술적 의미를 역설하고 있다. 좋고 나쁨에 치우치지 말고 '균형'을 온전히 잡으라는 것이다. 농업기술에서 균형의 가치를 모르면 농업을 모르는 것과 같다. 마찬가지로 인간의 건강에 균형의 의미를 모르면 건강을 모르는 것과 같다. 완벽한 영양의 균형을 토양 속에서 완성하려면 작물의 영양을 만들어내는 '미생물의 균형'과 그 미생물의 먹이가 되는 '시비의 균형'이 완벽하게 자리잡고 있어야 한다. 자닮은 이 두 가지 균형을 온전히 실천에 옮기는 토양 관리 방식을 '지하부의 최적화'라고 한다. 여기에 '지상부의 최적화'가 합쳐져 농업기술은 완성된다.

　'미생물의 균형'과 '시비의 균형'이 무엇이고, 어떻게 실현해야 할까? 추상적이고 막연한 얘기인 듯하지만 '도법자연'을 설명한 장에서 이미 정답을 말했다. '미생물의 균형'의 정답은 인접산에서 부엽토를 가져다 쓰는 것이고 '시비의 균형'의 정답은 자연의 시비법을 따라 하는 것이다. '갖다써'와 '따라해'는 토양관리의 핵심 기술을 명확하게 설명한다. 그리고 이 토양관리 기술은 우리가 도달하려 애쓰는 농산물의 고품질과 다수확의 지름길을 열어준다. 내 밭의 환경과 가장 유사한 환경 속에서 토착화된 미생물의 보고인 부엽토를 인접산에서 갖다쓰면 손쉽게 지역 환경에 알맞은 미생물 균형을 달

토마토 14종, 오이 7종, 고추 8종을 재배하며 품종별 특성을 연구하고 있다. 이 결과를 바탕으로 작물별 유기재배 책을 출판할 계획이다.

유기농업의 중심 원리

성하는 것이고, 자연의 시비법을 따라서 실천하면 손쉽게 시비의 균형도 달성할 수 있다. '갖다써'와 '따라해'를 실천에 옮기니 농사는 아주 '쉽다'가 된다. 유기농업을 'SESE'하게 만든다 해놓고 장황한 설명 끝에 내린 결론이 고작 '갖다써'와 '따라해'냐고 불평할 수도 있겠지만, 농사기술을 쉽게 설명하면 더 좋지 않겠는가? 친환경농업이란 자연의 순리와 이치를 따라 물처럼 흐르는 것이기에 쉬울 수밖에 없다. 단순한 듯하면서 심오함이 짙게 베어나오는 매력에 사로잡히게 되면 지치지 않는 힘이 솟아날 것이다. 자연의 농사와 내 농사의 차이는 얇은 종이 한 장 차이다. 자연은 비경제 작목을 심는 것이고, 나는 돈 벌기 위한 경제 작목을 선택한 것뿐이다. 자연은 나보다 연배가 몇만 곱절 높다.

유기농업은 '도법자연'을 따라 자연을 스승으로 삼고, '자타일체'를 따라 나에게 기술의 중심을 두고, '성속일여'를 따라 좌우로 치우침이 없는 길을 걷는 것이다. 특히 물질의 세계에서 좌로도 우로도 치우침 없이 균형을 중시하며 나가는 것이다. 이런 '성속일여'는 우리에게 '중용(中庸)'의 의미를 되새기게 한다. 농업의 길은 치우침이나 모자람 없이 떳떳하며 알맞은 상태에 머물며 인생의 길을 가라는 공자(孔子)님 말씀인 '중용(中庸)'의 길이다. 농업의 도(道)는 '중용'의 도(道)다. 진정한 농업의 길은 그래서 성인의 길로 통한다.

농업에서 중용의 도를 지키는 자는 특정한 물질의 집착에 앞서 두려움을 갖고 좋은 것을 취하려하기 전에 균형을 잃지 않으려 애쓴다. 농자재로 새롭게 등장한 어떤 물질에 특정한 영양성분이 많다고 하면 활용에 앞서 과용으로 인한 문제가 생길 수 있음을 염두에 둔다. 식물과 인간에게 필요한 모든 영양은 과하면 독이 된다는 사실을 늘 가슴에 담고 끊임없이 균형의 길을 도모한다. 이런 농업의 길을 걸으면서 체득한 '성속일여'의 도는 사회적, 도덕적, 철학적 그리고 종교적 도로 확대되면서 인생을 새롭게 변화시키는 강력한 에너지원이 된다. 하나를 온전히 앎으로 모든 것을 알수 있는 대통(大通)의 세계로 진입을 하는 것이다. 농업의 도, 인생의 도를 통하다!

'도법자연'과 '자타일체', '성속일여'는 자닮이 구축해온 초저비용농업의 중요한 철학적 기반이다. 이런 철학적 기반이 어떻게 구체적인 기술로 전개되는지 차차 확인할 수 있다. 이러한 자닮의 철학적 기반은 무생물적인 것처럼 보이는 농업기술에 싱싱한 생명력을 불어넣고 농업기술을 이해하기 편하고 쉬운 것으로 만들어 준다. 이제 농업기술은 생명처럼 살아 움직이며 우리의 몸속에 깊숙이 들어와 내 몸과 하나가 된다. 늘 대하던 자연을 나의 스승으로 삼고, 나의 느낌으로 너를 바라보고 집착과 편견보다는 흐트러짐 없는 균형을 염두에 두고 농업의 길을, 인생의 길을 걷는다.

자닮은 농업기술의 주도권을 농민이 가져야만 한다는 강력한 의지를 가지고 있다. 그러나 그 주도권이 상대와 적대적 투쟁으로만 획득된다고 생각하지 않는다. 자닮의 농업기술이 잘 스미고 유연한 물처럼 진보하면 된다. 더욱 단순하고(simple) 더욱 쉽게(easy) 진화하여 모든 농부들에게 잘 스며들 수 있고, 쉽게 따라할 수 있는 농업기술의 완성으로 농업기술 주도권이 저절로 농민에게 다시 옮겨오는 미래를 꿈꾼다.

노자는 "최고의 선은 물과 같다."고 했다. 상선약수(上善若水)다!

4. 산야초 공생(山野草 共生)

산야초, 풀과 공생을 적극적으로 모색해야 할 때가 왔다. 산야초와 공생이 아니면 극복할 수 없는 아주 심각한 문제에 걸려 있기 때문이다. 산야초가 작물과 수분 경합과 양분 경합을 일으키거나 병 발생을 조장할 수 있어 작물 생장에 좋을 것이 없다는 단편적 사실에 이제 그만 연연하자. 1~2년의 단기적인 관점에서 보면 맞을 수도 있는 이야기이지만 연구 기간을 4~5년을 늘려서 해보면 결과는 전혀 다르다. 오히려 산야초가 있으면 토양의 보습 효과가 극대화되고 토양의 비옥도가 상승하며 병 발생이 현저하게 줄어들게 된다는 연구 결과가 대세를 이루고 있다.

감나무의 낙엽이 지기 전에 이미 바닥은 녹색으로 가득차 있다. 헤어리베치와 귀리를 이용한 초생 재배다.
(담양 라상채님 농장)

과수원 바닥에 풀을 전혀 키우지 않는다. 대기 온도 변화가 지온 변화로 이어져 조기 개화, 냉해와 동해 피해가 자주 발생한다.

지구 온난화로 새롭게 제기되는 심각한 기술적 문제가 있다. 봄 기온의 급상승으로 발생되는 과수의 조기 개화의 문제, 겨울이나 봄에 기온의 상대적 급강하로 발생되는 동해와 냉해의 문제, 여름 초고온기의 지속으로 발생되는 토양 초고온화의 문제가 그것이다. 여기에 덧붙여 봄부터 지속되는 잦은 비로 토양 영양의 용탈이 심화되어 작물 성장이 위축되고, 봄에 생긴 꽃눈이 부실해지는 피해까지 발생된다. 지구 온난화로 인해 지금의 농업은 예전처럼 거름 한 번 주고 가을까지 쭉 끌고 가는 것이 힘겨워졌다. 이러한 문제점을 극복하는 기술의 중심에 산야초와 공생이 있다. 산야초 공생을 적극적으로 실천에 옮기면 위의 문제를 슬기롭게 극복할 수 있다. 풍부한 유기물은 토양 영양의 용탈을 막는 귀중한 역할을 한다.

풀을 잡는다고 토양 위에 검은 비닐을 밀착시키는 농가들이 늘고 있다. 이렇게 토양을 살리지 않는 농사는 지속 가능할 수 없다.

'조기 개화'를 막는 초생재배

 전국의 과수농가들이 왜 조기 개화로 몸살을 앓고 있을까? 봄의 기온이 예전과 달리 급격히 상승하기 때문이다. 봄부터 내리는 뜨거운 햇빛이 땅을 달구게 되고 과수의 뿌리는 이를 여름이 다가오는 것으로 판단하여 서둘러 개화를 한다. 따라서 화분 형성이 미흡한 부실 개화로 이어지고 이는 부실한 수정과 직결된다. 과수 농가에게 이만저만한 손실이 아닐 수 없다. 조기 개화 극복을 위해 전전긍긍하고 있는데, 간단하게 초생 재배를 실천에 옮기는 것으로 해결할 수 있다. 해결책은 늘 어렵게만 얻을 수 있는 것이 아니다. 농업의 지혜는 늘 쉽고 간단한 곳에 있다.

 초생 재배를 적극적으로 전개한다. 과수의 낙엽이 지기 전인 9월경쯤에 과수원 바닥에 풀 씨앗을 뿌린다. 풀은 낙엽이 지기 전에 어느 정도 올라오고 낙엽은 그 사이사이에 낀다. 한 해 동안 흙에서 뽑아올린 영양의 덩어리가 겨

봄 초입에 한낮 기온이 급상승해서 오후 2시경 비닐 멀칭한 일반 포장의 온도를 재어보았다. 섬뜩할 정도로 지온이 급상승해 있다. 해가 진 다음에는 기온이 다시 10도 이하로 떨어졌다. 지온이 급등과 급강하를 반복한다. 이런 환경에서는 정상적인 뿌리활착이 어렵다.

울바람에 날아가는 것을 미연에 막아준다. 과수원을 초생 재배 없이 그대로 방치하면 소중한 영양의 덩어리인 낙엽들이 다 날아가 버린다. 이는 영양적으로 엄청난 손실이라는 사실을 명심하자. 풀에 고정된 낙엽은 거의 대부분 1년 사이에 토양 소동물과 미생물이 분해되어 토양으로 흡수된다.

 겨울로 들어가기 전에 이미 과수원은 녹색으로 뒤덮여 있다. 봄이 오면서 풀들은 더욱 크게 자라 밭 전체를 충분히 덮는다. 봄 햇빛의 강렬함을 가리고 토양은 보온되어 겨울을 이어온 지온이 안정적으로 유지되고 자연스런 상승으로 연결된다. 이러한 과정으로 빈번하게 발생되는 조기 개화의 문제가 초생 재배로 해결된다. 초생 재배하지 않는 농가들은 조기 개화로 몸살을 앓는데 초생 재배 과수원은 조기 개화 염려가 좀처럼 없다. 바로 초생 재

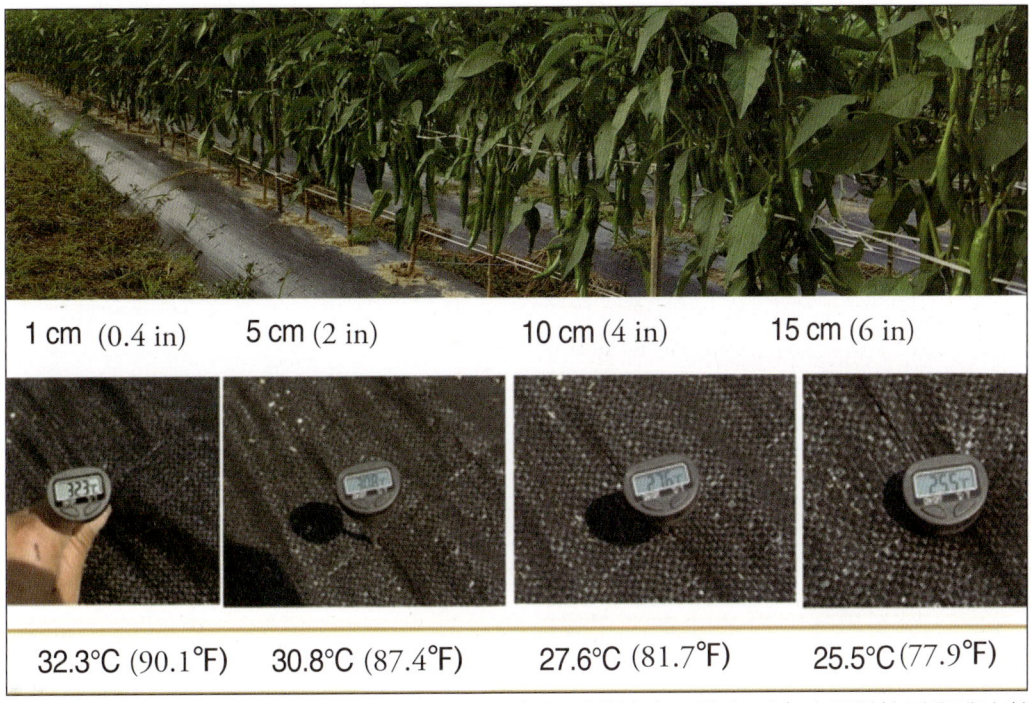

좌측의 동일한 환경에서 제초매트를 이용하여 멀칭을 대체하여 보았다. 좌측과 동일한 기온에서 확인한 온도이다. 비닐멀칭과 비교해서 지온이 10도 이상 차이가 난다. 제초매트는 미세한 공기구멍이 있어 뜨거운 공기가 머물지 않는다. UV코팅으로 5년 정도 재활용이 가능하다.

배의 위력이다. 초생 재배로 유기물만 자급하는 것이 아니고 조기 개화까지 막아내는 것이다.

냉해, 동해를 견디게 하는 초생재배

지구 온난화로 인한 기상 이변으로 냉해와 동해의 발생 정도가 급증하였다. 그 피해를 오로지 자연에 전가하고 속수무책으로 당하고만 있을 것인가. 냉해나 동해는 갑작스런 추위에 나무가 얼어 죽거나 피해를 입었다는 것인데, 우리는 나무가 자리잡은 모습에서 기발한 발상을 떠올린다. 나무는 지금 '반신욕' 중이다. 하반신을 흙속에 상반신을 밖으로 드러내놓고 있다. 한겨울 노천에서 반신욕 중이라도 아랫물만 따뜻하면 추위에 떨지 않고 감기에 걸릴 이유 없음을 우리는 알고 있다. 과수에서 아랫물의 온도는 무엇을 의

미할까? 바로 '지온(地溫)'이다. 냉해와 동해 토양의 지온과 밀접하게 연관되어 있다. 뿌리가 주로 뻗어있는 토양의 지온은 무엇이 좌우할까.

가까운 인접산의 부엽토를 보면 그에 대한 해답이 보인다. 부엽토는 한겨울에도 거의 얼지 않는다. 위에 덮인 유기물이 많기도 하지만 미생물이 풍부하게 있어 미생물의 체온으로 지온이 상승하기 때문이다. 즉 토양의 온도는 미생물 체온의 합산인 셈이다. 초생 재배를 하면 토양의 온도가 상승한다. 풀은 토양에 풍부한 영양과 공기를 공급하면서 토양 속의 미생물 개체수를 증가시키고, 이는 겨울을 이기고 냉해와 동해를 이길 만큼 지온 상승으로 이어진다. 지온 상승 결과 과수의 뿌리는 영양 흡수 활동을 지속하고 동절기에도 나무의 수액 이동이 원활해져 수액의 당도가 상승하고 수액의 빙점을 높여준다. 그리하여 냉해와 동해에 걸리지 않는 물리적 방어 체계를 획득하는 것이다. 초생 재배는 이렇게 냉해와 동해를 나무 스스로 극복할 수 있는 환경을 만들어준다. 가을부터 겨울을 거쳐 봄까지 이어지는 초생재배 방식을 뒷부분에 더 자세하게 다룬다.

여름철 토양의 초고온화를 막는 초생재배

토양의 온도, 지온이 40℃ 이상을 넘으면 대부분의 작물 뿌리는 기능을 상실한다. 여름철 40℃에 육박하는 상황에서 검은 비닐로 멀칭한 포장 속의 온도는 몇 도까지 상승할까. 사진에서 보는 바와 같이 34℃에 진입한지 수 시간 내에 토양의 표토 1cm는 45℃로 급상승한다. 토양 심층부인 15cm도 30℃를 넘는다. 여름이 시작도 되지 않은 6월 11일의 상황이다. 제초를 위해서 많은 농가들이 검은색 비닐 멀칭을 즐겨 쓴다. 이 방식은 제초에 도움을 주고 초봄까지는 지온을 높이고 수분과 영양을 보호해주어 초기 생육을 높이는 데는 도움이 된다. 그러나 본격 고온기에 접어들어서는 상황이 다르다. 작물 뿌리의 숨통을 옥죄며 작물의 건강을 최악의 상황으로 이끈다. 지금 우리의 농사는 뜨거운 여름철 검은 색 자가용 속에 어린 아이를 놓고 나오는 방식과 다르지 않다. 사람이라면 10분도 견디지 못할 상황에 6월, 7월, 8월, 9월, 10월, 장장 5개월 동안 갇혀 있어야 한다. 낮에는 고온탕보다 뜨거운 45℃를 상회하고 밤의 기온은 떨어져 15℃ 이하로 내려간다. 한여름은 올라간 지온이 밤에도 지속된다.

농사가 안 되는 이유가 그렇게 어려운 데 있는 것이 아니다. 뿌리의 생육에 악조건을 제공하며 무엇을 바라는가? 자타일체의 심정으로 작물을 나와 하나로 느껴보자. 경반층과 오염으로 토양이 중증을 앓고, 뿌리의 생육 환경도 엉망이 되어 가고 있다. 병이 많이 와야 약이 많이 팔리는 약장사들에게는 절호의 기회가 되고 있는 셈이다. 그러나 토양과 이를 딛고 사는 농민은 시름이 더욱 깊어진다. 농업은 자연에서 근본적인 해답을 얻어야 한다.

토양의 온도를 안정적으로 유지하고 제초효과를 얻기 위해 가장 바람직한 것은 볏짚이나 식물의 잔사를 두둑과 고랑 위에 덮어 풀을 제어하는 전통적인 방법이지만 면적이 많은 경우 이것도 여의치 않은 경우가 종종 있다. 이런 경우 비닐 멀칭의 편리성에 기댈 수 밖에 없다. 농업 기술의 옳고 그름에 앞서 지속적으로 구현할 수 있는 기술인가 아닌가도 중요하다고 생각한다. 농사 규모가 작을 경우는 토양 지온관리와 제초의 편리성을 고려해서 제초매트를 활용하는 것도 좋다. 제초매트는 미세한 구멍이 뚫려있어 두둑에 뜨거워진 공기가 모이지 않아 토양 초고온화를 회피할 수 있고, 작물 생육기중에 수분과 액비도 뿌려줄 수 있어 점적호수가 설치되어 있지 않는 경우 영양공급도 가능하다. 한해 만 사용하는 비닐에 비해 5년 정도 재활용이 가능하다.

비닐 멀칭은 슬기롭게 이용해야 한다. 낮기온 상승이 본격화되는 시점부터 비닐멀칭의 좌우측면과 상단에 구멍을 내서 멀칭 내의 온도가 급상승하는 것을 미연에 방지해야 한다. 그리고 처음부터 모종을 심은후 구멍을 막지 않는것도 좋다.

한여름, 초고온기를 슬기롭게 넘기고 가을까지 수확을 이어가기 위해서는 고랑에 풀을 의도적으로 키우는 것이 바람직하다. 고랑에 풀을 키우면 지온 상승을 억제하는 데 상당한 도움이 되고 덕분에 작물의 뿌리는 고온기에도 정상적인 영양 흡수 활동을 할 수 있다. 고랑에 풀을 키워 산야초와 공생을 유지하면 병충해의 발생량도 오히려 줄어든다. 고랑의 풀을 키워서 생길 수 있는 작물과 수분경합, 영양경합이 발생되는 것을 미연에 막기 위해 두둑의 폭을 넓게하여 멀칭한다. 고랑의 풀을 연간 3번은 베어준다는 것을 전제로 밭농사에 들어가길 바란다. 그래야 지온관리에 성공할 수 있다. 규모가 작을 때는 작은 낫으로 베어내고 규모가 크면 모터용 예취기에 넓은 날을 달아 지표로부터 5cm 공간을 두고 직진 예취를 한다. 예취

고추 수확하려는 욕심만 있고 고추에 영양을 공급하는 뿌리에는 전혀 관심이 없다. 절대 가을을 못 넘긴다.

골의 간격을 충분히 확보하고 골에는 헤어리베치를 심어 산야초 공생의 농법을 하고 있다. 수확량이 훨씬 많아진다. (태안의 김용산님)

기 날에서 좌우로 비켜나는 풀에 연연하지 말고 적당히 직진 예취를 하면 수천 평도 2~3시간이면 해낼 수 있다. 풀을 꼼꼼히 제거하려는 노력이 여러분을 지치게하고 농업의 의지까지 갉아 먹는다. 적당한 풀의 공생은 오히려 유익하다. 풀의 밑둥을 남기고 제초를 하는 것이 어리석을지 몰라도 그렇게 하면 토양에서 올라오는 진딧물, 응애 등의 피해를 막을 수 있어 오히려 유익하다. 고랑의 풀을 손으로 뽑아내는 농사는 힘겨워서 오래 지속할 수 없다.

여름 농사는 지온관리가 핵심이다. 타는 듯한 여름철에도 뿌리가 좋아하는 적절한 지온을 유지하려면 풀을 적극적으로 활용해야 한다. 토양의 온도를 뿌리에 적합하게 유지함으로서 내가 얻을 수 있는 것은 다수확이다. 여름 내내 깊고 깊게 뿌리가 뻗어나가면 서리 내릴때까지 수확할 수 있다. 뿌리의 활착이 좋음으로 각종 병해충에도 강해진다. 여러분들이 고대하는 다수확은 보이지 않는 뿌리의 확산 면적으로 결정되고 뿌리의 확산 면적은 지온관리로 결정된다해도 과언이 아니다. 농업은 풀을 끌어안고 가는 것을 전제해야 한다.

비닐 멀칭을 하더라도 지온을 고려하는 방법으로 바꿔야 한다. 고온기에 들어서면서 좌우측과 상단에 구멍을 내 지온 상승을 억제한다.

포도 과수원 풀을 손쉽게 억제하고 토양도 살리기 위한 타협의 산물이다. 제초 매트를 주기적으로 옮겨 풀을 잡는다. (담양 박일주님)

토양 미네랄을 풍부하게 하는 초생재배

　과수원에 가을에서 봄까지 초생재배를 하고 봄부터 가을까지 다양한 초종을 키워 2~3회 베어주는 방법을 선택하면 토양에 유기물 함량도 높아지고 미생물도 풍부한 토양이 된다. 산야초의 뿌리는 자신의 크기보다 1.5배 정도 깊게 들어가 영양을 흡수해서 지상부로 옮기는 역할을 하기에 토양 상층부의 미네랄 다양성이 높아진다. 대부분의 풀들은 자신의 키보다 더 깊은 뿌리를 뻗는다. 이러한 뿌리의 뻗음은 토양을 양양적 물리적으로 비옥하게 만들 뿐아니라 토양 경반층 해소에도 결정적인 도움을 주게 된다. 토양 경반층이 해결되면 우리의 농업은 본격 다수확으로 들어갈 수 있게 된다. 토양 경반층 해결을 누구에게 맡길 것인가? 강력한 하나의 해결책 산야초 공생이다.

　유기농업에서는 제초제의 사용을 금하기 때문에 유기농업의 가장 큰 기술적인 문제가 제초의 문제라고 하는데 이는 산야초를 작물과 양분경합과 수분경합을 일으키는 적대적 대상으로 보는 데서 오는 지나친 판단이라고 본다. 물론 재배과정에서 제초작업으로 인해 노동력이 증가할 수는 있지만 우리는 산야초 공생으로 얻을 수 있는 혜택이 더 많다는 사실을 알아야 한다. 풀을 적대시하는 강박감은 농업을 고행으로 이끈다. 적당히 이런 저런 풀들과 혼재해서 자라는 생명이 더 건강하고 아름답다. 풀은 나의 적이 아니라, 나의 농업을 도와주는 동반자다. 자연의 역사가 그러했다.

무경운과 제초매트의 힘, 주당 평균 180개의 고추가 달렸다.

Ⅲ. 초저비용농업은 토양관리로부터

주선화

"사실 거의 대부분의 미생물은 이름도 없고 검출하는
방법도 모른 채 완전히 베일 속에 가려져 있는 존재이다."

에드워드 윌슨
Edward Wilson(1926~)

자담 식구들

관행적 영농 방식에서 벗어나지 않으면
토양의 경반층을 해소할 수 없다.
토양을 살리는 것과 관행적 영농 방식이 양립할 수 없다는
것에 답답함을 느끼겠지만 이는 분명한 사실이다.

1. 지금 우리 토양의 상태는

항생제, 화학농약, 화학비료에 포위된 우리 토양.
　우리나라 식품의약안정청과 국제기구인 OECD(경제개발협력기구)가 발표한 공식적인 통계자료는 축산에 쓰이는 항생제와 농업에 쓰이는 농약과 화학비료 사용량에서 우리를 전 세계 상위 사용 국가로 분류하고 있다. 아시아 주요국가들도 예외는 아니다. 항생제와 화학농약과 화학비료의 투입으로 토양오염이 극에 달해 있고 전 작물에 걸쳐 뿌리의 활착이 어려워져서 농업생산이 위기에 처하고 있는데 여전히 화학비료와 화학농약 사용을 고수하는 농업정책은 굳건히 유지되고 있다. 일부 농업전문가와 유명 컬럼니스트는 관행적 화학농법을 옹호하고 갖가지 시사적 문제를 이유로 들어 유기농업의 근본 가치까지 깎아내리려 한다. 그들의 주장속에는 토양에 투입되는 화학물질의 양이 얼마나 많고 토양에 어떤 악영향을 미치고 있는가에 조금의 염려도 없어보인다.

　전 세계적으로 진행되는 토양오염은 농업의 종말을 재촉하고 있다. 농업기술은 100년 그 이상의 미래를 보고 설계되어야 마땅하다. 지금 우리의 농업은 지속가능한 농업이 아니다. 토양 환경을 악화시키는 기술은 농업의 미래를 갉아 먹는다. 토양 오염은 인간 오염과 맞닿아 있다. 토양이 병드는 만큼 인간도 병들어감으로 이제 단호한 선택이 필요하다. 화학농약과 화학비료의 투입량을 중단 또는 최소화하는 적극적인 노력이 절실하다.

경반층 심화로 화학적인 모든 것이 표토에 집중된다.
　해마다 투입되는 항생제, 화학농약, 제초제, 화학비료 등이 토양에서 분해되어 토양의 건강성이 지속적으로 유지될 수 있다면 다행이겠지만 불행히도 지표에서 15cm 내외에 집중적으로 축적되는 결과를 낳는다. 화학적 독성이 지표면에 집중적으로 집적되는 것은 무거운 기계의 이용과 맞물려 있다. 덩치 큰 대형 트렉터가 대표적이다. 트랙터 바퀴의 압력으로 토양은 심층부 7m까지도 굳어질 수 있기 때문이다. 반복적인 무거운 기계의 활용으로 토양 15cm 아래는 더욱더 단단하게 굳어져 토양의 경반층을 형성하게 된다. 토양 경반층이 공고화되면서 투입되는 모든 화학물질은 표토에 집적되고 또한 수분의 투입과 증발이 반복되면서 지표면으로 부터 15cm 내외에 이중으로 집중되는 결과를 낳게 된다. 이는 작물 뿌리 발육에 심각한 악영향을 미친다. 근복적인 해결책은 초생재배 하는 것과 무거운 트렉터에서 내려와 가벼운 경운기를 사용하는 것, 화학물질의 사용을 최소화하는 것이다. 물을 대서 농사를 짓는 벼 재배의 경우 무거운 기계의 사용이 불가피 하더라도 밭농사와 비닐하우스 농사에서는 무거운 기계의 사용을 적게하는 것이 최상이다. 노동력의 문제로 트렉터의 사용이 불가피할 경우는 작물을 심을 두둑을 바퀴 사이에 넣고 운행하는 세심한 노력이 필요하다.

보이는 것은 보이지 않는 것의 실상이다.

삼사십 년 전까지만 해도 가을 서리 내릴때까지 노지에서 고추를 수확하는 것이 기본이었다. 요즘 농가들이 흔히 사용하는 미생물제나 액비 없이 고추재배에 변변한 교육이나 책도 없이 대부분의 농가들은 수월하게 한 해의 농사를 마무리 했다. 그러나 요즘은 교육도 많고 농자재를 풍족하게 사용함에도 불구하고, 고추 농사가 가을 서리 내릴때까지 유지되는 농가를 좀처럼 보기 어렵다. 심지어 노지에서 가장 힘든 농사가 고추라고 한다. 예전에는 수월하게 지었던 고추농사가 왜 이렇게 어려운 농사가 되었을까. 탄저병과 역병이 심해졌기 때문이라 말하지만, 고추농사가 어려워진 가장 큰 이유는 경반층으로 인한 뿌리의 활착이 형편없어진 것에 있다. 삼사십 년전 가을걷이

시는 고추의 뿌리가 1.5m 깊이까지 뻗어 있어 손으로 고추대를 뽑기 어려웠다. 그래서 무거운 조선낫 등의 도구를 사용해 쳐내었는데 토양오염이 한계에 이른 지금은 한 손으로도 고추대를 뽑을 수 있는 상황이 된 것이다.

작물이 토양속으로 뿌리를 뻗은 모양과 상태를 보면 토양의 상태를 가늠할 수 있다. 뿌리가 방사형태로 자연스럽게 넓고 깊게 잘 뻗어나가야 작물이 건강하게 자라게 되고 다수확과 고품질이 실현된다. 뿌리 활착이 잘되면 작물이 보유할 수 있는 수분과 영양분의 양이 증가하게 되어 안정적인 재배관리도 가능해 진다. 그러나 지금의 농업 현실은 뿌리 활착이 잘 되는 토양관리에 집중하기보다는 토양에 어떤 농자재를 투입하면 토양이 좋아질까라는 농자재 소비적 관점만으로 토양관리를 하는 것에 익숙해져 간다. 가장 기본인 토양관리가 제대로 되지 않는 농업은

배추농사도 힘든 농사 중의 하나가 되었다. 이것 역시 대부분 뿌리에 문제가 있기 때문이다. 고추와 동일한 현상이 발생한다.

요즘 고추 뿌리가 뻗지 못하고 빙빙 꼬여 있는 것이 보통이다. 육모용 상토를 벗어나지 않으려고 발버둥을 친 모습이다. 고추 농사가 어려워진 것은 토양 오염도가 높아져 뿌리가 깊게 뻗지 못한 결과이다.

초고온과 잦은 비가 내리는 온난화 시대에 더욱 취약할 수 밖에 없다. 기후변화에 따른 농업의 어려움을 극복하는 것, 기발한 기술과 농자재의 출현으로 극적으로 해결될 것을 기대하기 전에 농업기술의 근본인 토양 관리에 최선의 노력을 기울여야한다.

가축 사육시 성장 촉진과 질병 예방을 위해 흔히 호르몬제와 항생제를 사용한다. 여기서 나온 축분이 주원료가 되어 만들어진 퇴비가 각종 보조사업과 정책의 지원을 받아가며 농토에 뿌려지고 있다. 토양 속에 항생제의 집적은 토양 미생물의 사멸로 이어지고 토양은 더욱 경화된다. 항생제가 사용된 축분을 기비로 사용하고 화학농약과 화학비료를 사용하는 농업방식은 토양의 오염을 가속화시켜 농업생산성을 급격히 하락시키고 있다. 어떤 방

무거운 기계로 인해 경반층이 생긴 토양에 지속적으로 화학비료, 농약, 제초제를 투입하면 토양 건조 단면이 이 사진과 유사하게 변한다. 화학적 결정체들이 표토에 집적되어 있다. (사진 : Jim Richardson)

식의 농법이라도 그 농법의 가치는 생산 지속성의 잣대로 보아야한다. 당장의 불가피성 때문에 토양에 심각한 오염을 야기하는 화학농법을 유지하는 것은 인류의 미래를 갉아먹는 미친짓이다.

미 농무성(USDA)의 지원으로 미네소타대학 과학자들은 항생제를 함유한 퇴비로 재배된 식량작물에 항생제가 축적되는지 여부를 연구했다. 항생제는 식물체로 이동했으며 퇴비의 양이 증가함에 따라 식물 조직의 항생제 농도 역시 증가하는 것을 발견했다. 특히 토양과 직접적으로 접촉하는 감자, 당근, 무 등과 같은 근채류는 항생제 오염에 매우 취약하다는 사실을 확인했다. 축산에 사용되는 항생제와 호르몬제의 사용은 토양을 오염시킬 뿐 아니라 작물과 이를 먹는 인간을 병들게 하고 있다. 그래서 유기농업에서는 이런 축분의 사용을 금하고 있는 것이다. 나의 입 속으로 들어가는 음식의 건강이 나의 건강을 좌우하듯이 토양에 들어가는 퇴비의 수준이 작물의 건강성을 좌우한다. 음식이 온전해야 몸이 온전해지듯이 퇴비가 온전해야 토양이 온전해진다.

자닮 연구농장에서 무경운으로 노지에서 유기 딸기를 재배한다. 병충해 방제는 자닮 천연농약으로 완벽하게 제어할 수 있다.

2. 뿌리를 보면 토양이 보인다

농자재 소비중심 에서 벗어나 근본으로

　토양관리에 관한 많은 교육들이 진행되고 있지만 거의 모든 교육이 농자재 소비 중심으로 진행되면서 농민들은 토양 관리의 본질을 더 망각해간다. 토양 관리에 그렇게 다양한 농자재가 필요한 것도, 빈번한 기계의 활용이 필요한 것도, 복잡하고 어려운 것도 아니다. 토양관리를 우리가 이미 알고 있었던 것에서 다시 시작해보자. 토양관리란 보이는 것은 보이지 않는 것의 실상임을 실천에 옮기는 것이다. 다름아닌 작물의 지상부 대비 지하부 뿌리의 확산 면적 비율을 1 : 1 이상으로 끌어올리는 것이다. 작물의 지상부에 많은 열매를 달고자 하면 지상부에 버금가게 뿌리를 넓고 깊게 뻗게하는 것이 토양관리의 핵심이다. 뿌리의 확산 면적은 작물의 건강을 결정적으로 좌우하게 되고 다수확의 근본이 되며 고품질과도 직결된다. 뿌리의 확산 면적이 바로 수확량이다. 작물의 건강한 성장이 더욱 어려워지는 온난화 시대를 극복하기 위해서는 토양 관리에 더욱 집중해야 한다.

내 토양의 경반층을 확인하자.

　먼저 토양의 수준을 파악해 보자. 간단한 방법으로 토양 속에 경반층이 형성되어 있는지 여부를 확인할 수 있다. 토양을 40cm 정도 수직으로 파내고 거기서 표토 20cm 아래의 흙 덩어리를 파내서 상태를 확인하면 된다. 아래 사진처럼 토양속에 뿌리가 많이 보이면 경반층이 형성되지 않았다는 것을 의미한다. 아주 건강한 토양이다. 만일 20cm 아래쪽의 토양에서 뿌리가 거의 발견되지 않는다면 몇 군데를 더 확인해본다. 동일한 현상이 생기면 토양 전면적에 경반층으로 뒤덮인 것으로 봐도 무방하다. 경반층을 확인하기 위한 다른 방법으로 뾰족한 쇠꼬챙이를 이용해 토양을 꾹꾹 눌러보는 것도

토양 속 20cm 아래에 잔뿌리가 많이 있다는 것은 경반층이 없다는 것을 의미한다.

있다. 경반층은 날카로운 쇠꼬챙이로도 뚫리지 않기 때문에 손바닥의 느낌으로 확인할 수 있다. 토양 경반층이 확인되면 이 문제를 심각하게 받아들이고 경반층을 없애기 위해 전력투구해야한다. 농업을 근본적으로 어렵게 만드는 이유이기 때문이다. 아무리 노력을 해도 작물 각종 병해에 시달리고 수확량도 변변하지 못했었다면 주된 이유가 경반층일 가능성이 높다. 토양에 경반층이 생겨있으면 뿌리가 깊이 뻗지 못해 정상적인 재배가 어려워 진다.

경반층의 원인을 제거하자.

토양에 경반층이 생긴 원인이 무엇일까. 무거운 기계의 무분별한 사용은 토양전면적에 경반층을 만든다. 또 항생제를 많이 사용한 축분의 사용과 화학농약과 화학비료, 제초제 등이 지속적으로 투입되면서 토양 경반층 생성이 가속화된다. 관행적 영농방식이 경반층을 만든 직접적 원인이 된다. 따라서 관행적 영농 방식에서 탈피하지 않으면 토양의 경반층을 해소할 수 없다. 토양을 살리는 것과 관행적 영농 방식이 양립할 수 없다는 것에 대해 답답함을 느끼겠지만 이는 분명한 사실이다. 토양 살리기를 외면하면 어떤 농법도 지속 가능하지 않다. 토양 살리기에 집중해서 경반층을 해소해야 지속적으로 수확량을 유지할 수 있는 농업이 가능해진다.

무거운 농기계에서 내려오자. 농기계의 사용이 꼭 필요하다면 좀더 가벼운 것을 사용하자. 벼농사는 불가피한 측면이 있어 트렉터나 콤바인을 사용한다 하더라도 밭과 비닐하우스, 과수원에서는 대형 농기계 사용을 최소화해야 한다. 참고로 트렉터에 GPS를 달아 바퀴가 작물의 뿌리가 뻗는 부분에 들어가지 않게 하는 방법도 활용되고 있다. 무항생제로 확인되지 않은 축분은 넣지 않는다. 출처가 불분명한 축분을 지속적으로 투입해서 생기는 항생제의 축적은 토양 미생물을 사멸시키기 때문에 유기재배에서는 허용하지 않는다. 화학적인 것을 천연적인 것으로 바꿔나가자. 미생물이 활성화될 수 없을 만큼 오염된 토양에 축분을 넣고 비효가 나타나지 않으니 수시로 화학비료를 추가하는 악순환의 농업에서 빠져나와야 한다. 자닮식의 액비 제조 방법으로 간단하게 화학비료를 대체할 수 있는 천연액비를 만들어 활용하자. 이제 적극적으로 화학적인 것에서 벗어나야 한다. 화학농약의 의존

불가피하게 트렉터를 사용할 경우 바퀴가 작물을 심는 두둑을 피해가도록 하여 경반층의 생성을 막는다.

도 자닮식 천연농약의 실천으로 과감하게 낮추어 보자. 토양 경반층 해소에 토착미생물의 활용은 결정적인 영향을 미친다. 경반층 해소하는데 미생물 활용보다 더 좋은 방법은 없다. 화학물질의 활용을 최소화하는 노력과 병행하여 토착미생물 배양액을 지속적으로 토양에 투입한다. 자닮식의 간편한 미생물 배양법과 활용법은 뒷편에서 소개한다. 토양 속에 미생물의 숫자가 늘어나고 다양성이 증대되고 토양 경반층에 흡착되었던 화학물질이 분해되기 시작하면서 경반층이 점차 사라지게 된다. 미생물의 활용은 토양속에 불용화되어 있는 영양을 가용화시키고 유기물 분해도 빨라지게하여 화학비료 의존도를 획기적으로 낮출 수 있다.

보이는 것은 보이지 않는 것의 실상이다. 우리는 다수확을 원한다. 다수확이 되려면 식물의 마디가 적당한 간격으로 이어져야 하고 지속적으로 새순이 나와야 한다. 마디 마디 화방이 터지고 열매가 열려야 다수확으로 이어진다. 이런 과정의 차이로 똑같은 작물을 재배해도 수확량이 10배 이상 차이 날 수 있다. 뿌리가 깊고 넓게 지속적으로 뻗어야 작물의 지상부에 지속적으로 새순이 뻗어 나와 다수확을 할 수 있다. 간단하게 말하면 뿌리의 활착 면적을 넓혀야 다수확이 가능하다. 작물의 뿌리가 깊고 넓게 뻗게 하는데 관심을 기울이지 않고 기비와 추비에만 집착하는 농사는 기초를 지하 2m밖에 안 파고 10층 건물을 올리려하는 자의 어리석은 욕심과 같다. 농업은 아주 단순한 원리로 시작된다. 보이는 것은 보이지 않는 것의 실상이다. 식물도 나처럼 뻗을 수 있는 자리를 미리 살피고 자리를 잡는다.

3. '부엽토처럼' 토양을 바꿔라

도법자연으로 농업을 설명 했듯이 우리는 토양 관리의 정답을 자연에서 찾는다. 나의 밭과 가장 인접한 산에서 수천 년 이상 형성되어 온 부엽토를 내가 지향해야 할 토양의 표본으로 삼고 그것을 따라가자는 것이다. 유기농업이란 자연에서 기술의 답을 찾는 농업이라고 생각하면 편하고 간단하고 쉽다. 그래서 자닮은 다음 세 가지로 토양 관리를 요약한다.

인접산의 부엽토처럼 미생물을 동일화하라.
인접산의 부엽토처럼 순수 유기물을 풍부하게 하라.
인접산의 부엽토처럼 토양 미네랄을 다양화하라.

심화된 경반층과 화학적 오염의 집적을 그대로 두고는 어떤 농사도 수월

좌측에 경반층이 심화되고 화학적 오염물이 가득 축적된 병든 토양을 인접한 산의 어디서든 볼 수 있는 우측의 토양처럼 변화시키는 것이 자닮의 토양 관리 방식이다. 정답을 옆에 놓고 그것을 보고 베끼면 무조건 100점이다.

해질 수 없다. 토양 오염을 손쉽게 해결할 수 있는 유일한 대안은 미생물밖에 없다. 오염된 물을 미생물로 맑고 깨끗하게 정화시키는 것처럼 직접 배양한 토착미생물을 지속적으로 투입하면 토양 오염원이 분해되기 시작한다. 토양 오염이 심한 경우 몇차례 미생물 투입만으로 해결될 수 없다. 물이 들어갈 때마다 미생물 배양액을 매월 3~4회씩 지속적으로 투입할 것을 권장한다. 미생물 배양액의 투입으로 토양이 얼마나 변하겠는가 확신이 없겠지만 일단 실천해 보면 그 효과를 확연하게 느낄 수 있을 것이다.

인접한 산의 부엽토처럼 미생물을 동일화하라.

미생물을 유익한 균과 유해한 균으로 나눠 유익한 균만을 골라쓰는 방식이 과학적인 미생물 활용법이라고 배웠던 분들은 인접산의 부엽토를 미생물 원종으로 사용하는 자닮식이 좀 황당할 것이다. 이분법적으로 미생물을 좋은 것과 나쁜 것으로 나누는 것이 그럴듯해 보이겠지만 그것은 진정한 과학적 사고가 아니다. 모든 생명과 물질은 '성속일여'에 속한다. 생명과 무생물의 모든 세계에는 절대적 가치가 존재하지 않는다. 시공을 초월한 세계도 마찬가지다. 현대 과학이 토양 미생물에 관심을 갖고 연구를 본격 시작한 것이 불과 수십 년이고, 100만 종도 넘을 것이라고 추정하는 토양 미생물의 1%도 연구가 안 된 현실 속에서, 미생물을 이분법적으로 구분한다는 것은 불가능한 일이다. 아직 최첨단 전자현미경으로도 토양의 대부분을 차지하는 박테리아의 내부는 거의 파악할 수 없다. 분자생물학, 생태에너지학 등의 발전으로 영양의 순환 원리가 밝혀지고 있지만 아직도 미생물 종과 종의 상호관계에 대해서는 아는 바가 없다. 그래서 미생물 전문가일수록 특정 미생물에 좋고 나쁨을 더욱 판단할 수 없는 것이다.

대표적인 유해균인 탄저균이 무조건 나쁜 균은 아니다. 토양에 탄저균이 적정량 있으면 다른 병원균의 접근을 막아 토양 병해를 막는 유익균이 되기도 하고, 탄저균의 독소는 인간의 체내에서 암을 억제하는 효과를 발휘하기도 한다. 탄저균에게 절대적 가치란 없다. 지구상의 모든 생명이 그렇듯 가변적으로 상황에 따라 효과가 달라진다. 대장균이 무조건 나쁜 균은 아니다. 대장균은 대장에서 각종 섬유질을 분해해서 영양과 수분을 흡수할 수 있도록 도와주고 인간에게 유익한 비타민을 합성하는 아주 중요한 일을 한다. 대장균이 없으면 우리는 정상적인 소화와 영양의 흡수가 불가능해진다. 자연을 조금만 더 관심을 갖고 바라보면 이분법의 잣대를 어디에도 댈 수 없음을 알게 된다. 미생물을 이분법적으로 다루는 것이 그럴듯해 보이지만, 그것은 미생물을 독점하고 미생물을 상업적으로 이용하고자 하는 얄팍한 상술에 불과하다. 미생물의 유해성 공포를 지나치게 자극하여 전문 지식이 없는 농민은 미생물을 다룰 수 없다는 것을 은연중에 세뇌시킨다. 이런 식으로 유익한 균은 그들의 독점물이 되었다. 이는 수천 년 이상 부엽토를 미생물로 사용하며 유기농업을 해왔던 선조들의 후예들에게 휘두르는 지적 폭력이다.

반복되는 교육으로 농민들은 미생물의 비전문가로 각인되고 단순 미생물 제재 소비자로 전락하고 있다. 정작 그들이 유익한 균이라고 내세우는 것들은 토양에 존재하는 미생물 종의 1/10,000도 안 되는 극히 일부분인데 이것으로 토양을 책임지겠다는 것 자체가 과학적 정당성이 있을까? 도대체 나머지 9,999/10,000 미생물 종의 역할을 조금이라도 이해하고 말하는 것일까? 이는 인간의 위장에서 현재까지 발견된 균이 4천여 종이라고 하는데 그 중에서 인간에게 유익한 3~4종을 발견했다고 위장에 다른 균들은 다 무시하고 자신들이 확인한 3~4종을 집중적으로 투입하면 된다고 주장하는 것과 다를 바 없

지역 환경에 토착화된 미생물의 서식처인 인접산 부엽토 1g, 엄지손가락에 살짝 올릴 만한 양이다. 이 속에 수십 억 마리의 미생물이 살고 있다.

다. 현대 의학은 인간 장내에 미생물 다양성이 높은 것을 건강의 지표로 삼고 있는데 우리의 농업은 업자에 휘둘려 반대의 길을 가고 있다.

 한국서 생태 공원을 만들겠다고 하면서 일본 동물 몇 종 투입하는 것, 생태 하천을 만들겠다고 하면서 아마존의 열대어 몇 종 투입하는 것, 이것이 지금 우리의 미생물 농법의 실상이다. 과학은 객관적 사실에 기초해야 하고 객관성은 자연의 보편성에 부합하지 않으면 의미가 없다. 미생물은 우리 소화기관과 토양 속에서 영양을 만드는 생산자다. 미생물의 똥은 인간과 식물에게 영양이다. 영양 생성의 중간을 관장하는 미생물을 편협하게 사용하는 것은 작물 성장에 중요한 영양을 편협하게 만드는 것이기에 좋다는 미생물을 몇 종만을 골라 사용하는 방식은 절대 합리화될 수 없다. 이제 생명을 이원

부엽토속에 흰쌀밥을 넣고 미생물을 접종시킨 것이다. 다양하고 아름다운 컬러를 보이는 미생물이다. 이런 토양미생물의 세계를 현대 과학은 거의 알지 못한다.

론적으로 나누는 비과학적인 수렁에서 빠져 나와야 한다.

　미생물은 선택이 아니고 포괄이어야 한다. 지금 우리가 할 수 있는 최선은 특정 유효 미생물의 선택이라는 관점에서 토양 미생물을 바라보지 말고, 지역 환경에 토착화된 미생물의 균형과 다양성을 회복시켜준다는 관점으로 바라보아야 한다. 그리하여 자연 생태계에 오랫동안 자생해왔던 미생물 상을 회복시켜준다. 자닮은 미생물을 나를 도와주는 '일꾼'으로 받아들인다. 그 일꾼은 내 밭 지하에서 일을 하기에 내 밭 지하와 가장 유사한 환경인 인접산 부엽토 속에서 찾아야 한다. 우리나라와 기후 환경이 전혀 다른 일본까지 가서 왜 미생물을 구해와야 하는지 정말 이해할 수 없다.

　인접산 부엽토에서 살고 있는 미생물은 내 밭의 환경과 유사한 환경속에서 수천만 년 이상 살아와서 이미 내 밭의 환경에 가장 최적화되어 있기에 이를 '토착미생물'이라고 부른다. 자닮은 이 부엽토를 원종으로 미생물을 배양한다. 부엽토 1g에는 미생물이 얼마나 많을까? 여러 연구들을 종합해 보면 20억~100억 마리 정도가 된다고 한다. 그리고 토양 속에 사는 미생물은 100만 종이 훨씬 넘을 것이라고 추정한다. 덴마크의 한 연구소는 부엽토 1g 속에는 원생동물이 3만 마리, 조류가 5만 마리, 곰팡이가 40만 마리, 박테리아가 수십억 마리가 있다고 발표했다. 최상의 미생물은 내 토양의 환경에 최적화된 것이다. 미생물이 서식했던 고유한 환경의 문제를 무시하고 극히 일부분의 미생물을 가지고 아무곳에서나 적용할 수 있다는 미생물 농법은 허구다. 지구생태계가 그렇듯이 보이지 않는 미생물 세계도 영양의 생산자·공생자·포식자·분해자 사이에 조화와 균형이 있어야 하고, 다양성이 살아 있어야 온전한 것이다. 이러한 관점은 현대 미생물학 원론에 완벽히 부합한다.

수백만 종의 다양한 미생물 중에서 어느 것도 좋고 나쁨을 규정할 수 있을 만큼 과학적 준비가 아주 부족하다. 최선의 선택은 자연을 그대로 받아들이는 것이다. 그 핵심에 인접한 산의 부엽토가 있다. 부엽토를 선택하면 저절로 토양 환경에 최적화된 미생물의 균형과 다양성이라는 놀라운 결과물을 바로 손에 쥘 수 있다. 이를 기반으로 한반도 4천 년 이상의 유기농업의 역사가 이어져 왔다. 우리나라는 산이 많기 때문에 각 지역의 토양을 살릴 수 있는 미생물의 보고를 가까이에 두고 있다. 농업 기술의 축적에 근간이 되는 연구가 공공성을 상실하고 상업적 이익에 편승하면 농민과 농업을 망치는 최악의 기술이 만들어진다. 농업이 자생력을 상실하게 되는 근본적인 원

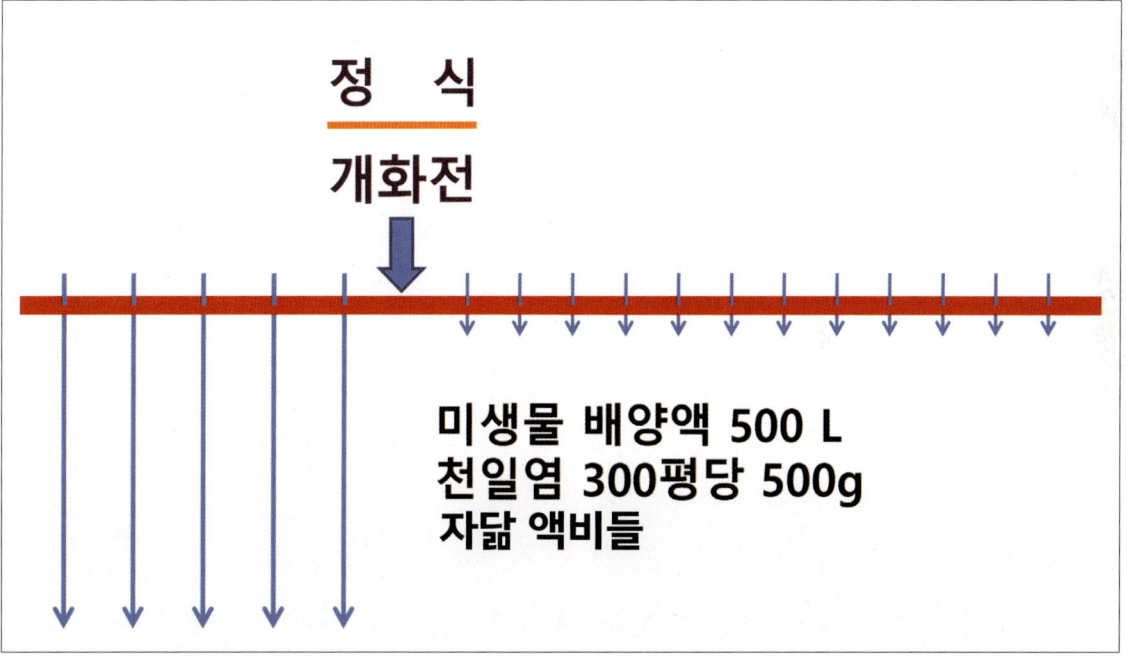

정식과 개화전에 토양살포나 관주로 집중적으로 사용하여 작물을 심기전에 이미 토양의 물리적 환경이 개선되어 있고 작물에게 필요한 영양도 완비되게 준비한다. 이후로도 지속적으로 활용한다. 미생물 배양법, 천일염이나 바닷물 활용법, 천매암 우린 물 제조법, 산야초 열매 액비 제조법은 뒷부분에 소개한다.

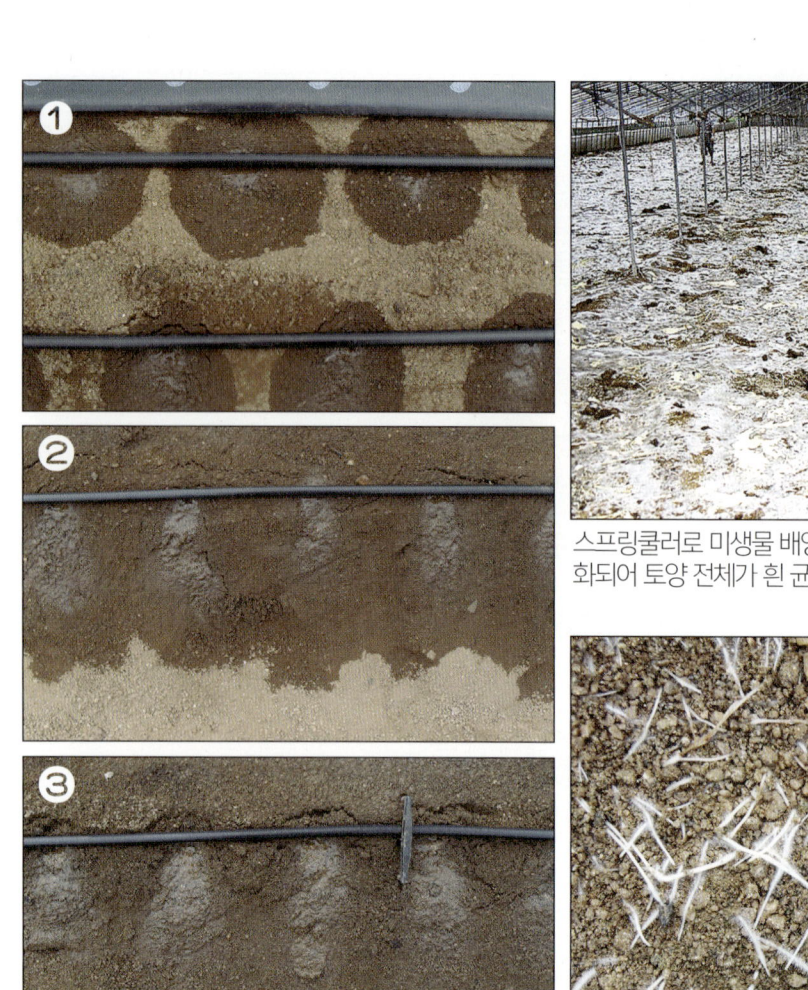

스프링쿨러로 미생물 배양액을 흠뻑 살포한 후 미생물이 활성화되어 토양 전체가 흰 균사로 뒤덮여 있다. (차광막 있음)

작물을 정식전에 토양에 미생물배양액과 천일염과 산야초열매액비를 토양 **깊숙히 반복해서** 여러번 관주해주면 작물뿌리의 초기 활착이 매우 좋아지고, 토양병해도 없어지고 다수확에 큰 도움이 된다. 이렇게 하는 정식전 토양관리가 연중 농사일 가운데 가장 중요하다.

정식전 미생물 배양액을 집중 투입하면 정식후 작물의 뿌리활착이 매우 왕성해진다.

인증에 하나가 연구의 공공성 훼손이다. 대표적인 농자재인 미생물 한 가지를 보면 우리 농업에 어떤 문제가 있고 어디서부터가 문제이고 어떻게 고쳐야 하는지 들여다 볼 수있다. 친환경농업 자재의 가장 중심에 있는 미생물이 온전히 자리를 잡지 않으면 농업은 근본부터 흔들린다. 토양미생물은 토양 영양의 균형과 다양성을 관장하기 때문이다. 뒷부분에서 아주 손쉬운 미생물 배양법을 소개한다.

 미생물은 수분이 없는 토양 속으로 스스로 들어가기 어렵다. 그래서 미생물을 물고기와 같다라고 표현한다. 아무리 강한 미생물이라도 체내에 수분을 95% 정도 갖고 있기에 수생동물과 특성이 비슷해서 건조한 토양 속으로 들어가기 어려운 것이다. 따라서 토양 깊숙히 미생물이 들어가게 하려면 충분한 물 공급이 동반되어야 한다. 작물의 뿌리를 넓고 깊게 뻗게 하려면 토양 속 깊은 곳까지 미리 미생물이 들어가서 토양을 좋게 만들어주어야 한다. 특히 중요한 것은 작물의 새 뿌리가 뻗기 전에 토양을 좋게 만들어야 한다. 그래야 작물 뿌리의 초기활착을 성공적으로 이끌 수 있고 초기 활착의 성공은 다수확을 결정적으로 좌우하기 때문이다. 작물의 다수확을 위해서 정식 후 수분관리와 영양관리를 잘하는 것도 중요하지만 정식 초기 뿌리 활착에 성공하는 것이 매우 중요하다.

 과수는 낙엽이 진 다음부터 이듬해 새순이 나올 때까지, 일반 작물은 밭에 작물이 없을 때와 정식 전에 미생물을 집중적으로 활용한다. 이 시기는 물을 마음 껏 투입할 수 있어 미생물을 깊게 들어가게 할 수 있다. 작물 재배과정에서는 뿌리의 손상을 막기 위해 물 사용량을 제한할 수 밖에 없기에 미생물이 토양 깊게 들어갈 수 없다. 미생물 배양액에 작물에게 필요한 미네

랄과 액비를 혼용하여 작물의 정식전과 과수의 개화 전에 집중적으로 활용하는 것을 자닮식 토양기반조성이라고 한다. 별반 특별한 기술이 아닌것 같지만 실천에 옮겨 보시라. 평생을 해왔던 농업과 확연하게 다른 농업세계가 열리는 것을 확인할 수 있을 것이다. 이 토양관리 방식은 자닮에서 가장 중시하는 기술로 꼭 실천해 보시길 간곡히 청한다. 미생물 배양액과 천일염, 천매암 우린 물과 산야초 열매 액비를 적당량의 물과 혼용하여 농약 살포용 동력분무기나 스프링쿨러, 관주시설을 이용하여 사용한다. 미생물 배양액 500ℓ는 3백평에서 1만 평 정도까지 사용할 수 있으며 1만평까지는 고정된 양 500ℓ를 사용한다. 천일염은 300평당 500g을 기준으로 적당량의 물에 녹여 추가하고 사용량은 면적에 따라 환산하여 늘린다. 천매암 우린 물도 마찬가지다. 산야초 열매 액비는 물 량을 기준하여 100배액 내외로 사용하는데 100평당 물 1톤이 사용되는 것을 기준으로 한다. 다양한 풀과 작물의 줄기나 잎사귀, 열매로 만들어지는 산야초 열매 액비는 작물에게 최적화된 영양을 제공하는 액비로 수세에 따라 사용량을 가감하여 사용한다. 300평 내외의 작은 면적에서는 천일염을 사용하지 않는다. 미생물 배양시 들어가기 때문이다. 이러한 자닮식 토양기반조성법으로 얻을 수 있는 가장 강력한 혜택은 작물의 뿌리 활착이 왕성해지는 것이다. 토양속에서 뿌리가 춤을 춘다라고까지 말할 수 있을 정도로 토양속으로 넓고 깊게 뻗어나간다.

인접산의 부엽토처럼 순수 유기물을 풍부하게 하라.

척박한 토양에 미생물만 투입해서는 식물성장에 필요한 모든 영양을 만들어 낼 수 없다. 작물 성장에 많이 필요한 질소(N)와 K, Ca, P, Mg, B, S 등의 무기 영양 이외에도 필요한 영양들이 있다. 바로 C,H,O로 구성된 유기 영양인데 이를 유기물이라고 한다. 이는 햇빛과 공기와 물이 결합되는 광합성 작용으로 만들어진다. 토양은 미네랄 이외에도 풍부한 유기 영양의 뒷받침이 없으면 제 기능을 할 수 없다. 작물의 성장은 C,H,O로 구성된 유기 영양 96%와 무기 영양 4% 정도의 균형에서 이뤄진다고 본다. 정상적인 작물 구성 영양 중에 유기 영양이 차지하는 양은 건물 기준으로 96%, 무기 영양으로 대량 요소에 속하는 것 N, K, Ca, P, Mg, B, S이 3.5%, 미량 요소에 속하는 것 Fe, Mn, Mo, Cu, Zn, Co 등이 0.5% 정도로 파악되고 있다.

유기물은 토양 소동물과 미생물에 의해 분해되면서 부식질화된다. 부식질은 토양에서 서서히 분해되면서 영양을 방출하여 토양을 비옥하게 만들고, 미생물과 함께 토양을 입단화하여 통기성과 보수성·보비성을 좋게 하고 흙을 부드럽게 만든다. 풍부한 유기물의 투입으로 부식질이 풍부해지면 토양 속에서 이미 영양화된 다양한 영양(K, Ca, Mg, Fe, Zn) 등을 꽉 붙잡고 있어 잦은 비로 인한 영양의 용탈을 막아줄 뿐 아니라 토양의 침식도 막아준다. 이에 반해 이미 영양화된 액비의 투입은 부식질의 이런 장점을 살리지 못한다. 부식질(腐植質, humus)은 인간(human)의 영문 표기와도 비슷하여 인간을 구성하는 영양이 여기서 왔음을 암시하는 듯도 하다. 인간이 죽으면 다시 흙으로 돌아간다는 통찰이 언어 형성에 영향을 미친 것이 아닐까. 작물 재배에 있어 관심의 초점인 당도 향상에 토양의 유기물 함량은 결정적인 영향을 미친다. 풍부한 유기물과 왕성한 미생물의 활동으로 토양에 당이 많이 축적되면 고품질 농산물의 기준이 되는 당도 향상에 도움이 된다.

자닮은 미생물을 '손님'이라고 표현한다. 토양이 맘에 안 들면 언제고 떠날 수 있는 손님이라는 것이다. 미생물이 토양에서 지속적으로 활성화되기 위해서는 미생물에게 제공될 먹이인 유기물이 풍부하게 있어야만 하고 또 이

유기물의 품질에 따라 미생물의 활성화 정도가 달라진다. 내 입으로 들어가는 음식의 수준이 내 몸의 건강 수준을 결정하듯이 토양에 들어가는 유기물의 수준이 미생물 건강의 수준과 작물 건강의 수준을 결정한다. 그래서 유기물을 토양에 풍부하게 하되 반드시 순수한 유기물을 넣을 것을 권장한다. 항생제, 화학비료, 화학농약이 거의 배제된 순수한 유기물이어야만 미생물을 활성화 시킬 수 있고 작물의 건강을 높일 수 있다. 그래야만 생산물의 품질도 좋아진다. 소비자에게 호평을 받는 농산물을 원한다면 순수한 유기물에 관심을 가져야 한다. 순수한 유기물을 풍부하게 확보하되 비용은 최대한 아껴야 한다. 어떻게 하면 좋을까? 유기재배에 허용된 유기질 거름의 가격은 포대당 2만 원 안팎으로 비용 부담이 만만치 않다. 해결하기 어려운 난관에 부딪혔을 때는 도법자연이다. 자연은 토양에 그 풍부한 유기물을 어떻게 채웠을까?

자연의 토양은 유기물을 100% 그 땅에서 자급한다. 땅위에서 자라난 다양한 산야초와 나무 잎이 가을을 지나 토양 위에 지속적으로 쌓이면서 유기물이 풍부한 비옥한 토양으로 변해가는 것이 자연이다. 자닮은 이 원리를 따라 겨울철에도 얼어 죽지 않는 풀씨를 가을에 뿌려 봄에 베어 넣어주어서 기비로 삼는 초생재배를 권장한다. 그러나 현대의 보편화된 유기농업 방식은 자연처럼 토양에서 유기물을 자급하는 방식이 아닌 외부로부터 쌀겨나 깻묵 등의 농자재를 들여와 만들어 넣어주는 방법이 고착화되었다. 이런 기술이 유기농업의 핵심기술로 전파되고 있다. 쌀겨와 깻묵, 톱밥과 축분, 다양한 부자재를 넣고 수분을 맞추고 미생물을 접종하여 자주 뒤집어 주는 섞어띄움비 방식으로 퇴비를 만드는 방법은 이제 그만 했으면 한다. 이런 기술은 유기농업을 매우 어렵게 만들고 있다. 퇴비의 온도를 75℃로 올려야 유해성균이 사멸하고 유익한 균만 살아남는다는 것은 과학적 근거가 희박하다. 자연은 모든 유기

복잡하고 어려운 섞어 띄움비에서 이제 그만 벗어납시다!

원재료를 혼합하고 어렵게 발효시켜서 미리 만들어 봄에 시비하는 방식을 중단하고, 가을에 원재료를 혼합해서 토양 표층에 살포하고 자닮 미생물 배양액을 살포하는 방식으로 전환한다.

쌀겨와 깻묵 등의 다양한 유기물을 혼합하고, 수분과 미생물을 투입하여 혼합하고 볏짚을 덮어 놓았다. 고된 작업이다.

원재료 전체에 수분과 온도가 유지되지 못하면 표면이 딱딱하게 굳고 덩어리가 지는데 이것을 막기 위해 수시로 뒤집기를 해준다.

섞어띄움비를 미리 만들어 봄에 살포해야한다는 잘못된 고정관념으로 겨우내 섞어 띄움비 작업에 열중이다.

퇴비에 뽀얀 흰색이 들어나고 더 이상 열이 발생되지 않으면 완성이다. 농가가 이런 수준까지 퇴비를 완성하려면 적잖은 기술이 요한다.

이정도의 양을 삽질로 수시로 뒤집어서 섞어띄움비를 완성하려면 상당한 노동력이 필요하다.

포크레인까지 동원하여 섞어띄움비를 만든다. 유기농업이 더욱 힘겨워지고 비용부담이 상승한다.

물이 상온에서 분해되어 왔다. 발효온도를 75℃까지 올리지 않고 상온에서 유기물이 분해되는 자연에는 유해성균만으로 꽉 채워졌는가? 농자재 업자들이 설정해 놓은 복잡한 조건의 덫에 연연하지 말고 자연을 보자.

우리 선조들이 수천 년간 해왔던 전통적인 유기농업 기술에는 섞어띄움비 같은 어려운 기술이 없었다. 복잡하고 어려운 퇴비제조방식을 이제는 내려놓고 자연처럼 초생재배를 바탕으로 가을시비, 표층시비, 생짜시비로 돌아가자. 꼭 토양에 쌀겨와 깻묵 등의 유기물을 넣고자 하면 원재료를 섞어서 가을에 토양위에 직접 뿌리고 그 위에 미생물 배양액을 살포하는 방식으로 전환한다. 유기물 원재료와 미생물 배양액 살포 후 로터리를 살짝 쳐주는 것도 좋다. 그러면 상온에서 가을 발효, 겨울 발효, 봄 발효를 거쳐 완벽한 발효퇴비가 되어있다. 자연처럼 가을시비를 따르면 모든 것이 편하고 수월해진다. 가을시비의 또 하나의 장점은 굼벵이나 거세미 피해를 미연에 방지할 수 있다는 것이다. 완숙된 퇴비는 토양속에 사는 충에 먹이가 될 수 없기 때문이다.

초생재배 방식으로 유기물을 투입하지 말고 편리하게 쌀겨나 깻묵, 유박으로 유기물을 대체할 수 있지 않겠느냐는 생각을 할 수도 있을 것이다. 요즘 들어 특히 유기물=유박이란 도식이 일반화되고 있다. 유기물에는 다양한 종류가 있지만 품질의 수준도 천차만별이다. 쌀겨나 깻묵, 유박 등을 최상의 유기물로 알고 있는 경우가 대부분인데 이런 유기물들에는 결정적인 단점이 있다. 식물 전체의 영양 중에서 극히 일부인 껍질의 영양만을 가지고 있는 것이다. 껍질로 된 퇴비는 작물이 원하는 총제적인 영양의 균형을 갖고 있지 않기 때문에 토양 영양의 불균형을 심화시킨다. 토양에 나쁜 것들이 축적되어 토양이 나빠질 수도 있지만 토양의 영양 균형이 깨지게 하는 것도 토양을 나쁘게 만든다는 사실을 간과해서는 안 된다. 초생 재배를 통해 식물 전체를 유기물로 투입하는 것은 작물에게 최적화된 영양의 균형을 바로 잡는데 더 없이 중요하다. 토마토 재배 토양에 쌀겨를 중심으로한 퇴비를 넣으면 영양의 균형이 벼농사에 근접한다. 쌀겨는 좋은 유기물인 것으로 알고 있지만 쌀겨가 좋다고 쌀겨에 집착하면 쌀겨 때문에 농사가 망한다. 마찬가지로 깻묵이 좋아 깻묵에 집착하면 깻묵 때문에 농사를 망치게 된다. 농업은 물질을 다루는 직업이다. 좋은 것도 과하면 독이된다. 농업은 작물에게 최적화된 영양의 균형을 잡아나가야 성공한다. 그래서 껍질로 된 재료는 전체 퇴비량에서 1/10선 이하로 줄여서 사용해야한다.

농업에서 중요한 기비의 공급방식을 자연처럼 따라간다. 이미 오래 전부터 해왔던 초생재배를 적극적으로 전개하여 자연처럼 유기물을 100%자급하는 길을 선택한다. 초생재배로 자급하는 유기물의 양은 상상을 초월한다. 초생재배는 단순히 유기물을 투입하는 효과 외에 토양의 경반층을 해소하고 토양의 염류를 제거하며, 토양 미생물을 활성화시켜 토양 병해와 선충 피해를 억제하는 데도 탁월한 효과가 있다. 더욱이 콩과 식물인 헤어리베치와 자운영은 근균류의 활동으로 공기 중의 질소를 고정하여 토양에 질소 함량을 높이는 역할을 해서 단기 밭작물 재배에서도 위력을 발휘한다. 포장된 축분퇴비 등을 사용하는 것보다 조금은 힘겹지만 성공적인 유기농업을 위해서 초생 재배는 매우 중요하다. 농촌진흥청은 이 초생 재배에 이미 상당한 연구를 진행했다. 농진청 유기농업과에서 발표한 자료를 근간으로 초생 재배 작물별 설명을 소개한다.

헤어리베치는 두과작물로 공기 중의 질소를 고정해서 작물에 필요한 질소를 300평 당 20kg을 공급할 수 있으며, 생체 유기물 총량은 17톤 정도이다. 잡초 억제 효과가 좋아 피복 작물로도 활용성이 크다. 파종기는 9월 상순에서 10월 상순(남부)이며 최소한 10월 상순까지는 파종해야 한다. 파종량은 10a에 3~5kg이고 파종 시기가 늦어지거나 기후 환경이 안 좋으면 파종량을 늘린다. 과수원의 경우는 개화 후 씨앗 결실 이후에 베어주면 매년 씨앗을 재차 뿌리지 않아도 된다. 여름철이 되면 자연적으로 고사하는데 그 이전에 작물을 정식할 시는 2주 전까지 로터리 등을 이용하여 토양에 환원하여 자연 분해될 수 있는 시간을 확보한다. 정식이 늦은 작물의 경우는 그대로 방치하여 자연 멀칭 효과를 누릴 수 있다. 배수가 양호한 사질토나 사양토에서 생육이 좋으며 습해에 약하다. 탄질율(C/N율)이 10 정도로 낮아 분해 속도가 빠른 편이다.

과수원에 심은 헤어리베치이다. 두과식물로 질소 고정 효과로 과수원에 필요한 질소를 100% 자급할 수 있게 한다.

자운영이다. 두과식물로 수도작에 필요한 질소전량을 충당할 수도 있다.

자운영은 헤어리베치와 같은 두과작물로 공기 중의 질소를 고정해서 300평 당 15kg을 공급할 수 있으며 생체 유기물 총량은 17톤 정도이다. 수천 년 전부터 아시아 지역에서 녹비 작물로 흙과 혼합하여 거름을 만들어 활용하기도 하였다. 파종기는 영남지역은 9월 20~25일 이전, 중부지역은 9월 중순 이전이며 바닥에 수분이 충분할 때 심어야 발아가 잘 된다. 자운영은 추위에 약한 작물로 영하 5℃ 이하로 장기간 지속될 경우 동사할 수 있다. 지속 재배를 위한 자운영의 토양 환원 시기는 5월 25일 이후 결실기를 넘어서야 한다.

호밀은 화본과 작물로 내한성이 강하며 중북부 지역의 -25℃ 정도 추위에서도 재배가 가능하다. 질소 공급량은 300평당 15kg이며 생체 유기물 총량은 20톤 정도이다. 흡비력이 강해 녹비 기능뿐만 아니라 토양 염류 제거 효과도 뛰어나다. 호밀은 뿌리의 생육량이 많으므로 토양의 물리적 성질을 개선하고 경반층을 해소에 상당한 도움을 준다. 파종기는 고랭지의 경우 9월 하순에서 10월 상순이 적당하고 일반지나 제주도의 경우 10월 중순에서 10월 하순이 적당하다. 지온이 4~5℃에서도 4일이면 발아한다. 파종량은 300평 당 15kg 내외로 하되 호밀의 질소 함량을 보강하기 위해 헤어리베치와 호밀을 3 : 1로 혼파하는 것이 효과적

호밀을 심은 과수원이다. 호밀은 질소 함량이 낮아 분해되는 과정에서 미생물의 질소 흡수가 일어나 과수와 질소 경합이 생기고 생육에 장애로 이어진다는 것이 학계 대부분의 의견이지만, 실제 현장은 그런 우려와는 달리 해마다 많은 수확량을 기록하고 있다. 20년 가까이 호밀로 초생 재배를 하고 있는 경남 하동 유재관님 농장이다.

1㎡의 면적에 자란 호밀을 계량하였는데 18kg이 나왔다.

이며 출수기 직전에 녹비로 환원하는 것이 좋다.

수단그라스는 전형적인 하계용 1년생 작물로 녹비 작물은 물론 염류 집적이 심한 시설 재배지에서 제염 작물로 많이 이용되고 있다. 고온과 가뭄에 강하고 재배가 쉽다. 초기 생육은 느린 편이나 활착 이후에 생장 속도가 매우 빨라 단기간 재배로 많은 유기물을 토양에 환원시킬 수 있다. 생장 속도가 왕성하여 1년에 4~5회 예취가 가능하여 사료작물로 활용할 수 있다. 토양 선충 피해를 줄이는 것과 연작장해를 해소하는 데 도움이 된다. 파종은 평균 기온이 15℃ 이상이면 발아되므로 여름철 고온기에 하는 것이 적합하다. 파종량은 산파의 경우 300평 당 4~5kg로 하거나 조파의 경우는 2~3kg로 하고 얇게 복토를 해준다.

수단그라스이다. 성장속도가 빨라 비닐 하우스에 활용해도 좋다. 수단그라스 대신 옥수수를 재배하는 것도 좋다.

녹비작물로 활용할 시는 출수 전에 예취하여 환원한다. 시설 재배 염류 집적에서 제염작물로 활용할 경우 60일 이상 재배하여 과잉 염류를 충분히 흡수시킨 다음 포장에서 제거한다. 지하 수위가 높거나 알칼리 토양에서 생육이 부진하다.

논에 심은 유채이다. 사람 키만큼 왕성하게 자라 있다. 씨앗을 자급할 수 있어 더욱 매력적이다. 논에 잡초를 억제하는 효과도 높다고 한다.

유채는 버릴 것이 없어 예로부터 대표적인 녹비 작물로 꼽혔다. 유채로 기름을 짜고 남은 부산물을 똥오줌과 혼합하여 훌륭한 유기질 거름으로 만들어 쓴 것이다. 4~5월이면 양질의 꿀로 손꼽히는 유채꿀 채취도 가능하다. 유채는 보리처럼 쌀과 이모작이 가능하다. 6월 초에 수확이 가능해서 6월 20일쯤 모내기를 하면 되니 쌀농사와 조화를 잘 이룰 수 있다. 파종기는 10월 초순이고 파종량은 산파로 300평 당 0.5kg 내외가 적당하다. 동절기 습해를 방지하기 위해서 논 재배 시는 배수로 작업을 해야 한다. 유채의 발아 최적 온도는 20~25℃이고 최저 온도는 0~2℃이다. 추위에 약해서 남부지방과 제주도에서 재배가 가능하다. 파종일이 20일을 넘기면 월동 중 저온 피해가 커지므로 적기에 파종해야 한다. 지금은 식용유의 대부분을 수입에 의존하고 있지만 1960년대 중반까지 국내 식용유 자급률은 72.4%에 달했었고 유채 씨앗에는 38~45%의 기름이 함유되어 있어 중요한 역할을 했었다. 유채의 수확 적기는 콤바인 수확시 씨앗이 완전히 검은색으로 변하였을 때가 좋으며, 낫으로 수확할 경우 이보다 조금 빨리 씨앗이 검어지기 시작했을 때 수확하는 것이 좋다.

밀과 보리는 나무의 키가 작은 포도와 같은 과수류에 적용하면 효과적이다. 호밀과 마찬가지로 헤어리베치 3대 1의 비율로 파종하면 더욱 좋다. 동절기와 하절기에 작물이 재배되지 않는 시기에 심을 수 있는 다양한 녹비 작물 종류가 있다. 작물에게 필요한 기비를 작물의 잔사인 줄기와 잎사귀를 기본으로 초생재배로 자급하고 부족한 부분을 채우는 방법으로 전환한다. 초생재배를 통해서 기비를 확보하는 것이 어렵다면 가급적 풀을 많이 먹은 축분을 기비로 사용하는 것이 좋다. 풀을 많이 먹은 축분일수록 작물에게 필요한 최적화된 영양의 균형을 제공하기 때문이다. 영양의 균형은 다수확과 고품질의 토대가 된다.

감을 수확하기 전에 호밀씨를 뿌려서 호밀이 작게 올라왔다. 감에게 최적화된 영양인 낙엽이 호밀 사이사이로 떨어져 바람에 날리지 않고 토양속으로 분해되어 들어간다. 완벽한 시비의 완성이다.

인접산 부엽토처럼 토양 미네랄을 다양화하라.

  작물의 뿌리가 주로 분포하는 표층의 흙을 작토층이라 하는데 대개 지하 1m 안쪽을 작토층의 영역이라고 본다. 우리는 수시로 열매를 따서 판다. 그 열매에 든 영양(유기 영양 96%, 무기 영양 4%)은 어디서 온 것일까. 광합성을 통해서 유기 영양의 상당 부분이 조달되었을 것이고, 나머지 유기 영양과 무기 영양은 작토층에서 조달된 것이다. 열매 수확으로 작토층에서 빨아올린 영양이 수시로 용탈된다. C,H,O로 구성된 유기 영양은 유기물의 투입과 광합성으로 다시 복원되기가 쉽지만 열매로 빠져나간 무기 영양인 미네랄 복원이 어렵다. 1940년대 미국에서 매일 사과 하나를 먹으면 그 속에 하루에 필요한 충분한 미네랄이 들어 있어 병원에 갈 필요가 없었다는데 요즘의 사과는 미네랄이 적어 하루에 32개씩 먹어야 병원에 안 간다는 웃지 못할 이야기도 있다. 예전에 비해서 각종 과채, 과일들의 미네랄 함량이 현저하게 떨어지고 있다는 각종 자료가 나왔다. 이유가 무엇일까. 이렇게 농사를 지으면서 발생할 수밖에 없는 무기 영양의 용탈을 자닮은 '미네랄의 자연적 용탈'이라고 한다.

  자급자족식 영농에서 상업적 영농으로 변모한 이후 수백, 수천 년 동안 토양에서 미네랄 용탈이 계속 진행되었기 때문이다. 식물의 성장에 필요한 영양의 원소가 18개라고 하지만 이를 그대로 믿어서는 안 된다. 현재 농학의 수준으로 규명할 수 있는 영역이 그 정도라고 보면 된다. 농업 연구가 거듭될수록 인간에게 필요한 영양의 원소 수준으로 올라갈 것이다. 인간에게 현재 필요한 미네랄이 70여 종이라고 한다. 10여 년 전에는 60여 종이라고 했었다. 과학은 항상 진행형이다. 그 만큼 수시로 변할 수 있는 가변성을 내포하고 있다. 과학의 발전은 앞으로 더 깊고 심오한 농업의 세계를 밝혀낼 것이다. 현재까지 결과 위에 반석을 깔고 안주하는 것은 진정한 과학이 아니다. 과학이 머무는 자리에는 간이천막만 있을 뿐이다. 다시 그곳에서 새로운 탐험이 시작되기 때문이다. 요즘 대부분의 과학 연구가 공익성보다는 상업적 이익을 목적으로 진행되기에 농업을 꿰뚫어볼 수 있는 직관적 판단을 확장해주는 착한 과학은 좀처럼 만나기 어렵다. 그만큼 우리의 상식과 직관에 기초한 기술적 판단은 언제나 중요한 가치로 남게 될 수밖에 없다.

토양의 미네랄 용탈을 더욱 가속화시키는 것이 또 하나 있는데 자닮은 이것을 '미네랄의 강제적 용탈'이라고 한다. 토양 속으로 작물의 뿌리가 뻗으면서 뿌리는 토양 주변에서 작물이 원하는 영양을 선택적으로 흡수한다. 작물별로 열매의 영양이 현저하게 차이가 나는 만큼 작물에 뿌리가 선택하는 영

오이 잎사귀는 병의 온상이 아니다. 오이 잎은 오이에게 필요한 영양만을 토양에서 뽑아 올린 영양 덩어리여서 토양으로 다시 되돌려져야 마땅하다. 오이 잎의 영양을 흡수하러 거미줄 같은 오이의 뿌리들이 접근하고 있다.

양 기호도도 각각 다르다는 얘기다. 그래서 뿌리의 영양 흡수를 딛고 올라온 줄기와 잎사귀는 토양에서 작물에게 필요한 영양만을 골라서 뽑아올린 '영양의 덩어리'가 된다. 그런데 지금 이 영양의 덩어리가 수난을 당하고 있다.

수많은 농업 교육에서 반복적으로 농민에게 주입되는 것이 있다. 작물의 잔사를 철저하게 제거해야 다음에 병충해 피해가 감소된다는 것이다. 하여 농민들은 농약값 조금 아껴볼 생각으로 아주 열심히 철저하게 잔사를 제거한다. 생각해보자. 그들이 얘기한 것이 정답이었다면 화학농약의 소비량은 매년 줄고 줄어 이제는 연중 1~2회 정도로 충분해야 한다. 그러나 결과는 정반대이다. 해가 거듭될수록 농민은 농약의 깊은 수렁으로 빠져들고 있다. 분명히 그들이 잘못한 것이다. 토양에 있는 영양의 덩어리를 모조리 뽑아내게 하여 결과적으로 승자가 된 곳은 농약회사와 비료회사뿐이다. 토양은 텅 비어가고 오염은 가속화되어 더 많은 농약과 비료를 부르는 악순환이 거듭되고 있는 것이다. 토양과 작물의 병이란 '감기'와 같다고 보는 것이 현명하다. 감기 바이러스에 대부분의 사람들이 노출되어 있지만 건강한 사람은 감기에 잘 걸리지 않는다. 요즘 DNA 운운하며 건강을 물려받은 선물처럼 말하는 경우가 종종 있는데 이것은 맞는 말이 아니다. DNA도 환경에 따라 변한다는 것이 공식화되고 있기 때문이다.

건강하다는 것은 우연이나 운명이 아니다. 먹는 것과 마시는 것과 움직이는 것, 마음 다스리는 철저한 노력의 결과물이다. 작물이 병에 자주 걸리는 것은 우연히 재수 없어서 걸리는 것이 아니다. 미네랄의 자연적 용탈뿐 아니라 강제적 용탈까지 진행되고, 엄청난 화학적 오염원이 토양에 들이닥치고 있는 현실을 직시해야 한다. 작물의 잔사를 토양 밖으로 빼내는 농업은 농업이 아니다. 그런 기술은 자연과 농업을 위한 기술이 아니다. 벼농사 잘 짓겠다고 하면서 볏짚 팔아먹고 엉뚱한 거름 넣는 농업, 그 많은 작물의 잔사를 쓰레기 취급하는 농업은 농업이 아니다. 자연을 기만하는 짓이다.

간간이 무투입 농법이 회자된다. 아무것도 넣지 않고 물을 주지 않고도 농사가 잘된다는 말이다. 여기에 사람들이 휩쓸려 다닌다. 이런 것들이 농민에게 먹히는 현실이 참 답답하다. 농사 몇 년 할 것도 아니고 대대손손 이어갈 생각이 있는 사람이면 상식적으로 가능한 판단일까? 무투입은 자연에서만 가능하다. 열매와 잎이 모두 바닥으로 떨어져 다시 영양화되기 때문이다. 모든 열매를 인간이 독식하는 상업영농, 일년에도 몇 기작을 이어서 하는 농업에서는 불가능한 범주이다. 농업에는 기적의 농법이란 존재하지 않는다. 먹은 만큼 자라는 것이고 들어간 만큼 작물이 자라게 되는 것이다. 농업에 필요한 모든 영양이 무한 자원인 햇빛과 공기와 물로부터 나온다면 충분히 그 말에 타당성이 있겠지만 무기 영양은 그와 다르다. 유한자원이다. 유한자원은 땅속에 석유처럼 뽑아낸 만큼 자국을 반드시 남긴다. 무기 영양은 햇빛과 공기로 무한히 재생산할 수 있는 것이 아니다. 식초를 방제에 주기적으로 활용하는 것은 곡물의 영양을 엽면시비하는 것과 다름 없으니 이것은 무투입 농법이 아니다. 그런 식의 무투입이라면 우리에게 전혀 새로울 것도 없다. 초생 재배하면서 액비 관주하는 것과 다를 바 없다. 토양이 영양 과잉 상태에 있다면 무투입 농법이 반짝 성과를 발휘할 수 있을지 모르겠지만 수십 년, 수백 년 이상 지속할 수는 없다. 만일 무투입 농법이 진리라면 우리 선조들은 4천 년 이상 유기재배를 해오면서 헛일을 한 것이나 다름 없다. 인분과 축분, 녹비 작물로 거름을 해왔으니 말이다.

미네랄의 자연적 용탈로 지금까지 내 토양에서 무엇이 얼마나 빠져나갔을까? 이는 어느 신출귀몰한 과학자도 알아낼 수 없다. 그래서 우리는 통 크게

그 과정을 바라본다. 미네랄 용탈을 지구적 관점에서 바라보는 것이다. 지구적 관점에서 미네랄의 용탈을 바라보면 내 토양에서 용탈된 미네랄이 최종적으로 어디에 도달되어 있는지는 쉽게 알 수 있다. 바로 바다다. 그래서 지금까지 수백 년 이상 발생했을 미네랄 용탈의 문제를 해결하기 위해 내 밭에 바닷물을 가져오기로 한다. 바닷물 속에 들어있는 미네랄의 균형은 엄마 뱃속의 양수와 비슷하다. 인간의 혈액에서 적혈구와 백혈구를 뺀 혈장의 미네랄 균형이 식물체액이 갖고 있는 미네랄 균형과 바닷물의 미네랄 균형과 매우 흡사하다고 한다. 그래서 바닷물은 예사롭지 않다. 생물학자들이 식물과 동물이 궁극적으로 바다에서부터 진화했다고 주장한다. 참 놀랍게도 자궁 안에서 태아는 꼬리가 생겼다 사라지는 등 생명 진화의 전 과정을 관통하는 듯하면서 10개월 만에 척추동물인 인간으로 성장하게 된다.

바닷물에서 발견된 원소는 현재까지 83종이다. 지구를 구성하고 있는 대부분의 원소가 바닷물에 들어있다. 작물 성장에 아주 중요한 Mg, Ca, K, P뿐 아니라 I, Mn, Mo, Co, Se, Ge 등의 다양한 미네랄이 포함되어 있다. 또한 바닷물 1㎖에는 1억 마리 정도의 미생물이 살고 있어 부엽토를 이용한 미생물 배양액과 바닷물을 혼용하여 주기적으로 토양에 살포하면 토양과 작물에 전 지구적 미생물 다양성을 확보하게 되는 결과를 얻는다. 그래서 미생물 배양액과 바닷물을 엽면 시비하면 흰가루병이 잘 안 생기는 것일까? 지금까지 내 토양에서 발생했던 미네랄의 용탈을 해소하기 위해 바닷물을 가져온다. 단지 바닷물은 염도가 3% 내외이고 작물의 염도는 1%이어서 농도 차이에서 오는 장애를 막고 Na와 Cl의 과도한 집적을 회피하기 위해서 물에 100배 내외로 희석하여 작물에 물이 들어갈 때마다 간간이 지속적으로 관주에 활용한다. 면적으로는 300평당 바닷물 20ℓ, 바닷물이 없을 시 천일염 500g을 1회 사용의 기준으로 삼는다. 뒤에서 소개하는 미생물 배양액과 혼용하

[현재까지 확인된 바닷물에 들어 있는 83가지 원소]

원소	(존재형태)	평균농도(ng/해수 1kg)	원소	(존재형태)	평균농도(ng/해수 1kg)
Cl	염소 (Cl⁻)	19,360,000,000	W	텅스텐 (WO_4^{2-})	10
Na	나트륨 (Na^+)	10,780,000,000	He	헬륨 (He)	6.8
S	유황 (SO_4^{2-})	2,710,000,000	Ti	티탄 ($Ti(OH)_4^0$) ※	6.2
Mg	마그네슘 (Mg^{2+})	1,280,000,000	La	란탄 (La^{3+})	2.6
Ca	칼슘 (Ca^{2+})	417,000,000	Ge	게르마늄 (H_4GeO_4)	5.1
K	칼륨 (K^+)	399,000,000	Nb	니오브 ($Nb(OH)_6$)	5>
Br	브롬 (Br^-)	67,000,000	Nd	네오디움 ($NdCO_3^+$)	3.6
C	탄소 (HCO_3^-)	26,000,000	Hf	하프늄 ($Hf(OH)_4^0$)	3.4
N	질소 ($H_2NO_3^-$) ※	8,270,000	Ag	은 ($AgCl_2^+$)	3.2
Sr	스트론튬 (Sr^{2+})	7,800,000	Pb	납 ($PbCO_2^0$)	2.7
B	붕소 ($B(OH)_3$)	4,500,000	Ta	탄탈	2.5
Si	규소 (H_2SiO_1)	3,100,000	Er	에르붐 ($ErCO_3^+$)	1.3
O	산소 (용존산소)	2,800,000	Dy	디스프로슘 ($DyCO_3^+$)	1.3
F	플루오르 (F^-)	1,300,000	Gd	갈륨 ($GdCO_3^+$)	1.3
Ar	아르곤 (Ar)	480,000	Ce	세륨 ($CeCO_3^+$)	1.3
Li	리튬 (Li^+)	170,000	Co	코발트 (Co^{2+})	1.2
Rb	루비듐 (Rb^+)	120,000	Yb	이테르븀 ($YbCO_3^+$)	1.2
P	인 ($H_2PO_4^-$)	62,000	Ga	갈륨 ($Cu(OH)_2^0$) ※	1.0
I	요오드 (IO_3^-)	58,000	Pr	프라세오디뮴 ($PrCO_3^+$)	0.8
Ba	바륨 (Ba^{2+})	16,000	Te	텔루르 (TeO_3^+)	0.7
Mo	몰리브덴 (MoO_4^{2-})	11,000	Sc	스칸듐 ($Sc(OH)30$) ※	0.7
U	우라늄 ($UO_2(CO_3)_3^{4-}$)	3,200	Sm	사마륨 ($SmCO_3^+$)	0.6
V	바나듐 ($H_2VO_4^{2-}$)	2,000	Ho	홀뮴 ($HoCO_3^+$)	0.6
As	비소 ($HAsO_4^{2-}$)	1,700	Sn	주석 ($SnO(OH)_3^-$)	0.5
Ni	니켈 (Ni^{2+})	470	Hg	수은 ($HgCl_4^{2-}$)	0.4
Zn	아연 (Zn^{2+})	390	Lu	루테튬 ($LuCO_3^+$)	0.4
Cs	세슘 (Cs^+)	310	Tm	툴륨 ($TmCO_3^+$)	0.3
Cr	크롬 (CrO_4^{2-})	260	Tb	테르븀 ($TbCO_3^+$)	0.24
Sb	안티몬 ($Sb(OH)_6$)	240	Pt	백금 (Pt)	0.20
Kr	크립톤 (Kr)	230	Be	베릴륨 ($BeOH^-$) ※	0.20
Se	셀레늄 (SeO_4^{2-})	160	Eu	유로퓸 ($EuCO_2^+$)	0.18
Ne	네온 (Ne)	140	Rh	로듐 (Rh)	0.08
Cu	구리 ($Cu(OH)_2^0$) ※	130	Pd	팔라듐 (Pd)	0.06
Cd	카드늄 ($CdCl_2^0$) ※	70	Th	토륨 (Th)	0.05
Xe	크세논 (Xe) ※	66	Bi	비스무트 (BiO^+)	0.03
Fe	철 ($Fe(OH)_3^0$)	34	Au	금 ($AuCl_2^-$)	0.03
Al	알루미늄 ($Al(OH)_3^0$)	27	In	인듐 ($In(OH)_3^0$)	0.02
Tl	탈륨	25	Ru	루테늄 (Ru)	0.005
Re	레늄 (ReO_4^{2-})	19	Os	오스뮴 (Os)	0.002
Zr	지르코늄 ($Zr(OH)_4^0$)	18	Ir	이리듐 (Ir)	0.00013
Mn	망간 (Mn^{2+})	16	Ra	라듐 (Ra)	0.00013
Y	이트륨 (YCO_3^+)	13			

* 표에서는 물을 구성하는 산소와 수소는 제외   * 1 g = 1,000 mg, 1 mg = 1,000 ug, 1 ug = 1,000 ng
출처: 『裏殖』 2000년 3월호((株)綠書房刊), 21세기의 자원, 해양심층수를 이용하는 '잠재적생물생산력과 자원성'

여 월 3~4회 지속적으로 사용한다. 바닷물의 활용은 토양의 미네랄 용탈을 보완할 뿐 아니라 과일의 당도와 착색효과를 높이고 저장성·상품성을 높이는 탁월한 효과가 있다. 바닷물의 분석표를 보면 작물 성장에 꼭 필요한 S, Mg, Ca, K, B, P, I의 함량이 상위권에 있다. 심지어 작물에게 좋다는 셀레늄(Se)과 게르마늄(Ge)도 포함되어 있다. 그래서 자닮은 식물에 필요한 미네랄은 바닷물로 해결하라고 권한다. 국립농업과학원은 바닷물과 천일염의 농업 활용이 유익함을 연구를 통해서 확인해주었다. 그러나 농자재 판매가 목적인 사람들은 토양에 바닷물이나 천일염의 사용을 적극 반대한다. 하지만 바닷물의 활용은 역사적으로 이미 검증되었다. 해안가 인근의 논과 밭, 과수원은 24시간 바닷물 엽면살포 세례를 받는다. 이런 현상은 단 24시간 뿐만아니라 수천만 년 지속되어 왔다. 그런데 해안가가 내륙보다 더 농사가 잘 되고 고품질이 나온다. 이보다 더 명확한 증명이 어디에 있겠는가.

바닷물의 효과를 과신한 나머지 원액에 가까운 바닷물을 직접 살포하는 경우도 있는데 이는 바람직하지 않다. 바닷물을 30배 이하로 희석하여 살포할 경우 작물에 장애가 발생할 수도 있다. 성속일여다. 좋은 것도 과하면 독이다. 바닷물의 염도는 지리적으로 차이가 있는데 보통 3.1%~3.8% 정도이고 1.7%이상을 바닷물로 인정하는 편이다.

바닷물로 토양에 부족한 미네랄을 채우고 더 나아가 더 완벽한 보완을 위해서 자닮이 추가하는 것이 있다. 바로 천매암이다. 변성암의 일종인 천매암은 작물이 요구하는 거의 모든 영양을 함축하고 있다고 본다. 실제 바닷물과 함께 활용해 보면 그 효과에 대단한 매력을 느끼게 될 것이다. 천매암을 파쇄하여 분말 형태로 판매되며 국내산이고 저렴하다. 사용법은 500ℓ의 물에 천매암 분말 60kg(3포)를 넣고 물에 풀어 저어주고 가라앉힌 다음,

윗물을 떠 쓰고 다시 물을 붓고 다시 풀어 떠 쓰는 방식으로 1년간 반복해서 활용한다. 자닮은 이것을 '천매암 우린 물'이라고 한다. 토양의 미네랄 용탈이 매우 심한 곳이라고 판단이 될 경우는 천매암을 평당 1kg 내외에서 직접 살포할 수도 있다.

암석의 변화 과정을 간단히 언급하면, 지구상에 있었던 다양한 식물과 동물 등이 분해되고 풍화와 침식으로 퇴적되어 압력이 높은 곳으로 이동되면서 퇴적암이 만들어지고 거기에 압력과 온도가 더욱 강하게 영향을 미치면 변성암으로 화강암으로 변한다고 보면 된다. 유기물이 퇴적되어 만들어진 암석에는 지표에 형성되었던 다양한 환경이 반영되어 있어 식물이 요구하는 영양 성분에 가장 근접한 물질이 들어있다고 판단한다. 흔히 사용하는 맥반석은 정식 암석명이 아니며 화강섬록반암에 속하여 화강암에 가까운 암석이다.

추가적으로 부식토를 사용하는 것도 좋다. 부엽토와 부식토, 부식산의 차이에 대해서도 대략 언급하면, 부엽토는 우리가 흔히 산중에서 볼 수 있는 낙엽 아래의 흙이고 부식토는 부엽토가 수만 년 이

변성암 중에 흑운모를 분쇄한 것으로 '천매암'이라고 불린다. 토양에 무기 영양의 용탈을 복원하기 위해 활용한다.

물 500L에 천매암 60kg을 넣고 물로 채우고 휘젓는다. 몇 시간 가라앉힌 다음 윗물을 떠 쓴다. 다시 물을 채우고 반복하며 연중 활용한다.

상 경과하면서 미생물 분해가 거의 끝난 물질이다. 그래서 토양 투입시 발열 효과가 없다. 부식토에서 분해가 더 진행된 물질을 부식산이라 하고 휴믹산으로 불리기도 한다. 부식산은 부식토에 비해 매우 비싼 편이다. 부식토의 가격은 농가에서 보통 사용하는 축분 거름가격과 비슷하다. 부식토는 풍부한 미네랄은 물론 풍부한 유기영양도 함께 조화를 이룬 최적의 순수 유기질 거름이라고 본다. 국내에서는 고대에 있었던 늪지대에서 채굴되고 있다. 과채나 엽채의 경우 부식토에 질소원을 약간 보강해 사용하면 좋다.

 토양을 개량하고 토양의 미네랄 용탈을 해결하기 위해서 작물에 물이 들어갈 때마다 꾸준하게 미생물 배양액과 바닷물과 퇴적암 우린 물을 투입하면 작물의 성장과 뿌리의 활착 등에 뚜렷한 변화가 오는 것을 감지할 수 있을 것이다. 열매의 맛과 향, 상품성이 좋아지는 것은 당연하다. 위와 같은 방법은 토양내에 불용화된 영양의 분해를 촉진시키고 성장도 촉진시켜 작물을 일시적으로 도장하게 할 수 있고, 과수의 경우는 숙기를 지연시킬 수 있다. 따라서 개화전이나 새순이 나오기 전부터 지속 사용할 것을 권장한다. '물이 들어갈 때마다 미생물 배양액, 바닷물, 퇴적암 우린 물을 넣는 것'을 자닮은 기술적으로 가장 중요시한다. 미생물 배양액을 사용할 때 바닷물이나 천일염과 천매암 우린 물을 포함하여 사용한다. 자닮은 농작물 정식과 개화전에 미생물 배양액과 바닷물, 퇴적암 우린 물, 산야초 열매 액비를 사용하여 토양기반조성을 하는 것을 연중 농사 중에서 가장 중요시한다. 이것이 정식과 개화 후의 뿌리 활착과 다수확에 결정적 기여를 하기 때문이다. 즉 고품질과 다수확을 위한 핵심기술이다.

4. 부엽토처럼 방식의 토양 관리 부대 효과

미생물 다양성 증가로 특정 병원균의 득세가 감소한다.

토양 병해가 갈수록 기승을 부린다. 전국적으로 토양 역병이 만연해 있고 토양 선충 피해가 걷잡을 수 없을 정도로 확산되고 있다. 독한 화학농약으로도 흰가루병 등을 완벽하게 잡아낼 수가 없어 신음을 하고 있다. 지금까지 해왔던 방법은 머리끝에서부터 발끝까지 오로지 살균에 의존하는 방법뿐이었는데 이 방법이 잘 먹히지 않는다. 병원균들이 화학농약에 강력한 내성을 획득해 간다. 이 복잡한 문제는 결국 특정 균이나 특정 충이 토양에 과점해서 피해가 발생하는 것이라서 자닮의 관점으로 보면 해법이 간단하다. 토양 속에 미생물의 숫자를 늘리고 미생물의 다양성을 극대화시키는 방법을 사용하는 것이다. 바로 자닮이 가장 중요시 하는 기술인 물이 들어갈 때마다 미생물 배양액을 꾸준히 사용하는 것으로 해결된다. 토양에 병해를 일으키는 균들은 대부분 종속 영양 세균(영양을 스스로 만들지 못하는 균)들이어서 이들이 점유하고 있는 면적 자체가 '식량'이 되는 의미를 가지고 있다. 우리는 미생물의 주기적인 투입으로 그들이 점유하고 있는 면적을 땅따먹기하듯 접수해 나간다. 다양성의 회복으로 특정균의 과점이 근원적으로 불가능한 자연적 균형을 자리잡는다.

토양 선충도 이와 다르지 않다. 토양에 미생물 다양성이 회복되고 미생물이 더욱 활성화되면 토양 선충의 활성은 극도로 떨어지게 된다. 균사가 선충에게 올가미를 씌워 잡아먹는 아주 재미있는 사진들이 등장하고 있다. 흰가루병을 살균제로도 방제할 수 있지만 미생물 배양액의 엽면 시비로도 잡을 수 있다. 흰가루균의 점유 면적을 토착미생물들이 이미 선점하는 간단한 방법으로 흰가루병은 해결될 수 있고 이는 비용도 거의 들지 않으며 작물의 건강을 오히려 돕기도 한다. 농약을 절대화하면 그 자리에는 농약밖에 없을 것이고, 자연의

작물의 잔사를 그대로 넣고 퇴비를 추가하고 미생물 배양액을 흠뻑 뿌리고 차광망을 덮어주면 토양이 미생물로 가득해진다. 미생물과 바닷물, 천매암우린물의 활용이 토양의 물리적 화학적 환경 개선에 중요한 역할을 한다.

순리와 조화로 눈을 돌리면 자연 속에 간단하면서(Simple) 쉬운(Easy) 효과적인 다양한 방법이 존재함을 새삼 깨닫게 된다. 이렇게 해서 자닮의 초저비용 농업은 쉽다.

미네랄이 풍부해져 특정 미네랄의 결핍 현상이 사라진다.

진정한 농업은 세월이 흐를수록 쉽고 단순해져야 하는데 요즘의 농사는 해가 거듭될수록 더 어려워진다. 이유는 수시로 직면하는 미네랄 결핍 때문이다. 이 문제를 극복하기 위해서 대부분의 농민은 미네랄 제재 몇 개쯤은 다 가지고 수시로 처방을 내리지만 해결은 요원하다. 현대의 과학으로는 토양과 작물에 어떤 미네랄이 얼마만큼 부족한지 아직 명확하게 파악힐 수 없다. 불용화된 영양과 수용화된 영양도 명확히 구분하지 못하는 실정이다. 그래서 토양 검증은 항상 큰 오차를 동반하게 된다. 자닮식은 우리 몸에 얼마만큼의 미네랄이 부족한가를 먼저 따지지 않고 지금부터 미네랄이 부족하지 않게 미네랄의 다양성과 균형을 살려나가는 방법을 선택하고 이를 실천에 옮기는 것이다.

　토양 미생물을 다양화한다. 이는 다양한 식성을 가진 미생물이 토양에 많이 생긴다는 의미를 갖고 다양한 식성으로 인해 더욱 다양한 영양이 분해된다. 따라서 미생물의 다양성 회복은 영양 다양성의 회복과도 밀접한 관련이 있다. 미생물 다양성의 회복으로 토양 영양의 다양성이 발현되고 거기에 83종의 미네랄이 들어있는 바닷물과, 식물에게 필요한 영양으로 가득한 천매암 우린 물을 함께 투입한다. 토양은 전래 없었던 미네랄의 호황기를 맞이한다. 이는 토양 내 미네랄 다양성이 높아지고 미네랄의 양이 풍부해지는 결과로 이어져 작물이 만성적으로 겪어왔던 미네랄의 결핍 현상을 해소할 수 있는 방법이다. 요즘 농사는 흰 쌀밥을 먹으면서 영양제를 챙기는 식이다. 처음부터 현미잡곡밥을 먹으면 영양제도 필요없는데 참 먼 길을 돌아가고 있다. 자닮이 중시하는 미생물의 균형과 다양성의 세계, 영양의 균형과 다양성의 세계에 발을 들여 놓으면 지독한 어려움의 덫에서 해방된다. 그래서 자닮식 초저비용농업은 쉽다.

토양 양분의 관용도 상승으로 기술이 단순화된다.

　모든 토양의 영양은 필요한 적정 수준이 있다. 적은 것도 문제가 되지만 많은 것도 반드시 문제가 된다. 잦은 산성비는 토양 산성화로 이어져 갖가지 문제를 일으킨다. 대표적인 것이 알루미늄(Al)이 이온화되면서 활성을 갖게 되어 뿌리썩음병이 생기는데 해결책이 없다. 그러나 자닮식으로 미생물 배양액과 바닷물, 천매암 우린 물을 토양에 지속적으로 투입하다 보면 뿌리의 썩음 현상이 현저하게 줄어드는 것을 확인할 수 있다. 우리는 이것을 미생물의 상호 복합적인 작용, 즉 토양 속에 이온화된 알루미늄(Al)의 양이 많아지면 알루미늄(Al)을 선호하는 미생물이 증식하면서 알루미늄(Al)이 미생물 체내로 이동됨으로 인해 토양내에 알루미늄(Al)이 적정하게 유지되는 것으로 판단한다.

아직 알 수는 없지만 이런 식으로 미생물의 다양성과 균형의 회복은 영양의 균형과도 밀접하게 연관되어 특정 영양의 과소에 따라 민감하지 않은 안정적인 토양 환경이 조성된다고 보는 것이다. 농사의 경험이 많은 사람일 수록 토양관리가 아주 복합적인 어려움 속에 있다고 생각하는 경우가 많다. 자닮의 생각은 좀 다르다. 특정 미생물을 선호하기 보다는 지역 환경에 토착화되어 있는 부엽토 속에 미생물을 활용하면 손쉽게 토양미생물의 균형과 다양성을 확보할 수 있기 때문에 토양관리가 쉬워진다.

각종 교육을 통해 토양 산도의 개념이 강조되면서 토양의 산도를 인위적으로 조절하기 위해 석회나 규산, 유황이나 패화석 등을 투입하는 사례가 많다. 자닮은 이런 방식보다는 미생물 배양액과 바닷물의 활용, 초생재배를 적극 권장한다. 물이 들어갈 때마다 미생물 배양액을 지속적으로 활용하고 작물의 잔사 투입과 초생재배로 순수 균형 시비를 지속적으로 실천에 옮기다 보면 자연적으로 토양 산도는 정상으로 돌아오게 된다. 단시간에 변화를 유도하기 위해 광물질을 투입하는 것은 당장 토양 산도에 변화를 줄 수 있을지 몰라도 장기적으로 토양 영양의 불균형을 심화시킬 수 있는 확률이 높아진다. 명심하자. 토양에 이미 들어간 것은 빼낼 수 없다. 한 번 실수가 더 이상 용납되지 않는 것이 토양 시비이다. 그래서 사람이 먹는 음식을 가리는 것만큼 철저하게 가려야 마땅하다. 토양은 아직도 미지의 세계다. 그래서 복구할 수 없는 방법은 하면 안 된다. 최근 블루베리 농가가 늘어나면서 미생물과 액비의 활용에 있어 산도의 문제를 거론하는 농민들이 많다. 크게 걱정할 것이 없다고 본다. 블루베리가 연중 가장 많이 먹는 액비는 빗물이기 때문이다. 빗물의 산도는 6.0 내외이다.

* 제초매트를 이용한 무경운 다수확 유기재배법을 224페이지에 소개한다.

부엽토를 이용한 종자, 종묘 처리

　부엽토는 수백만 종 토착미생물의 보고이자 수백만 종 미생물의 분비물, 즉 영양의 보고이기도 하다. 작물에 활착이 잘 안 되니 발근 촉진에 신경을 많이 쓰면서 발근 촉진제 사용이 필수가 되어가고 있다. 이제부터 부엽토로 종묘 처리와 종자소독을 해보기 바란다. 부엽토의 미생물 다양성은 모종에 특정 병원균의 발현을 막아주고, 부엽토의 다양한 영양은 발근을 촉진시키고 모종을 건강하게 자라게 한다. 비용을 들이지 않고 최상의 종자소독과 종묘 처리가 구현되는 것이다. 인접산에서 부엽토를 가져와 큰 대야에 적당히 넣고 물을 모판이 잘 잠길 만큼 채운 다음 저어 준다. 모판을 담가 3분을 경과하게 하여 모종의 상토 깊숙이 물이 스며들도록 한 다음 정식에 들어간다.

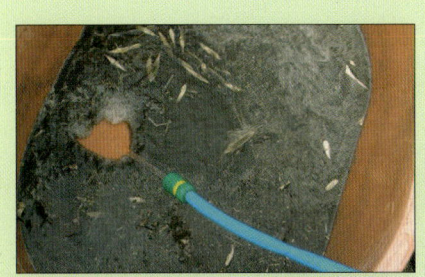

　작업량이 많을 때는 바닥을 약간 파낸 후 비닐을 깔고 부엽토와 물을 부어서 활용한다. 씨앗 종자는 고운 망에 넣어 30분 내외 침종한 다음 파종한다. 자닮은 탄저는 무좀과 같다는 말을 자주한다. 지독한 화학농약으로도, 무좀약으로도 해결하지 못하는 탄저균과 무좀균은 미생물 다양성 앞에 무기력하게 무릎을 꿇고 만다. 발근 촉진과 병 발생 예방을 한번에 해결하는 아주 쉬운 방법이다.

Ⅳ. 유기농자재 제조의 원리

조영상

예수께서 이르시길 여자여, 내 말을 믿으라!
이 산에서도 말고 예루살렘에서도 말고
너희가 아버지께 예배할 때가 이르리라.

요한복음 4: 21

적 관점이다. 영양제이기 때문에 영양학적 관점을 중시해야하나 정작 중요한 것은 일절 언급하지 않고 주변에 잡다한 지식을 덧대어 농자재를 아주 복잡한 그 무엇으로 만든다. 그래서 점차 농민은 농자재의 주도권을 상실하고 장사꾼의 탈을 쓴 전문가의 손아귀로 들어갔다. 나는 이런 복잡성의 출현이 우연히 일어났다고 보지 않는다.

 영양학적 관점에서 자재의 제조를 설명하는 강사를 좀처럼 보기 힘들다. 인간의 요리와 유기농자재 만들기는 영양을 전달하는 과정이기에 영양이 가장 중시되어야 마땅하다. 영양적으로 가치를 상실하면 아무리 화려한 제조 방법이라 해도 의미가 없기 때문이다. 유기농자재를 영양적으로 바라보면 간단하게 그 의미가 다가온다. 영양 파괴를 가장 적게 시키면서 가급적 쉽게 만들 수 있으면 최상의 기술이 되는 것이다. 요리에서 영양이 중시되기에 유럽의 요리사 대회에서는 화려한 기술과 맛에 앞서 60% 이상의 점수를 영양 파괴 정도에 두고 있다. 생명에 필수적 영양소인 비타민과 아미노산이 파괴되는 요리 기술은 인간에게 하등의 가치가 없다. 농업에서도 마찬가지다. 비타민과 아미노산이 파괴된 영양을 지속적으로 섭취하면 온갖 질병에서 헤어나올 수 없게 된다. 작물도 마찬가지다.

 빛과 공기는 비타민과 필수 아미노산을 파괴한다. 열은 그 다음으로 영향을 미친다. 이것은 영양학에 가장 기본이어서 요리과정 중에 빛과 공기를 최대한 차단하고 열도 가급적 적게 가하는 것이다. 전 세계 어디에도 공기를 투입하면서 요리하는 방식은 없다. 자닮은 모든 농자재의 제조공정에서 영양파괴를 최소화시키기 위해 혐기 발효법과 혐기 배양법을 기본으로 한다. 혐기 발효란 공기가 없는 상태에서 미생물에 의해 물질이 분해되는 과정을 말하는데 요즘 혐기 발효를 말하면 이상한 사람으로 취급 받는다. 대부분 유

2018년 하와이주 정부와 계약으로 커피베리보어 방제법 연구를 수행, 완벽한 결과를 냈다.

기농자재를 만드는 과정이 호기발효로 되어야 한다고 말하기 때문이다.

혐기 발효는 전혀 이상한 것이 아니다. 지구상에 사는 인간과 모든 동물의 소화 기관과 토양에 존재하는 모든 미생물의 소화 기관이 혐기 발효 방식이다. 우리가 매일 먹는 김치가 철저하게 혐기로 만들어지고, 술이나 장류 등 우리 전통음식이 모두 혐기 발효로 만들어진다. 호기 발효는 대표적인 영양 물질인 비타민과 아미노산을 파괴하기 때문에 요리에 있어 존립할 수조차 없는 기술이다. 그런데 엉뚱하게도 호기 발효, 호기 배양이 유기농자재 제조의 중심 기술이 되어 버렸다. 전통적인 혐기 발효 기술은 신기술인 호기 발효에 의해 완전히 해체되고 말았다. 원래 호기 발효는 없었던 것이었다. 아무런 문제 없이 혐기 발효 방식으로 수천 년 유기재배의 역사가 이어져 왔다. 영양 파괴를 최소화하고 제조 기술이 간단하여 그것으로 충분했다. 또한 특별한 제조기계도 필요없이 간단한 고무통이나 항아리면 그만이었다.

1980년대에 소개된 영국의 앨버트 G.하워드경의 「농업성전」이라는 책, 그리고 그 계열의 책들을 유기농업의 교본처럼 인식하는 사람들에게 답답함을 느낀다. 하워드경의 책을 읽고 미국 J.I 로데일이 유기농업을 시작해 서구 유기농업의 역사가 이어지고 있다고 한다. 하지만 우리는 이미 그 이전부터 훨씬 앞선 유기농업 기술이 있었다. 「농업성전」은 인도에서 만들어진 인도식 퇴비 제조법을 학문적으로 정립시켜 이를 확산시키는 데 중요한 역할을 한 것은 사실이지만, 농업의 필수 농자재의 문제를 어렵게 각인시키는 중대한 실수를 한 것 같다. 이 방법은 통기성을 높이기 위한 작업, 수분의 함량을 맞춰주기 위한 뒤집기, C/N율과 pH의 보정 등 복잡한 작업들을 요구해서 정말 힘겨운 작업이다. 하워드경은 퇴비의 제조를 영양학적 관점에서 이해하지 못하고 오로지 냄새가 안 나게 하기 위한 조건에 집착

한 것 같다. 또한 기술의 대중화를 위해서는 쉬워야 한다는 평범한 진리를 염두에 두지 않은 것 같다.

불과 4~50년 전까지도 농업 부산물, 산야초, 인분, 음식 부산물 등을 야적해 놓았다가 가을에 미리 밭에 군데군데 뿌려 농사를 짓는 아시아권의 보편적인 농업기술을 농가 주변 어디서든 볼 수 있었다. 이것도 멋지게 설명하면 국소점포(局所點圃), 흙째발효[土上醱酵]란 말이 된다. 우리의 것을 외면하고 서구의 것을 취해 시작된 유기농업은 불행의 씨앗이 되고 있다. 이 해악이 아직도 농민의 머릿속에 습관처럼 짙게 베어 있어 혐기 발효를 주장하는 자닮이 낯설게 느껴질 것이다.

호기 발효 제조 방식은 묘하게도 기계의 정당성에 강력한 지지 기반이 되고 있다. 혐기 발효 제조 방식에서는 기계 자체가 필요 없었는데 호기 발효는 최소한 공기를 밀어넣는 전기적 장치가 필요하기 때문이다. 공기를 넣어주는 방식에 타이머를 적용하고, 온도를 가변적으로 조절할 수 있는 센서가 부착되고, 내용물의 발효 조건을 균일하게 만들기 위한 교반기가 장착되고, 광합성균을 활성화시킨다고 강력한 조명까지 부착한다. 그리하여 휘황찬란한 기계가 지배하게 되었다. 영양학적으로 보면 이런 기계는 백해 무익한 것들이다. 영양 파괴의 3대 주범인 빛과 공기, 열을 가해 최악의 영양제를 만들고 있기 때문이다. 학교 급식에서 찌개나 곰탕을 끓이는 데 이런 방식의 기계를 도입한다면 영양사들에게 어떤 반응이 나올까? 친환경농자재나 액비는 원래 간단한 것이었는데 공기의 조건, 온도의 조건, 균일함의 조건, 교반의 조건, 시간의 조건, 냄새의 조건 등이 개입되면서 아주 복잡하게 변해버렸다. 계속 조건을 붙이며 농민으로부터 농자재 제조 기술의 주도권을 빼앗아 갔다. 농업 관련 기관에서 빈번하게 하는 유기농업 교육은 업자들에게 그

럴싸한 공적 공간을 제공한다. 반복적인 '지적 폭력' 앞에 농민은 하는 수 없이 농자재 제조기계를 사고야 만다. 기계를 살 여력이 없는 농민은 기계를 가지고 있는 업자로부터 농자재를 구입한다.

혐기 발효다. 혐기 발효에 가까워야 된다. 유기농자재는 영양적 관점으로 바라봐야 한다. 영양적 관점으로 보면 영양 파괴를 최소화하는 것이 당연한 것이고 그러기 위해 제조 과정에서 빛과 공기는 철저하게 차단함이 마땅하다. 액비는 물론 고형 거름 제조도 마찬가지다. 질소원이 많이 포함된 다량의 축분을 처리하는 공장에선 냄새 제거의 필요성 때문에 어쩔 수 없이 호기 발효를 이용할 수밖에 없겠지만 농가형 소형 거름 생산에서는 자주 뒤집어줄 필요도 공기를 주입할 필요도 없다.

고형 거름도 영양학적 관점으로 바라보면 길이 보인다. 거름은 뒤집을 수록 영양의 손실이 커진다. 거름을 폭과 높이가 1m 내외가 되도록 쌓아 두면 표면적으로 열이 발산되어 고열이 자동 방지된다. 일정시간 지나 열 발생이 끝나면 중간 삽질 없이 작업이 종료된다. 다음은 간편한 '마대째 발효방식'을 소개한다. 이 방식은 제조도 쉽고 운반도 쉽다. 그리고 재료의 수분함량과 습도의 균일함이 유지되어 발효도 잘되고 굳은 덩어리가 생기지 않는다.

❶ 지게차 운반용 파렛트을 바닥에 깐다.
❷ 산야초와 낙엽, 톱밥 등을 주재료로 하고 음식부산물과 축분, 생선부산물 등을 적당히 혼합하여 마대자루에 넣는다.
❸ 파렛트 위로 6단 정도까지 마대자루를 쌓아간다. 쌓는 과정에서 미생물 배양액을 흠뻑 뿌려준다.
❹ 비닐로 단단히 덮는다. 과한 수분은 파렛트 밑으로 빠져나가고 비닐의 도움으로 마대자루 내에 내용물은 적당한 습도가 균일하게 유지된다.

❺ 혼합물에서 발열이 시작되다 서서히 식어간다. 3개월 지난 후부터 사용한다.

재료가 갖고 있는 탄소(C) 함량과 질소(N) 함량의 비를 나타내는 C/N율은 발효 속도가 중요하기에, 질소량이 적은 재료에는 미생물 증식을 위해 질소를 추가해야 하고 산도를 조절하기 위해 석회를 넣어야 한다는 등 복잡한 문제가 있는데 다 무시해도 큰 문제 없다. 인위적인 개입 없이도 자연의 천연물질은 궁극적으로 미생물 분해로 완결된다. C/N율의 조정과 산도 조정이 절대적으로 필요한 기술이라면 자연의 보편적 물질 순환 현상이 설명되지 않는다. 우리가 음식을 골라 먹듯, 그 감으로 적당히 섞어주어도 된다.

낙엽이 두껍게 쌓여 있는 산의 부엽토는 혐기 발효인가 호기 발효인가. 표면이 공기와 접촉해 있다고 호기 발효라고 보면 곤란하다. 표면에서 토양 심층부로 갈수록 혐기화되어 완벽한 혐기상태까지 도달하는 것이 토양이다. 혐기 발효를 너무 어색하게만 바라보지 말자. 유효균으로 자주 언급되는 미생물인 광합성균과 유산균과 효모는 대표적인 혐기성균이다. 혐기성균을 유효균이라 주장하면서 배양 방법은 호기 배양을 주장하는 것은 앞뒤가 맞지 않는다. 농자재를 만드는 것은 작물에게 영양을 전달하기 위한 목적이다. 그래서 영양적 가치가 제조 과정에서 가장 중시되어야 마땅하다. 혐기 상태에 가깝도록 유지해야 영양 파괴가 최소화된다는 사실을 분명히 인식하자. 외국 자료를 보면 퇴비차(Compost Tea)라고 하는 액비제조 방법이 있는데 공기기포기 활용이 기본으로 되어 있다. . 외국 기술이라고 하여 무조건 좋은 기술이라고 보면 곤란하다. 냉정하게 액비의 제조과정을 영양학적으로 바라보자. 외국 것이라고 정답이 될 수 없다. 전문가란 이들이 도입한 외국의 농업기술을 따라하다 지금 우리의 유기농업은 혼란 속에 빠지고 있다. 유기농업을 어렵게 가르치는 사람은 유기농업을 더 모를 수 있다. 진리를 어렵게 설명하는 사람은 오히려 진리가 무엇인지 모를 수 있다. 농업기술의 세계와 진리의 세계는 순리와 이치를 따르는 '물의 세계'이다. 그래서 장황한 설명 없이도 우리 상식 가운데, 평범한 사고 가운데 쉽게 들어설 수 있다. 진정한 농업기술은 진리의 세계처럼 평범하다. 내 상식으로 쉽게 이해가 안가는 진리와 기술은 거짓일 가능성이 높다.

3. 물과 부엽토로 간다

유기농자재를 만드는데 필수적인 부재료가 몇 가지 있다. 흑설탕, 당밀, 식초, 목초, 알콜(주정)이 그것이다. 흑설탕과 당밀은 국내에서 생산되지 않기에 100% 수입에 의존해야 하고 수입에는 달러 화폐가 지급된다. 가공 과정에서 석유와 전기가 많이 쓰이기에 가격이 국제 유가와 연동되어 있다. 식초와 목초는 일부 자가 생산이 가능하지만 대부분 구입에 의존한다. 알콜도 수입산이 대부분이고 가공 과정상 국제 유가와 가격이 긴밀하게 연동되어 있다. 이처럼 농자재 제조에 반드시 필요한 것으로 각인된 부재료들이 석유가격과 연동되어 가격이 급상승해 왔으며 이제는 유기농가에 심각한 경제적 부담이 되고 있다.

자닮은 이런 부재료들을 과감하게 없애버릴 것을 강력히 촉구한다. 우리 선조들은 수천년 간 유기재배를 해오면서 전혀 안 썼던 자재들이다. 나는 그런 부자재가 필요 없음을 역사가 증명했다고 생각한다. 특히 흑설탕과 당밀의 사용은 우선적으로 중단해야 한다. 이는 비용 부담도 문제고 이로 인한 피해도 만만치 않기 때문이다. 시판되는 흑설탕이 사탕수수에서 추출한 원당에 가까운 것이라 알고 있는데 사실이 아니다. 원당에서 미네랄 등의 영양을 빼버린 백설탕에 캐러멜 색소를 입힌 것이다. 캐러멜 색소는 당분과 아황산염과 암모늄염을 넣고 열처리하는 화학 반응을 통해서 얻어지는 화학

물질로 '미국공립과학센터(CSPI)'는 암을 유발한다며 사용 금지를 강력히 요구하고 있다. 흑설탕과 당밀에 연연하는 친환경농업은 유기재배의 고지를 쉽게 넘어갈 수 없다.

「설탕 중독」(낸시 애플턴 외/싸이프레스)이라는 책을 보면 설탕의 섭취로 인간에게 발생될 수 있는 질병 140가지를 나열해 놓았다. 설탕의 위해성 몇 가지를 언급해 보겠다. 면역체계를 억제시킬 수 있다. 청소년 비행의 원인이 되기도 한다. 박테리아 감염을 방어하는 인체의 능력을 감소시킨다, 크롬 결핍과 구리 결핍을 유발한다. 칼슘과 마그네슘의 체내 흡수를 방해한다. 도파민, 세레토닌, 노르아드레날린과 같은 신경 전달 물질의 수치를 높인다. 어린이의 긴장과 공격성을 유발하는 아드레날린을 급격히 증가시킬 수 있다. 골다공증에 일조한다. 체내 비타민 E의 양을 감소시켜 노화를 촉진할 수 있다. 체내에 성장호르몬을 감소시킬 수 있다. 파킨슨병 발병과 연관성이 있다. 지방간의 양을 증가시킬 수 있다. 이 책은 막연하게 설탕의 위해성을 주장만하는 것이 아니라 그 위해성 연구 자료까지 제시하고 있으며 이외에도 다수의 책들이 있다. 아이를 건강하게 키운다고 하면서 음식을 설탕에 비벼주고 말아주고 볶아주고 삶아주고 튀겨주면 어떻게 될까? 그런데 이것이 지금 우리의 유기농업의 모습이다. 거의 모든 농자재가 설탕과 당밀에 의존되어 있다.

우리 몸과 토양과 작물은 같다. 설탕이나 당밀을 사용하여 액비를 만들고 미생물을 배양하면 농자재가 다 강산성화된다. 산성화된 농자재를 자주 사용하면 토양은 순식간에 산성화되고 이는 작물의 산성화로 이어진다. 해충과 병원균으로 분류되는 모든 생물은 산성을 좋아하는 산성 호균과 산성 호충들이다. 따라서 토양의 산성화는 병충해 발생과 직결될 수밖에 없다. 병충

전세계 커피나무에 발생하는 강력한 해충인 커피베리보어에 자닮식 천연농약을 적용하여 발생율을 0.1%대로 줄이는데 성공하였다. - 하와이. 왼쪽부터 조영상, 주선화, 조선영

해 발생이 관행시보다 급증하게 되고 과일과 잎사귀는 검은 때로 찌든다. 식초와 목초는 집에서 생산된 것 외에는 구입하지 않는다. 이것은 영양제 관주로 100~500배 내외에서 활용하면 좋다. 그리고 특별한 이유가 없는 한 알콜(주정)은 구입하지 않는다.

우리가 왜 사용하지 않던 설탕과 당밀, 식초와 목초, 알콜에 의존하게 되었을까. 아마도 일본 농업이 선진 농업이라는 고정관념에서 비롯되었을 것이다. 일본의 농업을 소개하는 대표적인 잡지 '현대농업'을 보면 설탕과 식초가 자주 언급되어 있다. 나는 일본 농업이 한국보다 우위에 있다고 생각하지 않는다. 각 나라와 지역에 알맞은 자기들만의 농업적 가치를 살려 나가는 것이 중요하다고 생각한다. 배워야 할 것은 서로 배워야겠지만 세계 거의 모든 나라의 농업이 농민을 기술에서 소외시키고 농자재 소비자로 만드는 방향으로 가기에 자닮 입장에서 매력적으로 다가오지 않는다. 설탕이 1g도 생산되지 않는 나라에서 설탕이나 당밀에 연연하는 농업을 한다는 것 자체가 잘못된 것이다. 우리 선조들은 설탕을 안 쓰고도 유기재배를 훌륭히 해왔기에 거기서부터 출발하자는 것이다. 현재 설탕으로 만들어진 농자재가 있다면 500배 정도 물에 희석해서 토양 관주로 쓰고 다시는 설탕이나 당밀로 자재를 만들지 말도록 하자. 생선 부산물의 경우 설탕에 담그면 미생물 분해가 잘 일어나지 않는데, 전체 양의 반을 덜어내고 반을 물로 채워 저은 다음 부엽토 한 줌을 넣어 두면 분해가 왕성하게 이뤄지는데, 3개월 후부터 활용한다.

그렇다면 땅을 살리고 인간을 살릴 가장 쉽고 편리한 방법은 무엇일까? 자닮은 흑설탕과 당밀, 시판되는 미생물 제재 대신 물과 부엽토로 대체할 것을 권한다. 용기에 액비의 원재료를 넣고 물을 가득 채운 후 부엽토 한 줌을 넣는 간단한 방법이다. 이제 C/N율의 고민도 pH의 고민도 혐기와 호기의 고민도 다 접고 돈 들어갈 이유도 없고 영양 파괴도 가장 적은 쉽고 간단한 방법으로 바꾸자. 실제 해보면 잘 된다. 잘 된다는 말은 부엽토의 토착미생물에 의해 원재료가 수월하게 분해되어 액비가 만들어진다는 얘기다. 그런데 제조 과정에서 조금은 심각한 듯한 문제가 제기된다. 바로 냄새다. 우리가 지금까지 배워 온 퇴비와 액비, 미생물 등에서 잘 되고 잘 못된 것, 좋고 나쁜 것을 판단하는 기준은 냄새였다. 냄새가 좋으면 잘 되고 좋은 것, 냄새가 지독하면 잘 못되고 나쁜 것이란 배움을 수십 년 받다보니 향긋한 냄새가 나지 않고 썩은 냄새가 나면 화들짝 놀란다. 물과 부엽토를 이용하는 방법은 냄새를 동반한다. 질소질이 많은 동물 부산물 등은 냄새가 심하고 질소질이 낮은 산야초 등은 좀 덜하다. 그래서 냄새가 과하다고 판단되는 액비에서는 미리 퇴적암 분말인 천매암이나 숯가루를 일부 추가해서 냄새가 외부로 풍기지 않을 정도로 억제한다.

   그런데 냄새가 왜 문제 되는가? 언제부터 우리가 달콤한 냄새를 기준삼아 농자재를 판단해 왔는가. 우리 선조들이 애용했던 인분 액비, 음식물 액비, 청초 액비 등은 냄새가 어떠했었는가. 분명히 우리 선조들은 인분 액비의 냄새를 문제삼지 않고 수천 년 농사를 이어왔다. 그 냄새는 즐겨 먹는 삭은 홍어 냄새와 크게 다를 바 없으니 이상할 것도 없었다. 오히려 냄새를 근거로 그 액비의 질소함량을 가늠했고 작물의 영양 생장 촉진을 위해 그 양을 조절하는 감각도 익히고 있었다. 냄새에 대한 문제 제기를 누가 했을까? 냄새가 지독하게 나는 것은 부패한 것이고 부패한 것은 독이 된다는 교육을 누가 시작했고 지금 누가 하고 다닐까. 이 부분은 유기농업 기술의 왜곡을 낳고 우리의 전통적 유기농업 기술이 퇴조하게 된 아주 중대한 부분이다. 유기농자재 업자들이 각종 농민교육에서 그토록 냄새를 문제삼지 않았다면

선조들이 해왔던 액비 방식은 그대로 존속되어 우리 모두가 액비를 100% 자급하면서 살고 있었을 것이다. 또한 부엽토를 미생물 원종으로 값지게 쓰고 있을 것이다. 각종 교육에서 냄새를 문제삼는 바람에 힘없는 농민들이 전통적인 액비제조 방식을 포기했고, 수천 년 이어 온 우리 유기농업의 기술적 가치는 땅에 떨어지고 말았다. 그들이 주장하는 냄새의 기준으로 보면 우리의 수천 년 유기농업의 역사는 일고의 가치도 없는 것이 된다. 거의 다 섞은 냄새가 진동하는 자재가 쓰였으니까 말이다. 지금도 이어지고 있는 유기농자재 업자들의 활동과 교육이 선의였을까? 진정 농민을 도와주기 위해 새로운 기술을 알려준 것일까? 그들은 발효는 좋은 것이고 부패는 나쁜 것이라는 이분법적 판단을 과학적 사고라고 가르쳐 왔다. 반복되는 그런 교육으로 거의 모든 농민들은 발효는 좋고 부패는 나쁘다는 것을 진리로 굳게 믿고 있다. 그러나 발효는 좋고 부패는 나쁘다는 것은 완전 거짓이고 사기이다. 전 세계 어떤 과학책에도 없는 말이다.

부패가 사라지는 세상이 되면 어떤 문제가 생길까. 모든 동식물들이 죽어서 흙으로 돌아갈 수 없다. 부패가 독을 남긴다는 말은 인간과 자연에 대한 치명적인 모독이다. 그 말은 선한 사람도 죽어서 세상에 마지막으로 독을 남길 수 밖에 없게 된다는 의미와 같다. 물질의 부패 단계가 없으면 정화도 없어 자연계의 물질순환이 막힌다. 냄새를 기준으로 농자재의 좋고 나쁨을 말하는 것은 과학이 아니다. 그러나 불행하게도 업자들이 외치는 사이비 과학은 우리 전통적 농자재 자급방식을 붕괴시키는데 혁혁한 공을 세우게 된다. 그래서 수천 년 이어 온 우리의 전통적 유기농업은 사라지고 업자가 주도하는 새로운 유기농업의 세계가 열렸다. 그들이 농자재에서 냄새를 문제삼아 농민에게 준 것은 무엇이고 그들이 가져간 것은 무엇인가. 여기서 모든 판단은 정리된다. 농민은 전통적으로 해왔던 모든 농자제 자가제조 방식을 냄새가 무서워 포기하고 업자로부터 농자재를 모두 사쓰기 시작했고 유기농업은 고비용농업으로 고착화되어 그들에게 큰 돈벌이가 되었다. 미생물제의 상업주의가 성행하고 있다. 미생물은 향긋한 냄새가 나야만 좋은 미생물이라 한다. 직접 냄새까지 맡을 수 있도록 들고 다닌다. 박하향까지 살짝 가미하여 농민들에게 호감을 산다. 이것이 냄새를 기준으로 성행하는 미생물 마케팅의 전형이다. 냄새가 좋다고 좋은 미생물이 아니다. 만약 그 미생물이 설탕물에 담겨 있지 않고 동물성 단백질 속에 담겨 있어도 향긋한 냄새가 날까? 그 미생물의 활성을 억제하기 위해 사용한 설탕이 바로 냄새를 좌우한다는 것을 그들이 더 잘 알 것이다.

발효와 부패에는 옳고 그름이 없다. 또한 인간의 편의상 이름을 붙였을 뿐 미생물에 의한 분해라는 동일선상에 존재한다. 이것은 학계에서조차 그 차이가 명확하게 구분되어 있지 않다. 또한 인간은 향긋한 냄새의 음식만을 선호해 왔다고 생각할 수도 있겠지만 냄새는 지역적으로 아주 주관적이다. 외국 공항에서 우리가 즐기는 김치 냄새를 풍기면 그들은 기겁을 한다. 우리가 즐기는 홍어 삭은 것, 젓갈 삭은 것을 들이대면 더 기겁할 것이다. 그들은 부패한 음식으로 인식하기 때문이다. 스웨덴의 대중적 진미로 일컬어지는 수르스트뢰밍이라는 청어 통조림은 홍어와 비교할 수 없는 악취로 유명한데 이들은 이를 발효 청어라고 한다. 발효 청어를 접해 본 한국 사람들의 평가는 홍어보다 훨씬 더 지독한 냄새라고 한다. 그래서 그 나라 사람들도 집안에서는 먹지 않는다고 한다.

발효와 부패에는 옳고 그름이 없다. 냄새를 기준으로 삼는다면 냄새의 원인은 미생물에게 있다기보다는 미생물의 먹이인 원재료에 있다고 봐야 한다. 원재료가 탄수화물(당, 설탕)이 주종을 이룰 때는 알콜 발효로 진행되

어 향긋한 향이 나는 것이고, 원재료가 단백질이나 지방일 경우는 아미노산·지방산으로 분해되면서 아민류 물질이 생기고 아민이 악취를 풍긴다. 동물성 단백질을 분해하는 냄새를 억제하기 위해 당밀을 넣는다고 치자. 당밀이 완전히 분해되고 없어지면 그때부터는 상대적으로 더 감당이 안 되는 불쾌한 냄새가 진동한다. 이를 막기 위해 당밀 추가를 반복한다. 당밀이 많이 추가되면서 걸쭉한 액체로 변하고 수분 95%인 미생물은 활동성을 상실한다. 애초에 분해시키려 했던 동물성 단백질이 설탕이라는 방부제 속으로 빠져든 것과 다름 없다. 액비는 아주 강한 산성액비로 변해가고 분해는 더더욱 느려진다. 당밀과 미생물제, 목초액까지 넣어 돈만 계속 허비하게 되는 것이다. 설탕이 몸에 해롭듯, 흑설탕과 당밀은 농업에 도움이 되지 않는다. 구더기 생기면 안 된다는 주장도 그렇다. 지렁이 똥은 좋지만 구더기 똥은 나쁘다는 논리는 참 잘못된 것이다. 이는 구더기의 도움을 받아 흙으로 돌아가는 자연계 대부분 생명에 대한 모독이다. 예로부터 구더기 무서워 장 못 담그냐는 말이 있었는데 우리는 지금 구더기가 무서워 냄새가 무서워 액비를 못 담그는 형편이 되었다. 구더기가 사라지면 지구의 물질순환에 지대한 타격이 온다. 구더기가 죽은 생명을 신속하게 먼저 분해하여 소 곤충과 미생물에게 이어주는 물질 순환의 세계를 온전히 이해한다면 구더기를 절대 문제삼을 수 없다. 냄새를 문제삼는 이들이 옳다면 우리의 수천 년 유기농업의 역사는 완전 잘못된 것이 된다.

　자닮은 농자재 업자와 농민 간의 공생을 거부하는 입장이 아니다. 서로 조화를 이루어 경제적인 상생효과를 나누는 관계로 발전한다면 대 환영이다. 그러나 지금의 현 상황은 일방적으로 농민들이 업자들에게 기만당하고 돈을 갈취당하는 상황이다. 가까운 중국과 일본의 여러곳에서 농민들을 만나 보았다. 거기도 예외는 아니었다. 농업기술의 주도권이 상업자본에 종속되면 농업도 망하고 농민도 망한다. 농업기술의 주도권을 누가 쥐느냐가 농업의 운명을 좌우한다. 자닮은 초저비용농업으로 농업의 시스템을 바꾸고자 한다.

4. 상온(常溫)에서 만든다

액비를 만들고 미생물을 배양하려면 몇도에 맞춰야한다는 교육을 빈번하게 받는다. 교육 받은 대로 하면 어렵지 않을 거라 생각하고 막상 작업에 들어가면 어떻게 온도를 맞춰야 할지 몰라 당황하게 된다. 가장 쉽게 돼지꼬리 히터로 온도를 맞추면 되겠다 생각한다. 그런데 돼지꼬리 히터는 전체의 온도를 균일하게 만들수 없어 교반기가 가동되어야 한다는 설명을 듣는다. 그리고 온도를 안정적으로 유지하기 위해서는 보온 기능이 있는 용기가 필요하고, 그 용기에 공기와 빛도 넣어주면 좋다고 설명한다. 결과적으로 이 온도를 맞추고 추가되는 몇 가지 조건들을 충족시키기 위해 농민들은 기계를 사게된다. 그런 기계가 예전에는 수십만 원짜리도 있었지만 요즘은 수백을 넘어 수천만 원, 수억 원을 호가한다. 농자재 만드는데 온도의 조건을 추가한 덕분에 농민 누구나 가지고 있는 고무통들은 무용지물이 된다.

업자들은 농자재를 만드는 과정에 과학적 기법을 적용한다는 그럴듯한 논리로 온도의 조건, 공기 주입의 조건, 빛 투입의 조건, pH의 조건, 속도의 조건들을 덧붙인다. 각종 교육은 농민이 기계를 살수 밖에 없도록 다그친다. 업자들은 더 대담하게 국가의 보조금까지 끌어와 농민이 30% 정도의 자부담을 내면 기계를 쉽게 들여 놓을 수 있다는 조건을 제시한다. 좀 넉넉한 농민은 냉큼 기계를 사고 돈이 없는 농민은 그런 기계를 가지고 있는 업자에게 자재를 사 쓴다. 국가는 농업을 위해 수십조 원의 예산을 투입했다고 하지만 정작 농민에게 직접적으로 들어간 것은 거의 없다. 업자들의 호주머니만 두둑해질 뿐이다.

　농자재를 제조하는 데 온도가 정말 중요할까? 전기가 없고 히터조차 없었던 시대에는 액비 제조와 미생물 배양은 엄두도 내지 못했을까? 자연 상태에서는 인위적인 가온이 없으니 식물 영양이 잘 안 만들어지고 미생물 증식도 잘 안 될까? 온도에 무슨 중요한 비밀이라도 숨어 있는 것일까? 온도를 무시하면 아무것도 안 될까? 인위적인 가온을 포기하고 자연의 온도 '상온'에 모든 것을 맡겨 놓아두면 안 될까? 그러면 액비 제조와 미생물 배양에 중대한 결함이 생길까? 이렇게 생각을 거듭하다 보면 뭔가 의심스러운 느낌을 받게 된다. 혼란을 접고 이제 인위적인 가온을 자재 제조의 속도와 편리성의 관점에서만 보지 말고 작물의 영양 공급과 건강을 위한 관점으로 옮겨 보자. 작물은 어떤 온도에서 만들어진 영양을 선호하고 어떤 온도에서 배양된 미생물을 선호할까 하는 관점으로 말이다. 우리는 지금까지 기계업자의 관점으로 보는 데 너무도 익숙해져 있다.

　미생물은 온도에 아주 민감하게 반응하는데 그들이 얘기하는 32℃를 유지하면 내 작물에 필요한 모든 미생물들이 골고루 배양될 수 있을까? 배양된다면 모든 미생물이 32℃를 다 좋아한다는 말이 되는데 사실일까? 토양 미생물 전문 서적을 보면 미생물에서 호냉성 미생물이 선호하는 온도는 10℃ 전후이고 내냉성 미생물은 22℃ 전후로 나온다. 단지 호중온성 미생물만 32℃ 전후를 좋아하고 호열성균은 65℃ 전후를, 극호열성은 95℃ 전후에서 배양이 잘되는 것으로 나온다. 무엇인가 대단히 잘못되었음을 직감하게 된다. 작물이 연중 32℃에 잠깐 걸쳐 있을 때는 한여름 잠시뿐인데 봄과 여름, 가을과 겨울 모두 온도를 32℃에 맞춰 미생물을 배양해 왔으니, 작물을 위한다면서 오히려 작물에게 필요한 미생물을 만들지 않았음을 깨닫는다. 지금까지 알고 있었던 업자로 부터 배운 미생물에 대한 지식이 순식간 다 무너지면서 깊은 고민 속에 빠진다. 그러면 미생물 배양은 몇 도에 맞춰야 할까?

작물이 자라는 환경에 적절하게 맞는 미생물을 배양하려면 몇 도가 되어야 할까? 미생물학 책을 온통 뒤져보고 전문가에게 질의해도 명확한 답이 없다. 자닮은 혼란을 접고 도법자연(道法自然)의 길을 따라 자연에 길을 물어본다. 자연은 내게 복잡한 조건과 생각들을 접고 그냥 미생물 배양기를 작물이 성장하는 동일한 환경 놓아두라고 한다. 앗차 그렇다. 작물에게 최적화된 미생물을 배양하려면 작물이 살고 있는 온도에 맞추어야지!

우리는 너무도 복잡한 기술의 사선을 걷고 있다. 앞으로 나가려 해도 나가지 못하게 하는, 과학을 가장한 수 많은 기술의 복선 위를 정처없이 방황하고 있다. 어디에 가도 농민을 위해 진실을 말해주는 사람을 만나기 어렵다. 유기농업은 자연에서 해법을 찾는 것이다. 그리고 자연의 해법을 토대로 기술을 정립해야만 한다. 배움이 오히려 이 진실의 길을 막는다. 미생물 배양을 항상 일정한 온도에 맞추는 것이야말로 비과학적 방법이다. 상온 그대로가 작물에게는 최적이다. 단지 추운 계절에 미생물 배양시는 배양기에 보온재를 덮고 가온해서 배양 한다. 미생물 배양법은 뒷부분에 소개한다. 액비와 미생물은 작물의 관점, 영양학적 관점에서 이해해야 한다. 업자를 위해서 기계를 위해서 나와 작물이 이용당하는 왜곡된 현실에서 빠져나오지 않으면 농업의 미래는 암흑이다. 그리고 늘 정직하게 농사를 짓고 있는 '자연'을 나의 온전한 친구이자 스승으로 맞이해 보자.

저온성균은 유해성균이고 고온성균은 유익한 균이고 혐기성균은 나쁜 균이고 호기성균은 좋은 균이라고 하면서 기계의 필요성을 절대화시키는 갖가지 교육이 있는데, 공부가 덜된 사람들 얘기다. 저온 상태의 작물에게는 저온에서 활성화되는 미생물을 투입해야 마땅하다. 마찬가지로 고온 작물은 고온 미생물이 필요하다. 작물과 동일한 환경에서 액비도 만들고 미생물

도 배양하자는 것이 자닮의 방법이다. 이제 미생물 배양과 액비 제조는 상온에서 한다. 노지 작물은 노지에서 하고 하우스 작물은 하우스 안에서 한다. 이렇게 온도의 고정관념에서 빠져나오면 농가가 가지고 있는 모든 용기가 액비 제조기가 되고 미생물 배양기가 된다. 참 쉬운 농업이 열린다. 참고로 저온시 배양은 고온시 배양에 비해서 배양액 표면에 보이는 거품 현상이 좀 작게 나타나는데, 이는 저온성균의 크기가 고온성균에 비해 훨씬 작아서 생기는 결과이니 불안해 할 것 없다. 미생물도 동물의 세계처럼 코끼리와 개미처럼 몸집의 크기 차이가 존재한다.

 액비 제조는 몇 도에서 해야 하나? 이것도 간단하다. 작물이 재배되는 환경과 동일한 환경에서 진행한다. 액비는 작물에게 영양을 만들어주는 것이고 그 영양은 미생물에 의해서 만들어진다. 작물과 동일한 조건에서 만들면 작물의 환경에서 활성화되고 있는 미생물들에 의해 영양이 만들어지기 때문에 작물에게 최적화된 영양이 된다. 영양은 미생물이 만든다. 작물의 영양은 미생물이 만든다. 고로 미생물은 작물의 요리사다. 요리사가 바뀌면 음식 종류도 맛도 바뀐다. 그래서 함부로 요리사인 미생물을 바꾸면 작물을 망칠 수 있다. 낯선 음식 잘못 먹으면 탈나기 십상이다. 미생물, 즉 작물의 요리사는 온도에 아주 민감하다. 온도의 변화에 따라 미생물이 바뀌면 작물의 영양도 바뀐다. 그래서 액비 제조와 미생물 배양의 온도는 작물의 환경과 별개일 수가 없다. 상식적 논리 전개로 첨단 과학을 넘나든다.

 액비 제조기나 미생물 배양기가 각각의 기계로 나뉠 이유가 전혀 없다. 보통 액비를 신속하게 만들기 위해서 액비 제조기를 사용한다. 빠르면 2~3일, 족히 15일 이내에 액비가 완성된다고 업자들은 주장한다. 그러나 액비의 완성은 무엇을 의미하는 것인지 정확히 알아야 한다. 액비의 완성은 투입한 원재료 중 단기적으로 미생물 분해가 어려운 리그닌 등의 성분을 제외한 거의 모든 것이 분해되어 액화되었다는 것을 의미한다. 적어도 투입한 원재료의 70% 이상은 분해되어 사라져야 마땅하다. 정해진 제조 시간이 경과한 후 액비 제조기의 뚜껑을 열어보면 향긋한 향이 진동하면서 검은 초콜릿 같은 걸쭉한 액체가 밖으로 나온다. 이것을 보면서 흐뭇해 하지만 기계를 가동하는 데 들어간 비용을 계산해 보자. 기계 회사에서 원재료 40~50만 원어치 사서 넣었다. 당밀 두 말, 목초 한 말, 미생물제 한 말 등 어림잡아 70~80만 원이 된다. 가장 많이 들어간 원재료가 최종적으로 얼마나 줄었는가 살펴보자. 원재료가 물에 불어 처음 투입한 양보다 더 많아 보인다. 재료에 따라서 빠른 기간에 원재료가 다 분해되기 힘들기 때문에 이런 결과가 빈번하게 나온다. 결론적으로 원재료의 양이 많이 줄지 않았다면 마지막 나온 액비는 당밀로 빨래한 물 정도로 보는 것이 타당하다. 그래서 액비 제조기 설치는 해놨지만 작업할 엄두가 안 난다. 이것이 우리 농가의 실상이다. 그런데 무슨 이유에선지 기계 구입에 대한 정부 보조사업은 계속 이어지고 농가들에게 원재료를 지원해서 간단한 방식으로 스스로 만들어 쓸 수 있도록 하는 사업은 외면 당한다.

자닮의 유기농자재의 제조 원리를 간단히 정리해 보면 다음과 같다.

- 혐기 발효를 기본으로 한다.
- 물과 부엽토를 활용한다.
- 상온에서 만든다.

이 세 가지는 간단해 보이지만 지금까지 배워왔던 모든 유기농업의 상식을 무너뜨린다. 더 나아가 유기농업과 관련된 자재 업자와 기계 업자들의 입지를 위태롭게 할 정도의 파괴력이 있다. 그러나 분명히 위 세 가지는 전혀 새롭지 않다. 우리 선조들이 늘상 해오던 농업 방식이었기 때문이다. 자닮은 단지 이해를 돕고 약간의 편리를 제공하기 위해서 노력할 뿐이다. 우리 선조들이 해왔던 유기농업의 본질을 다시 회복하고 자닮식 천연농약이 결합되면 자연적으로 쉽고 편리한 초저비용 농업이 가능하다. 위 세 가지를 실천에 옮기면 유기농자재를 만드는 거대한 기계도 필요없고, 이를 설치할 건물도 필요없고, 건물을 세울 땅도 필요없고, 전기도 기름도 인건비도 돈도 필요없는 초저비용농업이 바로 시작된다. 유기농업을 고비용농업으로 이해하기 때문에 농업 정책이 막대한 예산을 투입하는 방식으로 전개된다. 이는 유기농업의 본질을 잘못 이해하는 것이다. 유기농업의 고비용 농업화는 농업과 관련된 기업들이 만들어낸 작품이다. 농업과 관련된 막대한 자금 흐름의 종착지를 보면 그 작품의 주인공이 누군지 선명하게 들어난다. 진정한 유기농업은 본질적으로 초저비용농업이다.

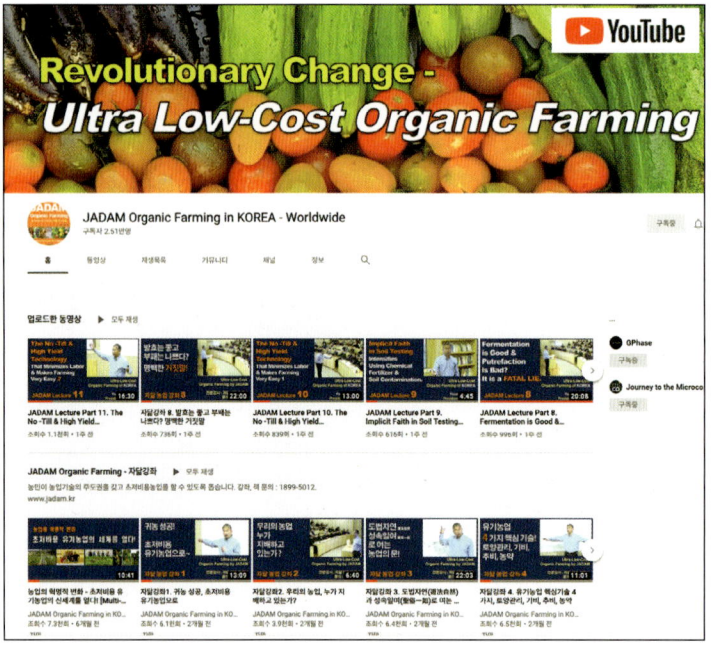

자닮이 운영하는 유튜브 채널이다. 천연농약 강좌와 유익한 콘텐츠로 채워지고 있다. 여러 언어로 번역하여 나레이션을 하고, 30개 언어로 자막을 달고 있다.

자닮식 'SESE' 건강법

1. 현미잡곡(통곡)밥과 통곡을 주식으로 한다. 꼭꼭 씹어 먹는다.
한 주 정도 실천하면 배변이 잘 나온다. 수 주 실천하면 아랫배가 따뜻해진다.
배가 따뜻해지면 치유가 시작된다. 과일은 껍질째 먹고 흰쌀밥과 흰밀가루를 멀리한다.

2. 오줌이 맑게 나올 정도로 물을 충분히 마신다.
물 먹는 양은 건강에 매우 중요하다. 독소는 소변을 따라 체외로 빠져 나온다.
물 먹는 것만으로 결림, 두통 등을 치유할 수 있다. 여름에는 천일염을 조금씩 먹는다.

3. 얼굴과 손 외에는 화장품을 바르지 않는다.
화장품은 수백 종 화학물질의 혼합물이다. 피부로 흡수되어 체내 축적되고
병의 원인이 된다. 바르는 양도 최소화한다.

4. 샴푸, 비누, 표백제, 유연제, 항균제, 방향제 등을 없앤다.
집 안과 차 안에 화학적인 모든 것을 없애 몸을 보호한다. 자닮오일로
샴푸, 비누, 식기세척, 빨래에 쓴다. 유아, 어린이에게 매우 중요하다.

5. 치약 대신 천일염 분말을 사용한다.
치약은 수십 여 종의 화학물질로 만들어졌다. 잇몸을 건강하게 유지하려면 치약
을 멀리한다. 수 주 실천하면 잇몸이 튼튼해진다.

6. 운동과 목욕으로 피부를 건강하게 유지한다.
피부는 우리 몸에서 가장 큰 해독 기관이다. 정기적인 운동으로 땀을 적당히 흘
리고 반신욕과 냉온욕으로 피부를 탄력 있게 만든다. 담배는 안 된다.

7. 허리를 튼튼하게, 체형을 반듯하게 유지한다.
등 근육 약하면 허리에, 등 굽으면 장기에 문제 생긴다. 윗몸일으키기와 스쿼트,
팔굽혀 펴기를 꾸준히 해서 근육을 강화시킨다.

8. 결림과 뻣뻣함이 없는 시원한 어깨를 유지한다.
어깨 결림에는 철봉에 매달림이 매우 효과적이다. 매일 30초씩 매달림을 한다.
매달림의 반복은 뼈의 조합을 정상으로 회복시켜 어깨를 늘 쾌청하게 해준다.

V. 유기농자재 만들기

조성우

상업자본이 독점적 위치를 차지하면,
의심할 여지없이 모든 곳에서 약탈적 시스템이 작동된다.

칼 마르크스
(Karl Marx、1818~1883)

무경운으로 초 다수확을 올리고 있는 유기농 고추재배이다. 자닮 연구 농장

시비설계를 영양의 균형을 잡는다는
관점으로 보면 아주 쉬워진다.
N, P, K, Ca를 구분해서 개별적으로 하는 복잡한 기술없이도
쉽게 시비설계를 할 수 있는 길이 열린다.

1. 천연 약수 만들기

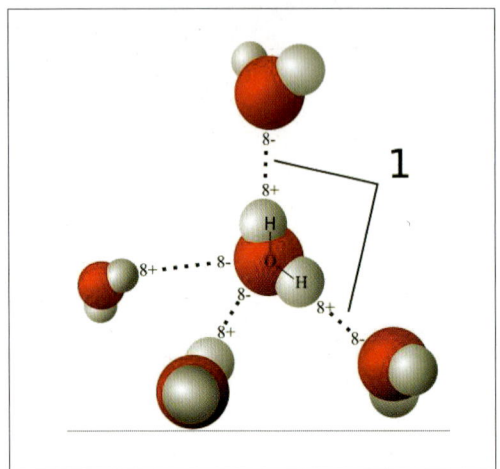

산소 하나와 수소 두 개가 굽은 형태로 결합되어 있고 수소 쪽에는 양전하를 산소 쪽에는 음전하를 띠고 있다. (그림 wikipedia)

물은 두 개의 수소(H) 원자와 하나의 산소(O) 원자가 공유결합(길이 0.10nm)을 한 물질로 지구상의 모든 생명을 유지하는데 있어서 절대적인 역할을 한다. 그래서 우주의 생명체를 확인할 때 물의 유무를 가장 먼저 파악한다. 물분자는 1기압 내에서 0℃에서 얼고 100℃에서 끓으며 얼 때는 부피가 10% 정도 커진다. 물 1ℓ의 무게는 1kg에 해당된다. 물은 인간의 70%(장기, 뇌의 경우는 90%)를 차지하고 어류의 80%, 미생물의 95%, 오이·토마토·수박·딸기 등 농작물의 95% 내외를 차지한다. 물은 분자내에 강한 극성을 가지고 있어 모든 물질을 녹이며 생명에게 필요한 영양이 물을 매개로 전달된다. 자닮은 물이 생명체에 차지하는 비율만큼 건강과 생육에 영향을 미친다고 판단한다. 예를 들어 우리 뇌는 물 90%로 구성되어 있기에 뇌 건강의 90%는 물이 좌우하고 토마토는 물이 95%를 차지하여 품질의 95%는 물이 좌우하고 있다고 보는 것이다.

예로부터 '농사는 물장사다.'란 말이 있다. 자닮은 여기서 한 걸음 더 나아가서 '물을 잘못 쓰면 농사 망한다.'로 의미를 확대하여 물을 농자재 중 가장 중요한 것으로 다룬다. 몸의 95%가 물인 미생물의 건강은 95%를 물이 좌우하기에 물의 품질을 따지고 이를 개선하려는 노력은 너무도 당연하다. 물의 수준이 생명들의 건강 수준을, 생산물의 품질을 좌우한다. 그런데 요즘 환경오염이 급증하면서 좋은 물을 구하기가 어렵게 되었다. 인간의 건강을 위해 좋은 물을 챙기듯 성공적인 농사를 위해서 물을 꼼꼼히 챙겨야 한다. 물을 농업의 승패를 좌우하는 핵심 농자재로 인식해야 한다. 어떻게 물의 수준이 작물 건강의 수준과 품질의 수준을 좌우할까? 이에 대한 연구는 농업 부분에서 거의 진행된 바 없지만 그렇다고 검증 운운하며 물을 무시하는 것도 어리석은 일이다. 우리는 경험적으로 물의 중요성을 인식하고 있다. 좋은 곳에 가서 물을 며칠만 바꿔 먹어도 피부가 맑아지고 탄력적이고 부드러워짐을 느낀다. 피부가 부드러워진다는 것은 피부를 구성하고 있는 세포가 건강해졌다는 얘

눈송이에 나타나는 물의 다양한 모습들
(사진:Wilson Bentley 1902년, wikipedia)

기로 이를 작물로 유추하여 물의 중요성을 가늠한다. 내 몸과 작물은 하나라는 인식으로 물을 새롭게 바라보자. 물이 작물의 건강과 농산물 품질의 핵심이다. 좋은 물을 만드는 다양한 방법이 있으나 자닮은 아주 간단하고 효과적인 방법을 소개한다.

 다음 페이지에 보이는 ①번 물통이 있다. 이 물통을 천연 약수 제조 용기로 활용하는 것이다. 쌀 수매 가마니나 마대자루에 인접산의 부엽토를 1/3 정도 담아와 이를 통 입구에 걸어 물에 담가놓고 통의 바닥에는 농장 주변에서 구할 수 있는 돌들을 바닥으로 20~30cm 정도 깔아놓으면 천연약수 시설이 완비된다. 부엽토는 1년에 1~2회 갈아준다. 이때 부엽토를 면 자루에 넣으면 미생물에 면이 분해되어 안 좋다. 오염된 물을 미생물이 정화하듯이 물에 있는 불순물을 부엽토의 토착미생물이 분해시키는 방법이다. 통에 들어온 물

자닮 연구농장에 설치되어 있는 관수설비이다. 이와 비슷한 관수설비를 제작하는 과정과 관련된 부품들을 자세하게 동영상으로 제작해서 자닮사이트에 올려놓았다.

이 2~3일 토착미생물과 동거하면서 물에 있는 고분자 물질(오염 물질)이 분해되어 부드럽고 좋은 물로 변한다. 이렇게 만들어진 물로 미생물 배양과 토양 관주와 농약 살포에 사용한다. 토양에 물을 관주할 경우나 액비와 미생물을 물과 희석하여 사용할 때 측정기가 없으면 사용되는 물량을 정확하게 알기 어렵다. 그런 경우 토양관주는 100평당 1톤의 물이 사용된다는 것을 기준으로 1톤에 준하여 희석배수를 정한다. 예를 들어 300평에 100배 희석액을 관주한다면 물 양을 3톤으로 기준잡고 액비나 미생물을 30ℓ 넣고, 300배 희석액이라면 10ℓ, 500배 희석액이라면 6ℓ를 넣는다. 물이 들어있는 통 ②번의 밸브를 조금만 개방을 하고 미생물배양액이나 액비 등을 ③번이나 ④번 통에 넣고 하단 부의 밸브를 개방하고 ⑤번의 전기모터를 가동하면 물이 나갈 때 자동적으로 빠져나간다. ②번 밸브를 조정하면서 투입되는 물의 양을 조절할 수 있다. ③번이나 ④번에 액비나 미생물배양액이 다 빠져나간 후 물만 5분 내외 추가로 관수하여 관주호스가 늘 깨끗하게 유지될 수 있도록 한다. ③번 ④번의 밸브는 반드시 모터 작동 시만 연다.

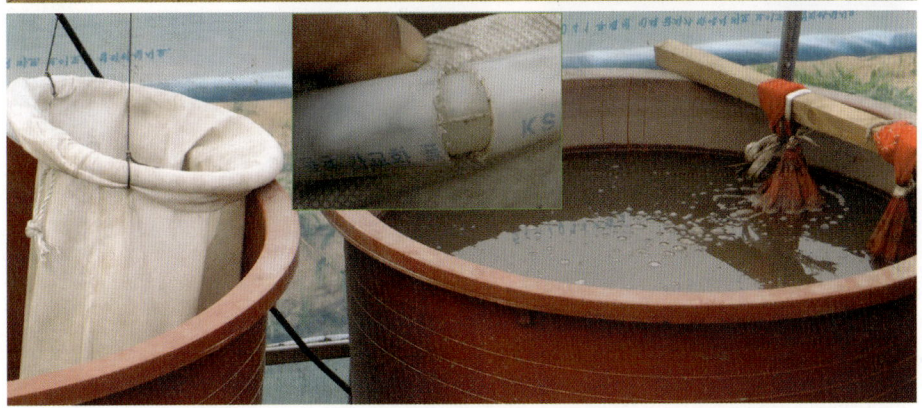

고가 장비 없이도 사진과 같이 설비를 만들면 편리하게 이용할 수 있다. ①은 물통으로 농장 면적에 맞게 크기를 정한다. ②는 물량을 조절하는 밸브로 물량을 줄이면 부족한 만큼의 액이 ③④에서 빠져나가 액비가 공급되게 된다. ③은 미생물 배양기 통이다. ④는 미생물 배양액이나 액비를 투입할 때 활용한다. ⑤는 모터로 면적과 물량을 고려하여 마력수를 결정한다. ⑥은 여과기로 관주호스를 막히지 않게 도와주며 수시로 청소를 한다. ⑦은 토양관주 밸브이고 ⑧은 천장 스프링쿨러 밸브이다. ⑨는 수위조절기 ⑩은 급수기 ⑪은 간이 여과기로 부직포로 바닥까지 내려가게 주머니를 만들었고 테두리는 엑셀파이프를 이어서 단단하게 틀을 만들었다. 주기적 청소가 필요하다.

*③④의 밸브는 평소에 닫아놓았다가 모터 작동시만 연다.(중요)

유기농자재 만들기

여러분들과 함께한 지리산 토착미생물 채취의 추억

　자닮과 함께 오래전부터 길을 걸어 온 이들은 지리산 기슭에서 함께했던 기억이 아련할 것이다. 자닮 초저비용농업에 큰 밑그림이 되어주신 조한규 선생에 의해 창안된 방법을 기반으로 미생물의 자가제조를 위해 다양한 시도를 해왔다. 수입 미생물에 대응하여 우리의 것을 적극 알리기 위해 한 번에 10가마씩 밥을 짓기도 했다. 이런 경험을 딛고 자닮은 더 이상 쉬워질 수 없는 초간편 미생물배양법을 개발하는데 이르렀다

2. 자닮 미생물 배양하기

인접한 산의 낙엽 아래 부엽토에는 지역 환경에 토착화되어 있는 수백만 종의 다양한 미생물이 살고 있다. 이 부엽토를 미생물 배양의 원종으로, 배지는 삶은 감자나 현미잡곡밥을 이용하고 천일염을 추가하면 손쉽게 미생물을 배양할 수 있다. 작물 정식 전에 집중적으로, 재배과정에 미생물 배양액을 주기적으로 투입하면 토양 염류집적이 개선되고 뿌리 활착에 큰 도움이 되며 토양 선충과 청고병을 예방하는데 강력한 효과가 있다. 먼저 간략하게 자닮 미생물 배양과정을 설명한다. 미생물 배양은 일반 물로 한다. 단 자닮오일과 혼용하여 엽면살포시는 연수로 배양해야 한다.

❶ 삶은 감자 1kg과 인접산 부엽토 0.5kg을 고운망에 돌맹이와 함께 넣어 걸고 500ℓ의 물 속에서 잘 주물러 내용물이 고루 퍼지도록 한다. 천일염 0.5kg을 약간의 물에 먼저 녹여 추가 혼합해준다.

❷ 재배작물의 열매나 줄기, 잎사귀 1kg 을 믹서로 갈아 고운망에 넣고 함께 걸어주어도 좋다.(맞춤형 미생물 배양)

❸ 햇빛 아래서 뚜껑을 덮고 배양작업을 한다. 배양온도는 작물이 체감하는 동일한 온도인 상온을 기본으로 한다. 미생물 배양 완성 시간은 1~3일 정도로 가변적이다. 여름일수록 시간이 당겨지고 거품도 왕성해진다. 물의 온도가 18℃ 이하로 떨어지면 배양용기를 보온덮개로 보온하고 전기가열기로 물의 온도를 20℃ 내외로 유지하며 배양한다.

❹ 물 표면에 위의 사진처럼 원형 거품이 뚜렷하게 생길때가 미생물 사용적기이다. 하루정도 지나면 원형 거품 형태가 깨지며 거품이 사라지면 미생물로 가치가 없어 액비로 사용한다. 물에 10배 이상 희석하여 남기지 않고 다 사용한다. 미생물 배양액 500ℓ를 1만 평까지 사용할 수 있다.

❺ 배양액을 관주나 엽면시비로 사용시 고운망에 여과하여 사용하고, 엽면시비는 500ℓ기준 20ℓ를 넣고 자닮오일을 3ℓ 혼용하여 살포한다. 관주 후 호스는 물로 세척하여 막힘을 방지한다.

  미생물은 현미경으로만 볼 수 있는 아주 작은 생물이다. 원생동물과 조류·곰팡이·박테리아·바이러스를 총칭하여 미생물이라고 부르며, 부엽토 1g 속에는 대략 20~100억 마리 정도가 서식한다. 곰팡이와 박테리아는 물질을 분해하는 분해자이자 영양의 순환자로서 활동을 하고, 원생동물은 다른 미생물들이 늘어나는 것을 조절하는 포식자의 역할을 한다. 가시적으로 보이는 생태계에 다양한 먹이사슬이 존재하는 것과 크게 다르지 않게 미생물 세계에서도 매우 다양한 먹이사슬이 존재한다. 다양한 분해자와 포식자가 유기적 관계 속에서 활발하게 생명 활동을 함으로써 오염된 토양이 회복되고 비옥해져 작물에게 필요한 영양이 풍부한 토양으로 변화하게 된다. 작물에 필요한 영양은 거의 미생물이 만들므로 농업은 미생물과 불가분의 관계에 놓여 있다고 해도 과언이 아니다.

  조류와 일부 박테리아는 빛을 이용하거나 화학 반응을 이용하여 스스로 영양을 생산하기도 한다. 영양을 전적으로 외부에 의존하는 미생물을 '종속영양균'이라고 하고 일부의 영양을 스스로 생산하는 균을 '독립영양균'이라고 한다. 공기를 좋아하는 균을 '호기성균'이라고 하고 공기를 싫어하는 균을 '혐기성균'이라고 하고, 양쪽의 환경에 두루 적응하는 균들을 '조건성 호기성균'이나 '조건성 혐기성균'이라고 한다. 자연 생태계 속은 혐기와 호기가 엄격히 분리되어 있기보다는 아주 얇은 세포막을 경계로 호기와 혐기가 맞닿아 있어 많은 미생물들이 호기와 혐기를 넘나들며 생존한다. 산성을 좋아하는 균을 '산성호균'이라고 하고 중성을 좋아하는 균을 '중성호균', 알카리성을 좋아하는 균을 '알칼리호균'이라고 한다. 농업에서 병해를 유발하는 대부분의 균은 '산성호균'에 속하기 때문에 대부분의 작물의 경우 토양과 작물의 체액이 산성화되면 병 발생이 빈번하게 된다. 대부분의 미생물은 -10~110℃ 사이에서 서식을 하며 좋아하는 조건에 따라서 호냉성균·내냉성균·호중온성균·호열성균·극호열성균으로 나누기도 한다. 저온성균일수록 상대적으로 크기가 작아지는 경향이 있다. 이외에 극도의 저온이나 고온에서도 살아가는 미생물도 있다.

파리를 잡아 냉동고에 넣으면 죽은 듯하다가 따뜻한 곳으로 나오면 다시 살아난다. 미생물은 파리보다 더 쉽게 죽은 듯하기도 하고 살아나기도 한다. 미생물은 자연계에서 일상 일어나는 고온과 저온, 과습과 건조, 산성과 알칼리

미생물 중에 몇 종을 좋은 균이라고 선택하고 집중 사용하는 편협한 방법에서 벗어나 밭의 환경에 토착화된 부엽토의 미생물 전체를 포괄하는 방법을 선택한다. 부엽토 미생물에서 발견되는 다양한 미생물의 색상이다. 현대 과학은 이 세계를 거의 모른다. 자닮은 지역 환경에 토착화된 모든 미생물을 포괄하는 것을 최선으로 삼는다.

성, 호기와 혐기 등이 반복되는 변화무쌍함에 오랫동안 적응해 왔기 때문에 생존력이 매우 강한 편이다. 수천 년 지난 후 다시 살아 증식하는 미생물도 발견되었다. 일반 관행 농업을 하다가 유기농업으로 전환하면 수확량이 감소한다는 불평을 하는데 그 이유는 토양 미생물의 활성도 차이에서 비롯된다. 화학농약과 화학비료, 제초제 등으로 토양 미생물이 풍부하지 않은 상태에서 유기물만을 투입할 경우 유기물 분해가 활발하게 일어나지 않게 되고, 이는 작물에 영양이 부족하게 되어 성장 저하로 이어지게 되는 것이다. 미리 토양에 미생물을 풍부하게 만드는 노력을 하면 화학비료를 끊고 유기물을 사용한다고 해서 수확량이 크게 감소하지 않는다. 오히려 수확량이 증가하는 사례도 많다.

현대 과학은 토양 미생물의 1%도 알지 못한다. 이는 인간이 개발한 배양 방법으로 배양할 수 있는 균이 1% 미만이라는 엄연한 현실적 한계를 근거로 하는 말이다. 배양을 못하면 연구가 진행될 수 없기에 그 미생물을 알 수 없다. 미생물도 끊임없이 진화하기에 앞으로도 영원히 1% 미만에 머물 수밖에 없을지도 모른다. 인간의 연구 속도가 미생물 진화의 속도보다 느리기 때문이다. 1%도 모르는 상태에서 미생물을 유익균과 유해균으로 나눠 골라 쓴다는 것 자체가 성립될 수 없다. 잘 알려진 병원균은 자세한 연구가 진행되긴 했지만 그 외의 일부 균의 기초적 연구만 한 상태로 거의 알지 못한다. 또한 종과 종이 어떤 관계를 맺고 생태계를 형성하는가는 전혀 모른다.

자닮은 미생물을 유익균과 유해균으로 나누는 이분법적인 논리야말로 비과학적이고 미생물을 상업적으로 이용하기 위한 상술에 지나지 않는다고 판단한다. 자닮은 미생물을 내 밭에서 일을 도와주는 '일꾼'으로 이해한다. 그 일꾼은 밭 지하에서 일을 하기에 밭의 지하 환경과 가장 유사한 환경 속에서 가장 오랫동안 살아온 미생물의 사용이 최고일 수밖에 없다. 그래서 그 최적지는 자연스럽게 내 밭과 인접한 산의 부엽토가 된다. 부엽토가 풍부한 산이 70%가 되는 나라에서 우리와 환경이 전혀 다른 일본으로 미국으로 유익한 균을 찾아나서는 사람들이 있다. 미생물은 환경의 산물인데 다른 환경에서 내 토양과 작물에 맞는 것을 찾으니 참 얼빠진 사람들이다.

인접산에 있는 그 부엽토의 미생물이 내 밭을 살리는 미생물의 원종이 된다. 자닮은 특정한 미생물을 선택적으로 활용하지 않고 전체를 포괄하는 방법을 선택한다. 미생물을 편협하게 이용하면 토양의 영양이 편협해지고 영양의 균형과 다양성이 깨지기 때문이다. 토양속에 미생물의 다양성의 증가는 놀라운 부대효과를 동반한다. 부엽

인접산에서 낙엽 쌓인 부분을 제거하고 그 밑의 부엽토를 채취하였다. 내 밭 지하의 환경과 가장 유사한 환경 속에서 살아 온 토착미생물로 가득하다. 윗 사진의 사각형 부분에서 채취한다.

토를 미생물의 원종으로 삼는 것은 현대 과학의 한계 속에서 취할 수 있는 최선의 선택이다. 부엽토를 이용한 미생물 배양법은 여타의 상업적 미생물 활용과 비교해 탁월한 효과가 있다. 자닮식 배양법은 아주 쉽고 연중 활용하며 비용이 아주 적게 든다.

유기농자재 만들기 • 163

부엽토를 채취할 수 없는 경우 직접 만든다. 주변에 다양한 풀들을 베어 오염되지 않는 토양 위에 수북하게 쌓아놓고 수시로 물을 뿌려준다. 토양 표층에 다양한 미생물이 서식하면서 부드러운 흙으로 변해간다. 이것을 부엽토의 대용으로 사용한다. 훌륭한 미생물 원종이다.

부엽토 채취는 농장과 인접한 산에서 하며 가급적 부엽토가 깊게 형성된 곳에서 채취한다. 침엽수의 부엽토일수록 강한 산성을 띠므로 잣나무나 소나무 단일 재배구역은 피하고 2~3종의 나무가 함께 서식하는 곳에서 채취한다. 표층에 있는 낙엽을 살짝 걷어내면 낙엽 부스러기와 부드러운 토양이 혼합되어 있는 부엽토가 나온다. 이것을 검은 비닐 주머니나 마대자루에 담아와 그늘에 보관하면서 사용한다. 보관시 밀봉할 필요없이 자루의 입구를 적당히 닫아 놓는다. 계절마다 부엽토를 수시 채취할 수도 있고 1년 사용할 양을 한번에 가지고 와도 된다. 보관시 가급적 부엽토에 습기가 유지되도록 하는 것이 좋지만 건조해졌다 하더라도 큰 문제는 없다. 미생물 배양시 한번에 약 500g씩 사용하는 것을 감안하여 채취량을 결정한다.

부엽토를 채취할 수 없는 경우 부엽토를 만들어 사용할 수도 있다. 오염되지 않은 토양 위에 다양한 산야초를 베어서 적당히 쌓아두고 수분이 마르지 않도록 수시로 물을 살포해주면 공기와 토양중에 있는 미생물이 산야초와 토양 표층에 집중적으로 모이면서 표층의 토양이 점점 부드럽게 변한다. 이 부드러운 흙을 부엽토 대용으로 삼는다. 아주 쉬운 방법으로 그 환경에 최적화된 토착미생물을 획득하는 방법이다. 전 세계 어디서나 가능하다. 농장 주변에 나무의 낙엽 밑에 생성된 부드러운 흙도 사용가능하다. 부드럽지만 건조된 흙 속에도 지역 환경에 토착화된 미생물이 가득하다.

미생물 배양이란 미생물을 키우는 것이다. 미생물은 자신의 몸이 둘로 나눠지는 분열 방법을 통해 증식한다. 한 마리가 두 마리로 분열하는 데 걸리는 시간은 대략 30분 내외가 걸린다. 물론 더 빠르거나 훨씬 느린 미생물도 존재한다. 30분을 기준으로 미생물 한 마리를 10시간 동안 배양한다면 한나절 사이에 미생물이 1,048,576(2^{20})마리가 되는 놀라운 결과가 나온다. 10시간 만에 백만 배가 증식되

부엽토를 이용한 자닮 미생물 배양(물 500ℓ 기준)

미생물 원종 : 부엽토 500g
미생물 배지 : 삶은 감자 1kg + 천일염 500g
준비물 : 뚜껑 있는 플라스틱 용기, 양말이나 면주머니 2개 돌 2개, 막대기, 끈 (가온배양시: 전열기, 보온덮개)

- 미생물 다양성을 더욱 높이기 위해 재배하는 작물의 줄기나 잎사귀, 열매나 주변에 다양한 산야초 1kg을 전기믹서로 갈아 함께 배지로 사용하면 더욱 좋다.
- 500ℓ의 기준보다 작게하거나 크게 할 경우 미생물 원종과 배지의 양을 조절한다.
- 원종과 배지의 양은 절대량이 아니다. 감자를 더 증량하는 것도 가능하다.
- 500ℓ 미생물 배양액은 물과 희석하여 300평에서 1만 평까지 사용할 수 있다.
- 토양과 작물에 사용시 반드시 여과기를 사용한다. (점적 호스막힘 예방)
- 배양시 사용되는 물의 온도가 18도 이하로 내려가는 저온기는 가온배양을 한다.

상온 미생물 배양 (낮 기온 25도 조건, 72시간만에 완성)

1. 500ℓ를 기준으로 삶은 감자 1kg을 준비한다.

2. 삶은 감자를 면주머니에 넣고 완전히 풀어지도록 주무른다. 전기믹서를 사용하면 더 좋다.

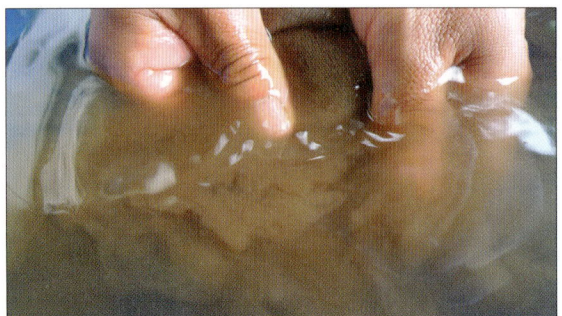

3. 부엽토가 풀어지도록 주무른다. 면주머니에 믹서로 간 감자, 부엽토, 소금을 한번에 넣고 풀어주어도 좋다.

4. 핸드믹서로 삶은 감자를 곱게 갈아서 고운망에 넣고 풀어주면 더욱 편리하고 미생물 배양도 잘 된다.

5. 점점 기포의 입자 크기가 커져간다. 면자루에 돌을 넣어야 물 위로 뜨지 않는다. 32시간 경과

6. 배양기의 중앙에 원형으로 기포가 정렬된다. 미생물 증식의 힘으로 중앙으로 모인다. 46시간 경과

7. 본격 미생물 증식이 이뤄지면서 표면의 기포가 더 빠르게 증가한다. 48시간 경과

8. 기포가 일어나는 면적이 넓어지고 기포의 크기도 커지고 있다. 50시간 경과

9. 물 표면에 기포가 더욱 왕성해지고 있다. 55시간 경과

13. 용기 측면과 원형사이에 거품이 없는 간격이 존재한다. 미생물 증식이 지속되고 있음을 의미한다.

10. 기포가 용기 안쪽으로 원형이 더욱 명확해진다. 67시간 경과

14. 원형 거품의 정렬이 와해되는 모습이다. 이제 미생물이 사멸해가기 시작한다. 84시간 경과

11. 기포가 왕성하게 일어나고 원형이 공고하게 이뤄지면 배양이 완성된 것이다. 72시간 경과

15. 배지의 영양이 소진되어 미생물의 사멸이 더 가속화된다. 134시간 경과

12. 물 표면의 기포의 확대된 사진이다.

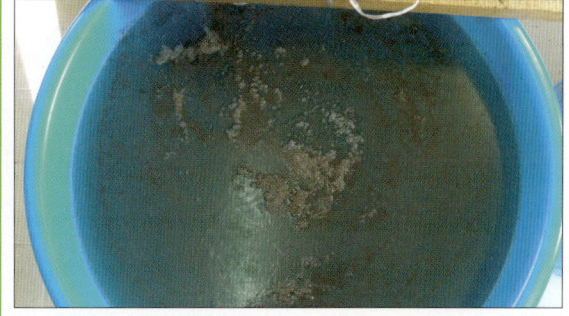

16. 거품이 사라지고 얇은 막이 생긴다. 미생물이 다 사멸한 상태다. 액비로 사용한다. 144시간 경과

상온 미생물 배양 (낮 기온 19도 조건, 96시간만에 완성)

1. 온도가 낮을 수록 기포의 크기가 작게 생긴다. 저온성 미생물 일수로 크기가 작아서 생기는 현상이다.

2. 기포원형의 테두리가 유지되면서 작은 거품이 최대화 되면 미생물 배양의 완성이다. 환경에 따라 기포가 원형 으로 생기지 않을 수도 있다.

는 것이다. 우리가 작물재배에서도 경험하듯 병원균의 확산 속도는 매우 빠르다.
　미생물 전문가라는 사람들은 농민들에게 미생물 배양에 아주 고도의 전문 기술이 필요한 듯 설명한다. 여러가지 복잡한 조건을 붙여 설명하니 미생물 배양 교육을 받으면 받을수록 직접 배양은 어렵게만 다가온다. 그래서 결국 농민 스스로 배양하는 일을 포기하게 되고 미생물을 업자에게 구입하는 길을 선택한다. 아주 친절하고 정중하게, 하지만 복잡하고 어렵게 가르치면서 농민을 기술의 중심에서 몰아내는 전략이 지금까지 주효하게 먹혔다. 이렇게 농민들을 기만하는 것에 참을 수 없는 분노를 가슴에 담고 한 마디 외친다. '미생물 배양법은 술 담그는 법과 같다'고 말이다. 우리는 전통적으로 집집마다 술을 담궈 먹었다. 술 담그는 방법과 미생물 배양방법은 그 원리가 동일하다. 그들이 어려운 기술이라고 떠들어 대지만 미생물 배양법은 이미 모두가 다 알고 있는 기술이다. 지금부터 자닮이 개발한 기발하고 쉬운 미생물 배양법을 이용하자. 미생물을 배양하기 위해서 먹이가 필요한데 이를 배지라 한다. 미생물 배지를 학문적으로 풀면 농가가 자급하는 것은 불가능에 가깝고 비용도 많이 들어간다. 그러나 술 담그는 기술을 연상하면 미생물 배지는 너무도 간단해 진다. 쌀과 현미, 보리와 밀, 다양한 잡곡들, 감자, 고구마 등 다양한 소재가 떠오른다. 자닮은 이 다양한 재료를 배지로 하여 미생물 배양 실험을 해 보았다. 그 결과를 바탕으로 가장 배양이 잘되는 한 가지를 강력 추천한다. 전 세계 어디서나 쉽게 구할 수 있는 것, 바로 감자를 삶아 배지로 이용하는 미생물 배양법이다. 삶은 감자에 약간의 천일염을 혼용하여 배지로 사용하는 것만으로 기막히게 미생물 배양이 잘된다. 다음으로 고구마나 현미작곡밥을 추천한다. 미생물 다양성을 고려하여 지역에서 서식하는 다양한 산야초나 재배하고 있는 작물을 잘게 썰어 추가해도 좋다. 삶은 감자나 고구마, 현미잡곡밥을 이용한 미생물 배양법은 당밀이나 설탕을 이용한 미생물 배양법과 달리 배양액의 pH를 강산성으로 이끌지 않고 pH 6.5정도로 유지한다. 우리 토양에는 최적이다. 자닮이 개발한 미생물을 배양하여 지속적으로 활용하면 지금까지 문제가 되어 왔던 토양의 거의 모든 문제를 해결할 수 있다.

　미생물 배양액은 작물을 위해 사용하는 것이기에 배양온도를 작물의 성장환경과 전혀 다른 균일한 온도에 맞춰 배양하는 것은 과학적인 미생물 배양법이 아니다. 작물이 하루 중 체감하는 변화무쌍한 실제의 환경에서 배양해야 작물에게 최적화된 미생물이 배양된다. 미생물 업자들이 주로 권하는 균일한 32℃에 맞춰 배양하면 기포가 더욱 왕성하고 배양시간도 짧아지지만 이렇게 배양된 미생물은 작물의 재배환경과 전혀 다른 환경속에서 배양된 미생물이 된다.

　미생물 배양시 표면에 기포 상태가 최고조에 이른 후에 미생물이 사멸하는 단계에 진입한다. 따라서 한번에 많은 양을 배양해서 보관해 놓고 사용하는 것이 아니라 필요시 2~3일 전에 미리 배양해서 사용해야 한다. 배양하는 온도 조건에 따라 기포의 크기와 활성화 정도에 큰 차이가 있다. 이는 저온에서 활

성화되는 균일 수록 크기가 작아서 오는 현상으로 미생물 배양 성공 여부와는 관련이 없다. 미생물이 사멸하는 과정으로 진입하면 원형으로 유지되는 기포들의 정렬이 무너지고 기포가 점차 사라지는 현상이 생기며 냄새가 발생하기 시작한다. 원형으로 유지되는 기포가 가장 활성화되었을 때가 미생물 사용 최적기인데, 보통 12시간 내외 유지되기 때문에 사용 적기를 파악하는 것은 그렇게 어렵지 않다. 몇 번 해보면 수월하게 감을 잡을 수 있을 것이다. 배양 최적기에 미생물 배양액 전부를 남기지 말고 다 따라 사용한 다음 새로운 물을 넣고 다시 동일한 배양과정을 반복한다. 만약 미생물 배양액을 일부 남기면 시간이 지나면서 냄새가 나고 모기의 유충들이 생길 수 있다. 만일 최적의 시기를 놓쳤으면 물에 10배 이상 혼용하여 액비 대신으로 사용한다.

배양 최적기의 미생물 수는 물 1㎖에 약 10억 마리 내외로 500ℓ의 완성된 미생물 배양액은 시판 미생물 제재 1,000병에 가까운 엄청난 양이다. 500ℓ의 배양액을 300평에서 10,000평 정도에 사용하는 것을 권한다. 작물이 재배되고 있을 때 미생물 배양액 원액을 사용하면 토양 미생물의 개체수가 급속히 올라가 뿌리에 손상을 줄 수 있으며 영양의 과다 생성으로 성장에 문제가 생길 수 있으니 물에 10배 이상으로 희석하여 사용하며 미생물 배양액의 사용은 작물의 정식 전, 과수 개화 전부터 사용하는 것이 바람직하다. 면적당 미생물 배양액의 사용량은 여건에 따라 조정해 나갈 수 있다. 또 미생물 배양액을 사용할 때 바닷물이나 천일염, 천매암 우린 물과 산야초 열매 액비를 추가하여 한 달에 3~4회 지속적으로 사용한다. 천매암 우린 물을 별도로 만들어 미생물 배양액 사용시 추가할 수도 있지만, 배양시 천매암 분말 1kg(500ℓ 기준)를 면주머니에 걸어 놓는 식으로 대체할 수도 있다. 천매암은 2~3회 사용하고 교체한다.

작물의 정식 전과 과수의 개화 전에 미생물을 활용한 토양기반조성은 자닮에서 가장 중시하는 기술이다. 땅속 깊은 곳까지 미생물과 영양이 들어가게 하기 때문이다. 그러면 정식 후와 개화 후 초기 활착에 성공하게 되고 이는 다수확을 결정적으로 좌우하게 된다. 비닐하우스 농사는 비를 맞출 수 없으니 물을 충분히 추가하여 토양 깊숙이 미생물이 들어갈 수 있도록 반복하며 시행한다. 노지의 경우 비오기 전에 미생물 배양액을 살포하여 빗물이 토양으로 스며들면서 미생물이 토양 속으로 따라 들어가게 한다. 작물 재배 전 기간 동안 물이 들어갈 때마다 미생물도 함께 관주를 하고, 미생물 엽면 시비도 병행하면 토양과 작물의 성장이 놀랍게 달라진다. 자닮식 토양기반조성법의 실천은 작물의 초기활착을 극대화 함을 물론 해결하기 어렵기로 유명한 토양선충, 시들음병, 바이러스 병을 아주 효과적으로 해결한다. 토양속에 미생물이 활성화되고 미생물의 다양성이 확보되는 결과 특정한 균과 충이 득세하지 못하는 자연스런 결과를 낳게 된다. 또한 토양에 미생물의 숫자가 증가함으로 토양의 지온이 높아져 이상 저온현상으로 인한 냉해와 동해 피해에서 벗어날 수 있고 생산물의 조기 출하에도 큰 도움이 된다. 토양에 다양한 토착미생물이 활성화된다는 것은 식성이 다양한 미생물이 많아 진다는 것을 의미하고 그 결과 토양에 작물에게 필요한 영양이 다양해지고 풍부해진다. 거기에 83종 미네랄을 함유한 바닷물이나 천일염까지 가세되니 토양은 미네랄 풍년이다. 토양의 오염 물질은 미생물에 분해되어 점차 무독화되고 뿌리의 활착은 극대화되어 작물의 건강과 영양상태가 좋아진다. 이는 생산물의 고품질화에도 직결된다. 그래서 토착미생물의 배양액의 활용은 현재 농업이 안고 있는 거의 모든 기술적 문제를 개선하는 핵심적 역할을 한다.

미생물 배양시 공기기포기를 사용해야 한다는 말을 많이 듣는다. 그러나 미생물 배양시 공기 기포기를 활용하면 거품이 과잉 발생되어 배양액 표면을 가

리기 때문에 배양 최적기를 파악하기 어렵다. 뚜껑을 햇빛이 들지 않게 적당히 덮어놓고 기포기 없이 자연 상태로 배양하는 방식이 무난하다. 농업에서 선호되는 광합성균, 유산균, 효모균은 다 혐기성균이다. 그런데 호기배양을 한다는 것은 앞뒤가 맞지 않는다. 미생물 배양 시 배양액 표면에 기포가 최대 발생했을 때와 거품이 약간 있을 때의 미생물 개체수는 10,000배 이상 차이가 나기에 거품이 최대한 발생하였을 때 활용해야 효과를 극대화 할 수 있다. 미생물은 숫자 싸움이다. 토양 병원균을 물리치려면 그에 대응할 수 있는 충분한 개체수가 필요하다. 그래서 기포가 최고로 발생한 상태에서 활용해야 한다.

저온기 미생물 배양, 배양액으로 사용되는 물의 온도가 18℃이하로 떨어지는 저온기에는 보온과 인위적인 가온이 필요하다. 가급적 바람의 영향을 적게 받는 공간이나 비닐 하우스 안에서 배양을 하고 밤의 온도가 더 떨어지는 것을 대비해서 배양기 용기의 바닥과 측면, 윗면에 단단한 보온이 필요하다. 전열기(돼지꼬리)를 이용해 물의 온도를 20℃ 정도로 유지하며 배양한다. 25℃ 정도로 유지하면 기포가 더 왕성해지지만 저온상태에서 활성화될 수 있는 균이 필요한 재배 환경이면 20℃정도를 유지하는 것이 좋다. 20℃ 정도로 유지하면 영하의 환경에서도 활동할 수 있는 미생물이 함께 배양된다. 부엽토를 이용한 미생물 배양법의 지속적인 실천은 여러분 농업의 운명을 바꿀것이다.

미생물 배양액 엽면살포, 미생물 배양액은 토양살포와 관주, 그리고 엽면살포로도 사용할 수 있다. 부엽토로 배양한 다양한 토착미생물을 작물의 잎사귀와 줄기에 주기적으로 살포를 해주면 미생물의 다양성이 유지되어 병원균의 득세를 막는 강력한 효과가 있다. 미생물 엽면살포시 주의할 것은 살포 후 자국이 남지 않게 해야하는 것이다. 살포자국이 남게되면 농산물의 품질이 떨어지고 지저분해지는 경우가 생길 수도 있다. 봉투를 씌우지 않는

저온기 미생물 배양 (72시간만에 완성) 물 온도가 18℃이하로 떨어질 때 가온 배양

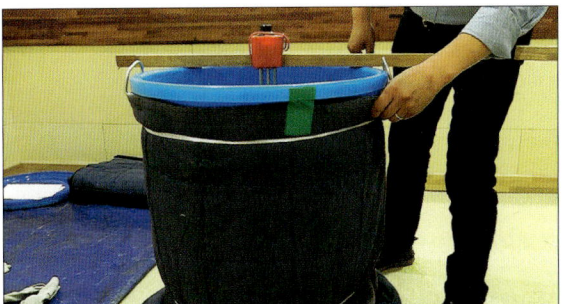

배양기 바닥과 측면으로 열이 빼앗기게 되면 배양액의 온도가 안정적으로 유지되지 않는다.

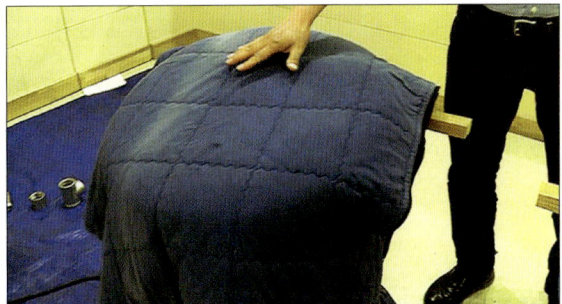

열이 빼앗기는 것을 막기 위해 뚜껑 위로도 보온덮개를 덮어준다.

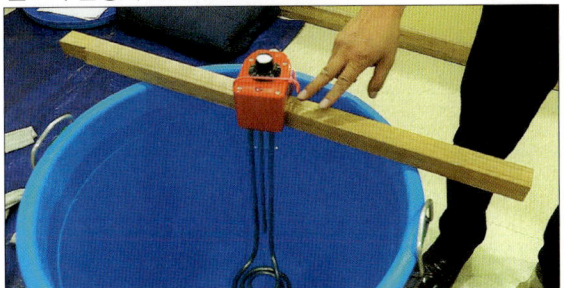

500ℓ 배양시는 꼭 1m길이의 3kw 전열기를 사용한다. 용기 바닥까지 전열기가 닿아야 한다.

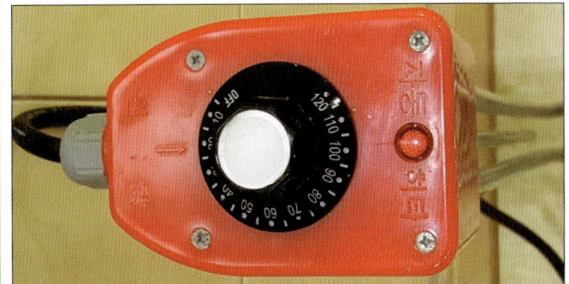

눈금에 온도를 맞춰주면 자동으로 온도가 유지되는데 정확하지 않으니 테스트를 하고 사용한다.

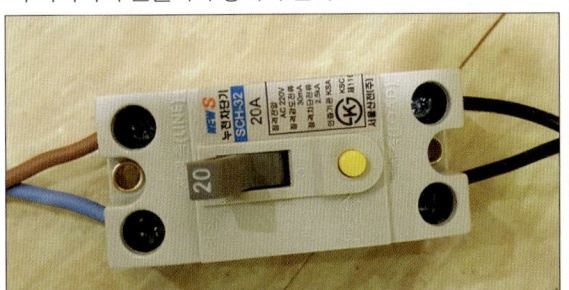

장기간 사용으로 과열되어 문제가 생기는 것을 막기 위해서 누전차단기를 붙였다.

중앙부분 물의 온도가 20℃ 이상으로 유지될 수 있도록 한다. 미생물 배양이 진행되는 모습입니다.

배양액 표면의 기포가 전면적에서 발생하고 있다.

용기 안쪽으로 확연하게 원형이 생겼다. 사용 적기이다. 때에 따라 기포가 원형으로 안생길 수도 있다. **72시간 경과**

과일에서는 상품성에 큰 문제가 생길 수 있다. 따라서 미생물을 엽면살포로 활용할 경우 더욱 철저하게 여과를 해서 이물질이 포함되지 않도록 한다. 고운망보다 더 조밀한 면주머니를 이용한 여과를 권한다. 그리고 반드시 자닮오일을 혼용하여 살포해야 한다. 자닮오일은 전착기능을 하여 미생물 배양액이 고루 살포될 수 있도록 돕고 자국이 생기지 않게 한다. 적절한 혼합량은 500ℓ를 기준으로 미생물 배양액 20ℓ와 자닮오일 3ℓ이상이며 여기에 자닮식 액비도 추가할 수 있다. 약초액과 물과 부엽토로 만든 자닮식 액비를 추가할 때 역시 여과를 시켜서 해야한다. 미생물 농약이자 영양제가 되고 살충제가 되는 배합이다. 500ℓ를 기준으로 미생물 배양액을 20ℓ 이상을 사용하게 되면 자닮오일 효과가 줄어들게 된다. 자닮오일은 미생물에 의해 쉽게 분해되기 때문이다. 엽면살포시 사용하는 물은 자닮오일 테스트를 통과한 것을 사용한다. 자닮오일테스트 방식은 뒤에서 소개한다. 인접산 부엽토를 이용한 토착미생물 활용법은 조한규 선생에 의해 창안되어 국내외적으로 큰 반향을 일으켰다. 자닮의 미생물 배양법은 이를 기반으로 더 쉽고 간단한, 더 효과적인 방법을 위해 지속적으로 연구한 결과이다.

자닮 미생물 배양액은 유기농 축산에서 사료에 혼용하거나 음용으로 가축에게 먹이거나 축사 바닥 살포용으로 유용하게 사용된다. 축사에서 발생되는 냄새를 획기적으로 줄여주고 사료 소화효율을 높이는데 아주 효과적이다. 물에 20배 내외로 희석하여 사용한다. 다음 사진으로 보이는 유기축산은 일본 산안회(山岸會)에서 시작된 것으로 조한규 선생에 의해 계승 발전되었고 필자도 직접 운영한 놀라운 축산방법이다. 이 유기축산의 주요 특징으로, 바닥에 쌓이는 축분을 제거할 필요가 없다는 것이다. 바닥에 축분이 미생물에 의해 발효되고 재 사료화되어 축분 누적량이 증가하지 않는다. 축분이 누적되지 않으니 연중 1회 정도만 축분 제거 작업을 하면 된다. 또한 축사에서 냄새와 파리 발생이 현저하게 적다. 축사 바닥에 쌓인 축분이 햇빛과 공기의 순환에 도움으로 적당한 건조가 이뤄지고 톱밥이나 볏짚과 미생물의 도움으로 발효되고 이것을 다시 가축이 사료로 먹는 과정은 놀랍기 그지 없다. 지금까지 축산으로 인한 문제점을 거의 개선한 친환경 유기축산이라고 할 수 있다. 이 유기양돈과 유기양계에 대해 더 자세한 것을 보려면 자닮이 운영하는 www.jadam.kr를 참고하기 바란다.

자닮 천연농약 연구농장에서는 해마다 60여가지 다양한 야채와 과채을 노지에서 유기재배하고 있다. 무경운과 표층시비를 기반으로 아주 건강한 농산물이 생산된다. 자닮 천연농약으로 완벽한 방제를 할 수 있다.

유기농자재 만들기 • 175

3. 미생물 곡물 배지 만들기

다양한 미생물을 배양하려면 다양한 영양을 가진 미생물 배지가 필요하다. 현미와 다양한 잡곡을 혼합하여 만든 밥은 영양이 매우 다양하여 다양한 미생물을 배양할 수 있는 최고급 배지가 된다. 배지 제조법은 간단하다. 현미(70%)와 잡곡(30%)을 혼합하거나 상품으로 나오는 저렴한 혼합곡을 구입한다. 현미잡곡에 있는 영양을 미생물이 쉽게 먹을 수 있어야 미생물 배양이 신

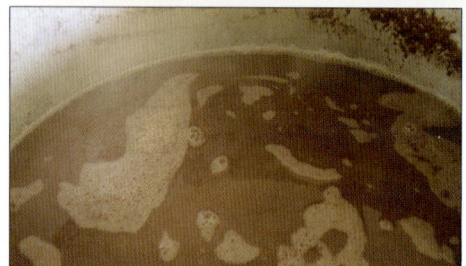

배지를 저장해 놓고 사용하려면 현미잡곡밥을 믹서로 갈아서 물을 5ℓ 더 추가하고 끓인다. 압력솥에서 끓일 경우 상단 구멍이 막혀 위험함.

끓고 있을 때 내열병에 가득담고 뚜껑을 닫은 후 옆으로 눕혀 저온저장고에 저장해 놓고 사용한다.

속하다. 밥을 하기 전에 1~2시간 현미잡곡을 물에 충분히 불리고 물을 넉넉하게 넣어서 진밥으로 만든다. 보통 500g의 현미잡곡을 물에 불려 밥을 하면 1kg 정도가 되고 이것을 500ℓ 미생물 배양의 배지로 활용한다. 현미잡곡밥은 손으로 주물러 물 속에 풀어내기가 힘들다. 편리하게 하기 위해 현미잡곡밥에 약간의 물을 추가하여 전기믹서로 먼저 곱게 갈고 면주머니에 넣어 물속에서 주물러 풀어주는 방식이 좋다. 삶은 감자는 면주머니에 넣고 주물러 물

속에서 풀어낼 수 있다. 배지의 C/N율 고민할 것 없다. 잘된다.

4. 맞춤형 미생물 배지 만들기

　삶은 감자를 기본 배지로 하고 재배하는 작물의 과일이나 줄기 잎사귀를 배지로 추가하면 더욱 완벽한 맞춤형 미생물이 탄생한다. 이 방법은 일반 미생물 실험실에서 적용하는 선택배지의 원리와 같은 것이다. 파프리카를 재배하는 농가는 파프리가로 포도는 포도로 토마토는 토마토로 배지를 삼는다. 500ℓ 배양을 기준해서 1kg의 재료를 전기믹서로 곱게 갈아 면주머니에 넣고 잘 주물러 물 속에 풀어주면된다.

　이 방법을 토착미생물 배양법에 추가적으로 적용했을 때 시각적인 배양의 차이점은 발견하기 어렵지만 작물의 열매를 단독 배지로 삼아 미생물 배양실험을 하면 이 사진들처럼 차이를 확인할 수 있다. 파프리카 농사가 잘되려면 파프리카를 좋아하는 미생물이 많아야 좋다. 딸기 농사가 잘되려면 딸기를 좋아하는 미생물이 토양에 많아야 좋다. 이렇게 작물의 잔사나 열매를 배지에 추가함으로서 우리는 내 작물에 맞는 더욱 완벽한 미생물을 얻게 된다. 삶은 감자 말고 작물의 잔사나 열매를 단독 배지로 사용하는 방식도 가능한데 배양시간이 아주 길어지는 문제가 있다. 이제 우리는 미생물 모든 것을 배웠다. 참 쉽다.

5. 산야초 액비 만들기

액비를 논하기에 앞서 작물 심기전에 사용하는 기비에 대해서 간단히 정리를 한다. 일반적인 유기농업 기술교육에서는 기비로 넣는 퇴비를 쌀겨나 깻묵 등 여러가지 재료를 혼합하여 미생물을 넣고 수분을 맞춰서 자주 뒤집어 만든 발효퇴비를 권장한다. 실제 따라해보면 아주 힘들고 번거롭다. 이런 기술을 따라 농사짓다가 지쳐서 대부분 농가들은 이제 퇴비를 사 쓰고 있다. 어렵고 복잡하게 가르쳐서 농민의 퇴비 자급을 무력화시키는 공작이 이 부분에서도 성공을 거둔다. 자닮은 이런 기술을 전혀 권하지 않는다. 기비는 자연처럼 토양 그 자리에서 자급하는 초생재배법을 선택한다. 초생재배로 순수한 유기물을 토양에 풍부하게 투입할 수 있다. 베어주는 수고만 곁들이면 된다. 겨울에도 얼어 죽지 않는 풀을 작물을 재배할 땅에서 키워 봄에 베어서 토양에 넣어 기비로 삼고 부족한 부분을 추비로 추가하는 방식을 자닮은 적극 권장한다. 이것이 다수확과 당도를 높이는 최상의 거름이다. 초생재배가 어려우면 풀을 많이 먹은 축분을 이용한다.

액비를 만들 때 냄새가 나면 안 된다, 구더기가 생기면 안 된다, 검은색 곰팡이가 생기면 안 된다, 썩은 냄새가 나는 액비를 사용하면 문제가 생긴다는 등 갖가지 황당한 주장이 교육 현장에서 난무하고 있다. 유기농업을 수천 년 해 온 우리 선조들은 이런 고민을 절대 하지 않았다. 예로부터 활용해 왔던 청초 액비, 음식물 액비, 인분 액비 등의 향기롭지 않음이 열매의 향기로움과 맞닿아 있었기에 전혀 고민스러운 일이 아니었다. 예전에 지역의 명산품으로 손꼽혔던 농산물들의 맛과 향이 바로 향기롭지 않은 인분 액비에서 비롯되었음은 농민 누구나 인정하는 사실이다. 농민 주변을 애워싸고 있는 농자재 업자들은 각종 교육을 통해서 집요하게 선전선동을 벌이고 있다. 그들은 우리 선조들이 수천 년간 손쉽게 농자재를 자급했던, 가까이에 있고 쉽게 구할 수 있는 것을

귀하게 사용했던 선조들의 유기농업의 역사를 철저하게 짓밟고 있다. 발효는 좋고 부패는 나쁘다는 냄새의 올무는 신통력을 부리며 우리의 전통적인 유기농업을 해체해 버렸다. 농민이 얼마나 업자들에게 이용당하고 있는지 액비문제를 보면 소름끼치도록 드러난다. 외국브랜드를 붙이고 판매되는 액비 1ℓ 판매가격이 20만원에 가깝다. 우리나라의 경우 유기농업에 법적으로 허용되는 비싼 액비는 1ℓ에 10만원까지 한다. 이제 농가들에게 액비는 화학농약 값보다 더 큰 부담이 되고 있다. 농자재를 판매하는 점포들은 화학농약에 끼워서 파는 액비 판매 마진으로 유지되고 있다고 해도 과언이 아니다.

나는 액비는 영양제란 것을 강조한다. 액비는 영양제이기 때문에 영양학적으로 가치를 판단해야한다. 영양학적 판단을 기준으로 영양 파괴를 최소화시키는 제조법도 선택해야 하고 액비의 가치도 논해야 마땅하다. 액비는 영양제이기 때문에 영양학적으로 가장 중시되는 '영양의 균형'에 입각해서 바라보아야 한다. 액비를 영양의 균형의 관점으로 바라보자. 토마토에게 필요한 영양의 균형을 충족시키려면 액비의 재료를 무엇으로 해야 할까 농가들에게 물어보면 이내 토마토로 해야 한다는 답변이 나온다. 이것이 정답이다. 액비를 영양의 균형의 관점으로 바라보는 순간 액비에 대한 모든 복잡함이 아주 단순하게 정리된다. 액비를 영양의 균형의 관점으로 보면 내 작물에게 필요한 액비는 나밖에 못만드는 것이 되고, 액비를 만드는 원재료가 나밖에 없는 것이 되고 액비를 만드는데 비용이 전혀 들지 않음을 알게 된다. 액비를 영양의 균형의 관점으로 바라보는 것만으로도 놀라운 변화가 시작된다. 자닮은 내 작물의 열매와 줄기, 잎사귀 등의 잔사로 만드는 액비를 가장 중요시한다. 다음으로 작물도 식물이기에 밭 주변에서 흔히 구할 수 있는 식물인 다양한 산야초를 선택한다. 산야초로 만든 액비는 내 작물에게 가장 근접한 영양의 균형을 제공한다. 산야초 액비는 돈 들이지 않고 거의 무한대로 만들 수 있는 장점도 있다. 쌀겨나 깻묵, 유박 등 껍질 거름의 편협한 영양과 차원이 다른 영양이다.

작물 성장이 원할하게 진행되려면 질소(N), 인산(P), 가리(K), 칼슘(Ca), 마그네슘(Mg), 붕소(B) 등의 영양 균형이 잘 맞아야 된다는 교육을 수 없이 한다. 그들은 영양을 균형의 해법으로 각각의 영양을 개별적으로 조정해서 균형을 맞춰가야하는 어려운 기술을 제시한다. 이런 기술의 벽에 부딪치면서 농민은 큰 혼란에 봉착하고 시비설계의 자신감을 완전 상실한다. 그래서 작물별 완벽한 시비설계는 업자들의 전유물이 되었고 농민은 그들이 만들어 논 액비를 안심하고 구매한다. 업자들은 농민들이 액비를 구입하지 않으면 안되게 액비시스템을 준비한다. 각각의 영양을 개별적으로 조절하여 작물에게 최적화된 영양의 균형을 완성하려면 농업기술이 매우 어려워진다. 그런데 아주 획기적으로 간단한 방법이 있다. 작물의 잔사와 산야초를 액비로 만들어 사용하는 것이다. 작물의 잔사와 산야초는 작물에게 필요한 질소(N), 인산(P), 가리(K), 칼슘(Ca), 마그네슘(Mg), 붕소(B) 등의 균형이 종합적으로 가장 잘 갖춰진 물질이기에 최고의 액비 재료가 된다. 너무나도 쉽고 간단하게 해결할 수 있는 영양의 균형이었는데, 지식과 비용을 들이지 않고도 누구나 충분히 실천 가능한 방법이었는데 우리는 지금 너무도 먼 길을 돌아왔다. 액비에 대한 가치를 N의 함량과 P의 함량 등으로 분리해서 보지 말고 가장 좋은 액비는 내 작물의 몸과 성분이 가장 비슷한 것으로 이해하면 액비에 대해 완전 다른 지평이

감자 잎사귀로 만든 액비이다. 고온기에 만들어서 7일밖에 안 되었는데 이미 액비화가 진행되었다.

액비통은 작물이 자라는 동일한 환경에 놓는 것이 가장 좋다. 작물이 체감하는 동일한 환경에 놓아두어야 그 환경에 적응하는 미생물에 의해 분해 된다. 자연스럽게 작물 재배 환경에 최적화된 액비가 되는 것이다. 뚜껑을 단단히 묶거나 무거운 돌을 올려 놓아 수분증발을 막는다. 농장 규모에 따라 용량이 큰 용기 사용도 가능하다.

여러개의 액비통에 액비를 담고 순차적으로 액비를 빼내서 사용한다. 다음 페이지에 소개하는 여과망을 만들어 사용하면 더욱 편리하다. 액비를 다 빼쓴 후에 통 밑에 남은 건더기를 빼내지 말고 다시 액비 원재료를 적당히 채우고 물을 가득 넣고 부엽토를 추가한다. 액비통 내부는 청소하거나 잔유물을 빼내지 않고 계속 원재료와 물을 넣고 액비를 빼서 쓰는 것을 반복한다. 상: 500ℓ 용, 하: 5톤 용 (사진 :물통닷컴)

열린다. 영양학적으로 작물과 가장 비슷한 것을 기비와 추비로 활용하면 작물이 원하는 영양의 균형을 수월하게 완성할 수 있다. 작물의 잔사로 만든 액비와 주변에 흔한 산야초로 만든 액비는 작물이 원하는 최적의 영양의 균형을 충족시킬 수 있는 최고급 액비다. 영양의 균형이 무너지면 작물에게 병이 생긴다. 그래서 작물에게 필요한 최적의 영양의 균형을 충족시키는 것이 농업기술에서는 가장 중요하다. 그런데 그 어려울듯한 영양의 균형을 충족시키는 해법은 늘 여러분 주변에 준비되어 있다. 시비를 영양의 균형의 관점으로 바라보고 기비는 초생재배를 근본으로 삼고 추비는 식물의 잔사와 산야초 액비를 중심에 두면 농업은 참 쉬워진다.

액비 제조에서 자주 언급되는 C/N율도 액비 자가 제조의 접근을 어렵게 만드는 요소 중의 하나이다. 이는 원재료에 N의 함량이 부족하면 미생물의 증식에 필요한 N을 추가적으로 공급해야만 한다는 설명인데, 부분적으로 옳은 말이지만 이것을 무시한다 해도 제조가 안 되는 것은 아니다. 제조 시간의 차이가 생길 뿐이다. C/N율의 주장대로라면 자연의 물질 순환은 설명이 안 된다. 액비를 제조하는 데 또 하나의 장벽이 되는 것이 pH인데, 지나친 산성화가 작물에게 나쁜 영향을 미칠 수 있기 때문에 이를 사전에 보정해줄 필요가 있다는 것이다. 보정하려면 일정한 계산식을 따라 석회 등의 양을 정해야 하는데 이도 익숙치 않은 일이다. 이 부분도 자닮식은 흑설탕과 당밀을 사용하지 않으니 큰 문제될 것이 없다. 다음에 제시하는 여러가지 분석표를 살펴보면 액

액비여과기이다. 120메쉬 스텐망을 통과하면서 액비를 걸러준다. 액비를 물에 투입하는 호스에 연결하면 관주에 사용하는 점적호수가 막히는 것을 방지한다. 원형의 뚜껑을 열어 수시로 청소를 해준다.

비의 pH가 거의 7에 가까움을 확인할 수 있을 것이다. 물과 부엽토를 활용하면 쉽게 해결되는 문제들이다. 미숙성된 액비를 활용하면 작물에게 장애가 생길 수 있다는 교육도 액비를 쉽게 접근하는 것을 막는 요소이다. 어느 단계를 완숙의 단계로 판단하느냐에 혼선이 오기 때문이다. 이것도 걱정할 필요없다. 액비는 제조 기간에 관계없이 아무때나 사용해도 문제 없다. 제조 기간에 관계없이 물과 30배 이상만 희석하여 사용하면 된다. 하지만 액비는 우리가 먹는 간장과 같아 오래된 것일 수록 더 좋다. 제조 기간이 오래될 수록 영양 흡수가 더욱 빠른 양질의 액비로 변해간다. 액비 희석배수는 100배를 기준으로 한다. 100평당 1톤의 물이 쓰이는 것을 전제로 희석배수를 정한다. 100배로 사용해보고 효과가 미흡하면 희석배수를 내리고 효과가 과하다고 판단되면 희석배수를 높인다. 우리 선조들은 그 진한 인분 액비 등을 물과 적당히 혼용하여 바닥에 뿌려 농사를 지었다. 그때의 대략적인 물과 희석비가 5~10배 내외였다.

　　흙설탕과 당밀을 사용하지 않고 원재료를 용기에 넣고 물을 자작하게 채우고 물과 부엽토 한 줌을 넣고 뚜껑을 달아놓으면 액비가 된다. 원재료가 용기 바닥으로 완전 가라앉지 않는 것이면 막대기로 저어줄 필요도 없다. 액비통의 뚜껑을 열어보아 미생물 분해가 진행되어 액비가 어느정도 진해지면 사용한다. 여름철은 7일만 지나도 액비가 걸쭉해져 사용가능하다. 자닮은 이듬해 사용할 액비를 봄부터 미리 만들어 준비하는 것을 권한다. 다음 페이지 사진처럼 구멍이 많이 뚫린 플라스틱 용기에 고운망을 둘러씌우고 돌을 넣어 액비통에 미리 넣어두면 편리하게 여과된 액비를 떠 쓸 수 있다. 액비를 떠 쓰면서 플라스틱 용기가 점점 밑으로 내려가다 액비통 밑에 남은 잔사에 걸린다. 그러면 다른 액비통으로 옮겨서 떠 쓴다. 액비통 밑으로 깔린 잔사는 제거하지 않고 그 위로 작물의 잔사와 산야초로 채운 후 물을 채우고 부엽토 한 줌을 넣어 뚜껑을 단단히 달아 놓는다.

　　액비통은 평생을 떠 쓰기만하고 채우기만 하면서 사용한다. 액비통의 내부를 청소할 필요가 없다. 모든 액비는 햇빛 아래서 만들고 뚜껑을 닫고 저장한다. 장기 보관 시 수분 증발을 막기 위해 뚜껑을 줄로 묶거나 돌을 단단히 올려놓는다. 이렇게 간단하게 액비의 모든 복잡한 문제가 정리되고 속시원한 액비의 세계가 열린다. 자닮이 중시하는 작물의 잔사와 산야초로 만든 액비를 즐겨 사용하면서 내 토양은 작물에게 최적화된 영양의 균형을 갖추게 된다. 참 쉽다. 농사짓는 면적이 많으면 5~10톤 정도의 큰 용기로도 액비를 만들 수 있다. 용기에 작물의 잔사와 산야초를 가득 채우고 물을 자작하게 채우고 부엽토 2~3kg를 넣는다. 용기 뚜껑을 달아 놓고 3개월 정도 지나서 사용하기 시작한다. 다음 페이지에 액비 여과망 만들기 2처럼 입수구에 폭넓게 여과망을 덧씌우고 무거운 돌을 달아 용기에 밀어넣고 모터펌프를 돌리면 여과된 액비를 다량 얻어낼 수 있다. 수시로 작물의 잔사와 산야초를 채우고 물과 부엽토를 추가한다. 이렇게 간단한 방식으로 면적에 관계없이 마음껏 최적의 액비를 만들어 사용할 수 있다. 작물의 잔사와 열매, 산야초를 각각 액비로 만들어 사용할 수도 있고 함께 혼용하여 액비로 만들어 사용해도 좋다. 질소함량이 높은 음식물, 생선 등은 별도로 만드는 것이 바람직하다. 액비제조시 원재료가 물에 뜨는 풀·열매·음식물 등이면 제조하는 과정에서 저어줄 필요가 없으나, 물에 가라앉는 가루성분의 경우는 가끔씩 저어주면서 제조한다. 건조 분말을 액비의 원재료로 사용할 경우 무게 기준 10배의 물을 넣는다. 액비 제조시 인분, 오줌, 음식물은 제외하고 천일염을 0.1% (500ℓ에 0.5kg) 추가할 수 있다. 냄새가 심하게 나는 액비의 경우는 천매암 분말을 0.2%(500ℓ에 1kg) 추가하면 냄새 제거에 효과적이다. (천매암은 20kg용을 구매해서 사용함) 액비를 엽면시비로 사용할 경우 잘 여과하고 반드시 자닮오일과 함께 혼용해야 도포가 잘되고 자국이 남지 않는다.

* 제조시기는 5월 제조를 기준한 것이며 액비의 분석 수치는 제조 여건에 따라 달라질 수 있다.

분석표 기호 설명

pH : 수소이온 농도로 0에서 14까지 있으며 7 미만을 산성, 7 이상을 알카리성으로 한다. 1의 차이는 10배 차이를 의미한다. 따라서 물과 10배 희석하면 산도가 1 조정된다.
EC : 물 속에 녹아 이온화된 이온이 있으면 전기가 잘 통하는 원리를 이용하여 측정하는 것으로 물에 녹아있는 염류나 영양의 농도를 가늠할 수 있는 지표가 된다.
OM : 액체 속에 녹아 있는 상태로 존재하는 용해 유기물 함량의 지표가 된다.
T-C : 액체 속에 함유된 탄소의 총량을 말한다.
T-N : 무기성 질소와 유기성 질소의 질소량 합계를 말한다.
C/N : 액체 속에 들어있는 탄소량과 질소량의 비율을 말한다. 질소 함량이 많을수록 수치가 적게 나타난다.
mg·kg^{-1} : 1kg에 1mg비율이 들어있다는 기본 단위로 ppm이라고도 한다.
− : 불검출을 의미한다.

액비 여과망 만들기 1 (500ℓ 용)

1. 과일 작업용으로 많이 사용하는 플라스틱 박스이다.

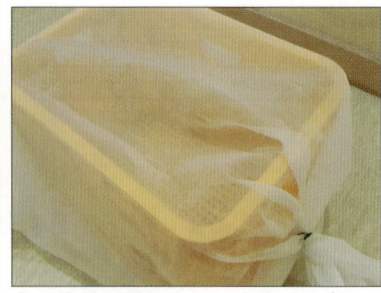

2. 고운망 자루(75*100cm)에 넣고 측면을 단단히 묶는다.

3. 망이 박스에 단단히 고정되게 하기 위해 굵은 고무줄을 묶는다.

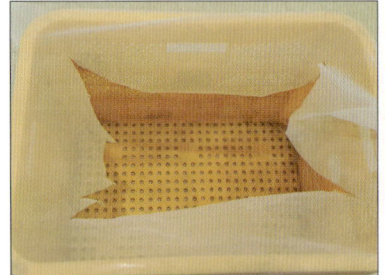

4. 빈 공간을 칼로 적당히 자른다.

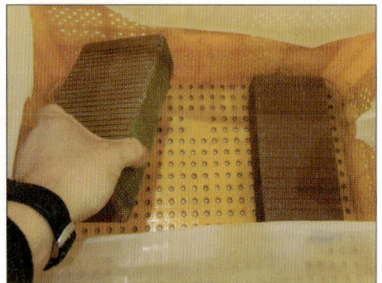

5. 액비통에 넣었을 때 가라앉히기 위해 벽돌을 넣었다.

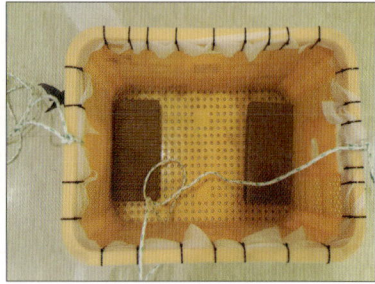

6. 측면을 케이블타이로 단단히 묶었다. 측면 줄은 가라앉음 방지용이다.

액비 여과망 만들기 2 (2~10톤 용, 전기 펌프사용)

1. 플라스틱 박스의 측면을 원형드릴로 뚫어 구멍을 낸다.

2. 전기모터와 연결될 파이프를 중앙에 위치하게 하고 벽돌을 넣는다.

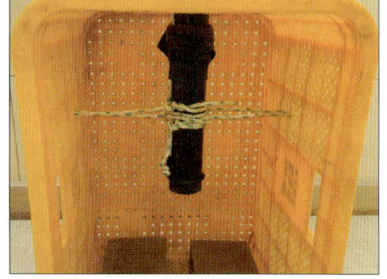

3. 파이프가 중앙에 고정되고 밖으로 빠져 나가지 않게 단단히 고정한다.

4. 박스의 내부 공간을 유지하기 위해 나이론 줄로 공간을 막는다.

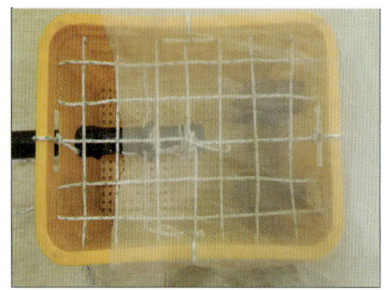

5. 고운망 자루(75*100cm)를 씌운다.

6. 자루의 상단을 단단히 묶는다. 5톤 용기에 넣고 전기모터를 연결한다.

산야초 액비

산야초는 건조 중량을 기준으로 1.5~2.5% 정도의 질소(N)를 함유하고 있다. 봄에 채취한 풀일수록 질소의 함량이 높다. 액비통에 산야초를 가득 채우고 물을 채우고 부엽토 한 줌을 넣고 뚜껑을 닫아 둔다. 작물은 식물이다. 다양한 식물로 액비를 사용하면 작물이 원하는 최적의 영양의 균형을 충족시킬수 있다.

희석배수	20~200배
살포시기	생육 전반
살포방법	관주, 엽면시비
기대효과	균형 성장
제조기간	10일 이상

산야초 액비 분석 결과 재료(100ℓ기준) : 산야초 가득, 물 가득, 부엽토 한 줌

pH	EC (1:5) ds/m	OM %	T-C %	T-N %
6.9	0.67	0.21	0.12	0.10
C/N %	P_2O_5 %	K_2O %	CaO %	MgO %
9.25	0.070	0.071	0.015	0.005
Na_2O %	Fe mg·kg^{-1}	Mn mg·kg^{-1}	Zn mg·kg^{-1}	Cu mg·kg^{-1}
0.002	15.885	1.376	0.253	0.012
Cd mg·kg^{-1}	Cr mg·kg^{-1}	Ni mg·kg^{-1}	Pb mg·kg^{-1}	As mg·kg^{-1}
-	-	-	0.101	-

쇠비름 액비

산야초 중에서 분해가 가장 빠른 것 중 하나이다. 액비 통에 쇠비름을 가득 채우고 물을 가득 채우고 부엽토 한 줌을 넣고 뚜껑을 덮는다. 10일 정도 지나면 거의 분해가 끝난다. 과일에 착색과 비대에 효과적이다. 밭 고랑에서 잘 자라나는 흔한 쇠비름이 귀한 액비의 원료가 된다. 다른 산야초에 비해 질소 함량이 많고 조직이 부드러워 분해속도가 빠르다.

희석배수	20~300배
살포시기	생육 전반
살포방법	관주, 엽면시비
기대효과	균형 성장
제조기간	10일 이상

쇠비름 액비 분석 결과
재료(100ℓ기준) : 쇠비름 가득, 물 가득, 부엽토 한 줌

pH	EC (1:5) ds/m	OM %	T-C %	T-N %
8.4	13.89	0.64	0.37	0.20
C/N %	P_2O_5 %	K_2O %	CaO %	MgO %
1.91	0.004	0.133	0.012	0.021
Na_2O %	Fe mg·kg^{-1}	Mn mg·kg^{-1}	Zn mg·kg^{-1}	Cu mg·kg^{-1}
0.038	1.037	0.316	0.701	0.049
Cd mg·kg^{-1}	Cr mg·kg^{-1}	Ni mg·kg^{-1}	Pb mg·kg^{-1}	As mg·kg^{-1}
-	0.041	-	-	0.011

6. 열매, 잔사 액비 만들기

　계란은 단세포다. 일정한 기간 동안 적당한 열이 가해지면 세포 분열이 일어나 완벽한 생명체인 병아리를 탄생시킨다. 계란 속에 생명체를 탄생시키는 데 필요한 영양을 모두 가지고 있어서 계란을 완전식품이라고 한다. 비슷한 유추로 작물의 열매를 이처럼 이해한다. 씨앗 발아 후 성장하는 데 필요한 완벽한 영양이 열매에 들어있다고 보는 것이다. 계란이 닭의 자식인 것처럼 열매는 작물의 자식이다. 그러므로 작물의 열매는 완벽한 영양을 가진 계란과 같다. 그래서 열매(계란)을 쓰레기 취급하는 것은 있을 수 없다. 병든 열매도 버리지 않고 물과 부엽토로 간단하게 액비를 만든다.

　열매를 모으기 전 통에 물을 반쯤 채우고 열매가 물에 푹 잠기도록 하면서 열매를 채워 액비를 만든다. 토마토가 원하는 최적의 영양의 균형은 토마토로 밖에 맞출 수 없다. 그래서 딸기 액비는 딸기를 주원료로, 참외 액비는 참외를 주원료로 해야 마땅하다. 액비를 영양 균형의 관점으로 바라보자. 판매하고 남은 보잘것 없는 열매와 작물의 잔사가 내년에 쓸 가장 귀한 액비의 원재료가 된다.

딸기 액비

상품으로 판매하고 남은 열매, 못생긴 것, 병든 것가리지 않고 액비로 만든다. 부엽토 추가하여 미생물의 다양성이 높은 환경이되면 병원균도 득세하지 못한다. 통에 물을 반쯤 채우고 부엽토를 한 줌 넣고 열매를 계속 모아 가득 채워 나간다. 올해 농사를 지으면서 내년에 쓸 수 있는 최적의 액비가 만들어진다. 딸기 열매는 딸기에 필요한 완벽한 영양의 균형을 담고 있다.

희석배수	20~300배
살포시기	생육 전반
살포방법	관주, 엽면시비
기대효과	균형 성장
제조기간	10일 이상

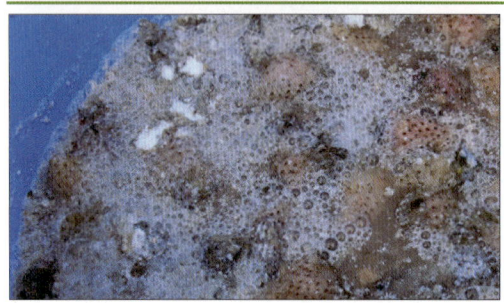

딸기액비 분석 결과
재료(100ℓ기준) : 딸기 가득, 물 가득, 부엽토 한 줌

pH	EC (1:5) ds/m	OM %	T-C %	T-N %
7.9	11.69	0.58	0.34	0.17
C/N %	P_2O_5 %	K_2O %	CaO %	MgO %
1.95	0.007	0.088	0.006	0.008
Na_2O %	Fe mg·kg^{-1}	Mn mg·kg^{-1}	Zn mg·kg^{-1}	Cu mg·kg^{-1}
0.061	5.291	1.637	0.546	-
Cd mg·kg^{-1}	Cr mg·kg^{-1}	Ni mg·kg^{-1}	Pb mg·kg^{-1}	As mg·kg^{-1}
-	0.024667	-	0.203	0.0141333

미니토마토 액비

상품으로 판매하고 남은 열매, 못생긴 것, 병든 것 가리지 않고 액비로 만든다. 액비통에 물을 반쯤 채우고 부엽토를 한 줌 넣고 열매를 계속 모아 가득 채운다. 평소 뚜껑은 닫아 놓는다. 과피는 분해가 느리다. 열매와 줄기나 잎사귀를 혼합하여 만들어도 된다. 부엽토 투입량은 용량에 관계없이 한 줌으로 한다. 열매는 계란과 같이 완벽한 영양을 갖고 있다.

희석배수	20~300배
살포시기	생육 전반
살포방법	관주, 엽면시비
기대효과	균형 성장
제조기간	10일 이상

미니토마토 액비 분석 결과 재료(100ℓ기준) : 미니토마토 가득, 물 가득, 부엽토 한 줌

pH	EC (1:5) ds/m	OM %	T-C %	T-N %
8.2	21.20	1.22	0.71	0.27
C/N %	P_2O_5 %	K_2O %	CaO %	MgO %
2.65	0.006	0.153	0.006	0.004
Na_2O %	Fe mg·kg^{-1}	Mn mg·kg^{-1}	Zn mg·kg^{-1}	Cu mg·kg^{-1}
0.045	2.468	0.308	0.583	0.019
Cd mg·kg^{-1}	Cr mg·kg^{-1}	Ni mg·kg^{-1}	Pb mg·kg^{-1}	As mg·kg^{-1}
-	0.0706667	-	0.113	0.0147333

시금치 액비

　수확하면서 밭에서 나오는 각종 작물의 잔사로 만든 액비는 작물이 원하는 최적에 영양의 균형을 가지고 있다. 액비를 영양의 균형의 관점으로 보면 액비는 나밖에 못만드는 것이다. 작물의 잔사를 통에 가득 넣고 물을 가득 채우고 부엽토 한 줌을 넣는다. 시금치에는 시금치 액비, 부추에는 부추 액비, 파에는 파 액비, 감자에는 감자 액비가 최상이다.

희석배수	20~300배
살포시기	생육 전반
살포방법	관주, 엽면시비
기대효과	균형 성장
제조기간	10일 이상

시금치 액비 분석 결과
재료(100ℓ기준) : 시금치 가득, 물 가득, 부엽토 한 줌

pH	EC (1:5) ds/m	OM %	T-C %	T-N %
8.8	17.56	0.84	0.49	0.29
C/N %	P_2O_5 %	K_2O %	CaO %	MgO %
1.71	-	0.126	0.006	0.015
Na_2O %	Fe mg·kg^{-1}	Mn mg·kg^{-1}	Zn mg·kg^{-1}	Cu mg·kg^{-1}
0.046	3.923	0.327	0.655	0.025
Cd mg·kg^{-1}	Cr mg·kg^{-1}	Ni mg·kg^{-1}	Pb mg·kg^{-1}	As mg·kg^{-1}
0.0026667	0.2873333	0.0033333	0.623	-

7. 음식 부산물 액비 만들기

　요즘 사람들이 음식을 짜게 먹어서 짠 음식으로 액비를 만들어 작물에 주면 염류장해가 올 수 있다는 협박성 교육이 농자재 업자들에 의해 수십 년간 집중적으로 진행되었다. 염류집적으로 토양오염이 심화되어 고충을 겪고 있는 농민들에게 그들의 메시지는 강력한 효과를 발휘했다. 그 결과 음식물 액비를 만들어 사용하는 농민들이 거의 사라졌다. 만약 전국의 모든 농민들이 선조들처럼 음식물을 액비의 원재료로 귀하게 써왔다면 이렇게 거대한 농자재 시장이 열리지 않았을 것이다. 그래서 그들은 사활을 걸고 음식물 액비 사용을 막으려 한다. 업자들이 내세우는 주장의 핵심은 우리가 음식을 짜게 먹는다는 것인데 좀더 이 문제를 구체적으로 파고 들어가면 막연한 억지 주장임을 알게 된다. 우리가 즐겨 먹는 음식인 장아찌는 염도가 1.9% 정도 되고 김치는 1.5% 정도 된다. 그리고 대부분의 음식은 이보다 싱겁다. 음식물을 액비로 만드는 과정에 쌀뜨물이나 물이 추가되어 염도는 1% 미만으로 떨어진다. 법에 규정된 퇴비 합격 기준선 이내이다.

　또한 부엽토를 넣고 발효 단계에 들어가면 염도는 더 떨어지는데 다음 페이지의 분석표에서 보듯 음식물 액비의 염도 기준이 되는 Na_2O의 함량은 0.204%에 불과하다. 이를 수백 배 희석해 활용하기에 실제 작물에게는 0.002% 이하로 적용되므로 하등에 문제가 생길 수 없다. 업자들이 판매하는 퇴비의 뒷부분에 표기를 관심있게 보기바란다. 염도기준이 2.0% 이하로 되어있다. 음식물 액비보다 10배나 더 높은 염도 기준의 농자재를 판매하면서 음식물 액비 사용을 막는다. 참담한 일이다. 다음 페이지 분석표에서 보듯 음식 부산물 액비는 값진 영양으로 가득차 있다. 질소함량이 산야초 열매 액비에 비해서 20배 가량 높다. 음식 부산물을 모두 모아 액비를 담그면 한 해에 2,000ℓ정도의 액비는 충분히 자급할 수 있고 N, P, K가 풍부해 성장 촉진에 큰 도움이 된다. 산야초와 열매와 잔사 액비를 추비에 주력으로 사용하다 수세가 떨어지면 음식물액비를 추가하여 수세를 높이는데 사용한다. 물과 희석배수는 100배를 기준으로 가감한다. 100평에 1톤의 물이 들어가는 것을 기준해서 희석양을 결정한다.

음식 부산물 액비

수시로 나오는 음식 부산물과 쌀뜨물을 액비통에 모은다. 쌀뜨물이 부족하면 물을 추가하여 흥건하게 유지해야 분해속도가 빨라진다. 물 반 음식물 반 채운다는 느낌으로 간간이 부엽토를 추가한다. 제조과정에서 냄새가 심하게 나는데 이는 액비중에 질소함량이 높아서 생기는 현상이다. 천매암 1kg추가하거나 과일의 껍질 등을 추가해주면 냄새가 대폭 준다.

희석배수	30~500배
살포시기	생육 초·중반
살포방법	관주, 엽면시비
기대효과	성장 촉진
제조기간	6개월 이상

음식 부산물 액비 분석 결과
재료(100ℓ기준) : 쌀뜨물과 음식물로 가득, 부엽토 한 줌

pH	EC (1:5) ds/m	OM %	T-C %	T-N %
7.1	45.15	13.84	8.03	2.93
C/N %	P_2O_5 %	K_2O %	CaO %	MgO %
2.74	0.054	0.138	0.015	0.009
Na_2O %	Fe mg·kg^{-1}	Mn mg·kg^{-1}	Zn mg·kg^{-1}	Cu mg·kg^{-1}
0.204	11.165	0.521	1.545	0.221
Cd mg·kg^{-1}	Cr mg·kg^{-1}	Ni mg·kg^{-1}	Pb mg·kg^{-1}	As mg·kg^{-1}
0.004	0.1693333	-	0.627	0.0060667

8. 인분과 오줌 액비 만들기

　대한민국의 유명한 지역 명품 농산물은 대부분 인분 액비를 기반으로 이뤄졌다. 인분 액비로 농사를 지었을 때의 맛을 내지 못한다는 말이 있다. 그 가치가 귀했기에 인분 수거권을 놓고 거래가 이뤄지기도 했다. 우리 선조들의 유기농업은 인분을 빼놓고 이야기할 수 없다. 그러나 위생과 편리성을 강조한 수세식 화장실의 등장으로 인분을 쓰는 농가는 사라졌다. 인분과 오줌은 유기재배 법규정에 허용자재로 명시되어 있다. 다시 인분 액비, 오줌 액비를 사용하자.

　1967년 전 세계 최초로 유기인증제도를 실시했고 영국 유기농산물에 80%이상의 유기인증 업무를 맡고 있는 토양협회(SA, www.soilassociation.org)는 인분의 가치를 매우 높게 평가했다. 2010년 발표한 '인(P) 고갈의 식량안보에 대한 위협(Peak phosphorus and the threat to our food security)' 이란 보고서에서 인분이 미래의 식량안보에 핵심적인 역할을 할 것이라고 발표했다. 인(P) 제조의 원료인 인광석의 생산량이 2033년에 정점에 오르고 이후에 가격이 폭등할 것이므로 농업에 인분을 도입하는 대비책이 필요하다는 것이다. 2007~2008년에 인광석의 가격이 800%까지 급등한 사례도 있었다. 인분 속에 풍부하게 들어있는 N, P, K 등은 화학비료가 사라지는 미래사회에서 작물 생산성을 유지시킬 수 있는 마지막 대안으로 손꼽히고 있다. 채식을 주로 하는 사람은 하루 400g 정도, 육식을 주로 하는 사람은 150g 정도, 연간 1인당 0.2톤 정도의 대변을 배설하는 셈이다. 오줌량은 성인 기준으로 대략 1~2kg로 연간 0.5톤 정도이다. 놀랍게도 성인이 하루 배출하는 오줌에는 요소가 30g 정도 들어있다. 요소 뿐만 아니고 각종 아미노산과 무기염류가 풍부하다. 이것을 그대로 버릴 셈인가? 우리 선조들은 인분과 오줌을 '돈'으로 봤다. 이 귀한 것을 물에 흘려보내는 것은 어리석은 일이다. 다시 농장에 화장실을 만들자. 4인 가족 기준으로 연간 인분 액비는 1톤, 오줌 액비는 2톤 이상이 가능하고 여기에 음식 부산물 액비 2톤 정도까지 더하면 더 이상 무엇이 필요하겠는가. 우리 몸은 유기농 액비 제조기다!

인분 액비

인분 액비는 어떤 음식을 먹느냐에 따라 큰 차이가 있지만 N, P, K가 풍부한 대표적인 액비이다. 인분통에 부엽토를 넣어주는 것만으로 간단히 액비가 된다. 유기농업 관련법에 고온발효는 50℃이상에서 7일 이상, 저온발효(상온)는 6개월 이상 숙성시켜 사용하게 되어 있다. 그리고 사람이 먹는 부위에 직접 살포하는 것이 금지되어 있다.

희석배수	50~500배
살포시기	생육 초·중반
살포방법	관주
기대효과	성장 촉진
제조기간	6개월 이상

인분 액비 분석 결과   재료(100ℓ기준) : 인분, 부엽토 한 줌

pH	EC (1:5) ds/m	OM %	T-C %	T-N %
9.1	61.15	10.07	5.84	2.48
C/N %	P_2O_5 %	K_2O %	CaO %	MgO %
2.35	0.016	0.183	0.009	0.002
Na_2O %	Fe mg·kg^{-1}	Mn mg·kg^{-1}	Zn mg·kg^{-1}	Cu mg·kg^{-1}
0.203	3.108	0.444	0.865	0.165
Cd mg·kg^{-1}	Cr mg·kg^{-1}	Ni mg·kg^{-1}	Pb mg·kg^{-1}	As mg·kg^{-1}
-	0.084667	-	0.566	0.0113667

오줌 액비

오줌을 모아 만든 액비는 식물성 액비에 비해서 질소함량이 30배 이상 높다. 화학비료를 대체하기에 더 없이 중요한 액비다. 수시 오줌을 모아가면서 간간이 부엽토 한 줌을 넣고 수분증발을 막기 위해 뚜껑을 닫아놓는다. 유기농업 관련법에 충분한 발효와 희석을 거쳐 사용하도록 되어 있다. 산야초 열매 액비를 추비의 주력으로 사용하다 수세가 떨어지면 질소 대용으로 100배 내외로 희석하여 추가해준다. 생육이 부진할 때 주로 사용하는 것을 권장한다.

희석배수	50~500배
살포시기	생육 초·중반
살포방법	관주, 엽면시비
기대효과	성장촉진
제조기간	6개월 이상

오줌 액비 분석결과
재료(100L기준) : 오줌, 부엽토 한 줌

pH	EC (1:5) ds/m	OM %	T-C %	T-N %
9.5	12.51	9.19	5.33	3.92
C/N %	P$_2$O$_5$ %	K$_2$O %	CaO %	MgO %
1.36	0.085	0.212	0.002	0.000
Na$_2$O %	Fe mg·kg^{-1}	Mn mg·kg^{-1}	Zn mg·kg^{-1}	Cu mg·kg^{-1}
0.411	2.121	0.002	0.745	0.090
Cd mg·kg^{-1}	Cr mg·kg^{-1}	Ni mg·kg^{-1}	Pb mg·kg^{-1}	As mg·kg^{-1}
0.002	0.041	-	0.093	0.022

9. 천연 질소 액비 만들기

단백질은 미생물 분해로 아미노산이 되고 이것은 식물에 질소원이 된다. 천연 원재료 중에 단백질이 풍부한 것을 선택하여 자닮식으로 물과 부엽토를 넣고 만들면 천연 질소 액비가 된다. 냄새 문제와 구더기 문제에서 벗어나면 어려울 것이 없다. 천연 질소 액비는 질소함량이 46%인 요소에 비하면 1/5 이하의 질소를 함유하고 있지만 질소 외에 다양한 부대 영양이 포함되어 있다. 작물의 성장은 건축공사와 같아서 시멘트 하나만으로 건물이 될 수 없듯이 질소원 하나만의 역할로 작물의 성장이 이뤄지지 않는다. 질소와 함께 부대영양이 포함된 영양이 진정한 고품질 액비다. 산야초 열매 액비를 추비로 사용하다 성장을 촉진할 필요가 있을 때 사용한다.

고등어 액비

고등어를 액비통에 1/2 채우고 물을 가득 넣고 부엽토를 넣는다. 제조과정에 저어줄 필요가 없다. 물에 비해 고등어의 양이 지나치게 많으면 분해 속도가 현저히 느려진다. 냄새를 줄이려면 천매암을 약간 추가한다. 가축 부산물도 동일하게 만든다. 인분과 오줌 액비에 비해서 질소함량이 3배 이상, 산야초 열매액비에 비해서는 50배 정도 높다. 생육초기에 사용할 경우는 희석배수를 1,000배로 높인다.

희석배수	100~1000배
살포시기	생육 초·중반
살포방법	관주, 엽면시비
기대효과	성장 촉진
제조기간	1개월 이상

고등어 액비 분석 결과   재료(100ℓ기준) : 용기의 1/2 고등어, 부엽토

pH	EC (1:5) ds/m	OM %	T-C %	T-N %
6.8	135.15	128.20	74.36	10.98
C/N %	P₂O₅ %	K₂O %	CaO %	MgO %
3.24	0.332	0.729	0.023	0.012
Na₂O %	Fe mg·kg⁻¹	Mn mg·kg⁻¹	Zn mg·kg⁻¹	Cu mg·kg⁻¹
0.189	10.608	0.181	1.636	0.084
Cd mg·kg⁻¹	Cr mg·kg⁻¹	Ni mg·kg⁻¹	Pb mg·kg⁻¹	As mg·kg⁻¹
0.0028	0.813	0.172	-	0.020

어분 액비

액비통에 어분 무게의 10배의 물을 넣고 부엽토 한 줌을 넣는다. 재료가 용기 아래로 가라앉기에 적어도 3개월간은 7~10일 간격으로 전체적으로 액비를 저어주면서 제조해야 한다. 이후는 한 달에 한 번 정도 저어준다. 제조기간이 길어질 수록 질소함량이 높아진다. 동물 부산물이나 어분 등을 신속히 질소액비화 하기 위해 가열하여 만들 수도 있다.

희석배수	50~500배
살포시기	생육 초·중반
살포방법	관주, 엽면시비
기대효과	성장 촉진
제조기간	3개월 이상

어분 액비 분석 결과
재료(100ℓ기준) : 어분 10kg, 부엽토 한 줌, 산야초 3kg

pH	EC (1:5) ds/m	OM %	T-C %	T-N %
6.1	8.16	4.36	2.53	4.69
C/N %	P_2O_5 %	K_2O %	CaO %	MgO %
3.67	0.002	0.174	0.046	0.039
Na_2O %	Fe mg·kg^{-1}	Mn mg·kg^{-1}	Zn mg·kg^{-1}	Cu mg·kg^{-1}
0.148	25.136	0.212	1.419	0.142
Cd mg·kg^{-1}	Cr mg·kg^{-1}	Ni mg·kg^{-1}	Pb mg·kg^{-1}	As mg·kg^{-1}
-	-	-	0.461	-

생멸치 액비

생멸치는 분해 속도가 매우 빠르다. 생선 전체를 다 활용하므로 부분적인 것만으로 만든 액비에 비해 영양 균형에서 앞선다. 용기에 1/2 정도 생멸치를 채우고 물을 가득 넣고 부엽토 한 줌을 넣는다. 저어주지 않아도 저절로 완성된다. 멸치량이 물에 비해 많아 액비의 농도가 진해지면 미생물 활동이 억제되어 액비 제조 기간이 훨씬 길어진다.

희석배수	100~1000배
살포시기	생육 초·중반
살포방법	관주, 엽면시비
기대효과	성장 촉진
제조기간	1개월 이상

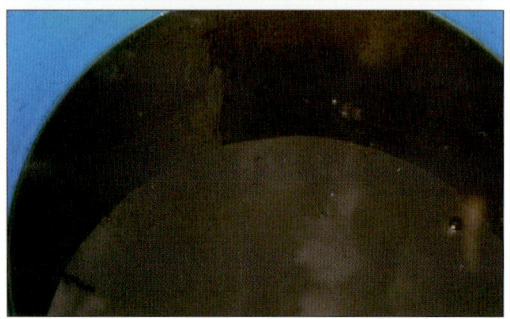

생멸치 액비 분석 결과
재료(100ℓ기준) : 멸치 용기의 1/2, 부엽토 한 줌

pH	EC (1:5) ds/m	OM %	T-C %	T-N %
9.2	69.60	25.15	14.59	5.08
C/N %	P_2O_5 %	K_2O %	CaO %	MgO %
2.87	0.107	0.194	0.004	0.001
Na_2O %	Fe mg·kg^{-1}	Mn mg·kg^{-1}	Zn mg·kg^{-1}	Cu mg·kg^{-1}
0.208	7.547	3.009	0.909	0.071
Cd mg·kg^{-1}	Cr mg·kg^{-1}	Ni mg·kg^{-1}	Pb mg·kg^{-1}	As mg·kg^{-1}
-	0.1473333	-	0.174	0.0694

깻묵 액비

용기에 들어가는 물의 무게의 1/10 정도의 깻묵을 넣고 물을 가득 채우고 부엽토 한 줌을 넣는다. 7~10일 간격으로 전체를 저어준다. 껍질까지 완전히 분해되려면 수 년이 걸린다. 이런 식으로 쌀겨나 계분, 돈분, 유박 등도 액비를 간단하게 만들 수 있다. 물과 부엽토로 액비 제조는 간단히 해결된다. 쌀겨로 만든 액비는 벼에게 최적화된 액비가 된다.

희석배수	30~500배
살포시기	생육 초·중반
살포방법	관주, 엽면시비
기대효과	성장 촉진
제조기간	3개월 이상

깻묵 액비 분석 결과
재료(100ℓ기준): 깻묵 10kg, 부엽토 한 줌

pH	EC (1:5) ds/m	OM %	T-C %	T-N %
7.7	30.15	13.75	7.97	3.00
C/N %	P_2O_5 %	K_2O %	CaO %	MgO %
2.66	0.008	0.314	0.028	0.017
Na_2O %	Fe mg·kg^{-1}	Mn mg·kg^{-1}	Zn mg·kg^{-1}	Cu mg·kg^{-1}
0.044	5.339	0.591	1.037	0.273
Cd mg·kg^{-1}	Cr mg·kg^{-1}	Ni mg·kg^{-1}	Pb mg·kg^{-1}	As mg·kg^{-1}
0.01333	0.204667	0.122	0.333	-

생선 부산물 액비

용기에 1/2 정도의 생선 부산물을 넣고 물을 가득 채우고 부엽토 한 줌을 넣는다. 제조과정에서 저어줄 필요가 없다. 내용물을 1/2 이상으로 넣으면 분해 속도가 느려진다. 상층부에 기름이 생기는 경우 물과 부엽토를 추가한다. 제조 기간이 오래 경과될 수록 생선 뼈까지 분해되면서 점차 칼슘과 인산의 함량이 늘어난다. 성장초기에는 1,000배 희석해 사용한다.

희석배수	100~1000배
살포시기	생육 초·중반
살포방법	관주, 엽면시비
기대효과	성장 촉진
제조기간	3개월 이상

생선 부산물 액비 분석 결과 재료(100ℓ 기준): 생선 용기의 1/2, 부엽토 한 줌

pH	EC (1:5) ds/m	OM %	T-C %	T-N %
7.7	99.40	40.86	23.70	7.44
C/N %	P$_2$O$_5$ %	K$_2$O %	CaO %	MgO %
3.19	0.127	0.094	0.035	0.008
Na$_2$O %	Fe mg·kg^{-1}	Mn mg·kg^{-1}	Zn mg·kg^{-1}	Cu mg·kg^{-1}
0.218	34.335	0.895	1.513	0.186
Cd mg·kg^{-1}	Cr mg·kg^{-1}	Ni mg·kg^{-1}	Pb mg·kg^{-1}	As mg·kg^{-1}
0	0.054667	-	0.553	-

10. 천연 인산칼슘 액비 만들기

동물뼈에는 인산(P)과 칼슘(Ca)이 1:1 비율로 각각 20% 내외 함유되어 있다. 분말화된 골분 무게에 10배의 물을 넣고 부엽토 한 줌을 넣고 주기적으로 저어주면서 만든다. 제조기간이 길 수록 인산과 칼슘성분이 높아진다. 생식 생장을 촉진시켜 주는 중요한 기능을 한다. 과수의 생육 중 후반에 주기적으로 관주나 바닥 살포하여 꽃눈을 강화한다. 동계 방제나 목면 시비에 활용해도 좋다.

희석배수	50~500배
살포시기	생육 중·후반
살포방법	관주, 엽면시비
기대효과	생식촉진
제조기간	3개월 이상

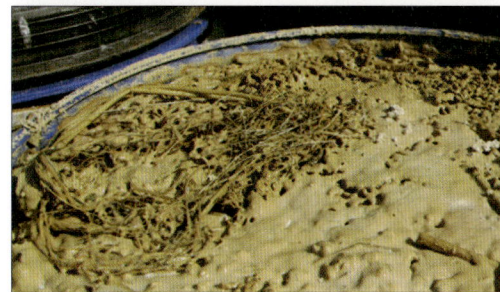

골분 액비 분석 결과   재료(100ℓ기준) : 골분 10kg, 부엽토 한 줌, 산야초 3kg

pH	EC (1:5) ds/m	OM %	T-C %	T-N %
7.4	2.58	0.88	0.51	0.16
C/N %	P_2O_5 %	K_2O %	CaO %	MgO %
3.25	0.065	0.023	0.016	0.012
Na_2O %	Fe mg·kg⁻¹	Mn mg·kg⁻¹	Zn mg·kg⁻¹	Cu mg·kg⁻¹
0.024	3.942	0.061	0.190	0.021
Cd mg·kg⁻¹	Cr mg·kg⁻¹	Ni mg·kg⁻¹	Pb mg·kg⁻¹	As mg·kg⁻¹
-	-	-	0162	-

11. 천연 칼슘 액비 만들기

패화석 액비

패화석 분말과 계란 껍질 분말 등을 미생물 분해시키면 천연 칼슘제가 된다. 원재료 무게에 10배의 물을 넣고 부엽토와 산야초를 약간 넣고 가끔 저어준다. 제조기간이 길어 질수록 칼슘의 함량이 높아진다. 윗물을 떠 쓰고 물을 다시 채우기를 반복하면서 사용한다. 작물의 성장 후반기 저장성 및 맛과 향을 높이기 위해 활용한다.

희석배수	50~500배
살포시기	생육 중·후반
살포방법	엽면시비, 관주
기대효과	성장 조절
제조기간	3개월 이상

패화석 액비 분석 결과

재료(100ℓ기준) : 패화석 10kg, 부엽토 한 줌, 산야초 3kg

pH	EC (1:5) ds/m	OM %	T-C %	T-N %
8.1	0.42	0.04	0.02	0.01
C/N %	P_2O_5 %	K_2O %	CaO %	MgO %
2.09	0.002	0.007	0.021	0.003
Na_2O %	Fe mg·kg^{-1}	Mn mg·kg^{-1}	Zn mg·kg^{-1}	Cu mg·kg^{-1}
0.019	4.757	0.154	0.219	-
Cd mg·kg^{-1}	Cr mg·kg^{-1}	Ni mg·kg^{-1}	Pb mg·kg^{-1}	As mg·kg^{-1}
-	-	-	0.673	-

신속 패화석 액비

물과 부엽토를 이용하여 천연칼슘을 만드는 방법은 3개월 이상이 걸리는데 식초나 목초를 활용하면 하루만에도 만들 수도 있다. 칼슘분말 무게의 10배 되는 식초나 목초를 사용한다. 분말을 식초에 소량씩 천천히 넣는다. 한번에 넣으면 거품이 넘치게 된다. 자닮오일과 혼용시 거품을 줄이고 전착효과를 떨어뜨린다. 관주로 사용하는 것이 바람직하다.

희석배수	50~500배
살포시기	생육 중·후반
살포방법	관주
기대효과	성장 조절
제조기간	1일 이상

신속 패화석 액비 분석 결과

재료(100ℓ기준) : 패화석 10kg , 목초나 식초 90ℓ

pH	EC (1:5) ds/m	OM %	T-C %	T-N %
5.74	14.71			
C/N %	P_2O_5 %	K_2O %	CaO %	MgO %
	3.91	4.38	7.30	6.97
Na_2O %	Fe mg·kg^{-1}	Mn mg·kg^{-1}	Zn mg·kg^{-1}	Cu mg·kg^{-1}
0.218	32.16	4.105	0.227	0.120
Cd mg·kg^{-1}	Cr mg·kg^{-1}	Ni mg·kg^{-1}	Pb mg·kg^{-1}	As mg·kg^{-1}
		-		-

12. 천연 칼륨 액비 만들기

황산가리고토(K, Mg, S)와 황산가리(K, S)를 활용한다. 전자는 물에 쉽게 녹지 않으나 후자는 잘 녹는다. 유기재배에 허용되는 자재이다. 나무 재를 모아 마대자루에 넣고 물에 15일 정도 담가 놓는 것으로도 간단히 천연 칼륨 액비가 만들어진다. 황산가리고토의 경우는 물량의 1/10을 넣고 2~3일마다 저어준다. 황산가리를 활용하면 더 간단하게 만들 수 있다.

희석배수	50~500배
살포시기	생육 중·후반
살포방법	관주, 엽면시비
기대효과	착색, 비대
제조기간	3개월 이상

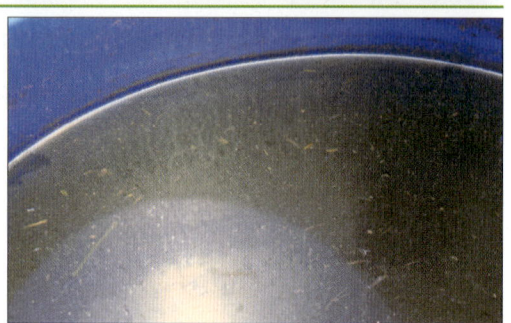

황산가리고토 액비 분석 결과   재료(100ℓ기준) : 썰포마그 10kg, 산야초 3kg, 부엽토 한 줌

pH	EC (1:5) ds/m	OM %	T-C %	T-N %
7.2	19.77	0.02	0.01	0.01
C/N %	P_2O_5 %	K_2O %	CaO %	MgO %
1.52	0.073	2.479	0.012	2.010
Na_2O %	Fe mg·kg^{-1}	Mn mg·kg^{-1}	Zn mg·kg^{-1}	Cu mg·kg^{-1}
0.058	7.572	1.126	-	0.046
Cd mg·kg^{-1}	Cr mg·kg^{-1}	Ni mg·kg^{-1}	Pb mg·kg^{-1}	As mg·kg^{-1}
-	-	-	0.757	-

13. 천연 키토산 액비 만들기

게껍질이나 새우껍질을 미생물로 분해시키면 키토산 액비가 간단하게 만들어진다. 원재료 무게의 10배 물을 채우고 부엽토 한 줌과 산야초를 넣는다. 칼슘 외에 다양한 미네랄이 있어 성장 조절 및 맛과 향을 올리는 데 효과적이다. 다른 액비에 비해 미생물 활성화 정도가 강한편이다. 키틴 분해 미생물만으로 키토산 액비를 만들 수 있는 것이 아니다. 부엽토의 다양한 미생물도 강력한 분해력을 발휘한다.

희석배수	50~500배
살포시기	생육 중·후반
살포방법	엽면시비, 관주
기대효과	성장조절, 품질향상
제조기간	3개월 이상

키토산 액비 분석 결과   재료(100ℓ기준) : 게껍질 10kg, 부엽토 한 줌, 산야초 3kg

pH	EC (1:5) ds/m	OM %	T-C %	T-N %
7.2	7.24	2.08	1.62	0.39
C/N %	P_2O_5 %	K_2O %	CaO %	MgO %
4.17	0.003	0.070	0.354	0.078
Na_2O %	Fe mg·kg^{-1}	Mn mg·kg^{-1}	Zn mg·kg^{-1}	Cu mg·kg^{-1}
0.076	9.302	0.571	0.195	0.701
Cd mg·kg^{-1}	Cr mg·kg^{-1}	Ni mg·kg^{-1}	Pb mg·kg^{-1}	As mg·kg^{-1}
-	-	-	0.307	-

14. 천연 미네랄 액비

부식토 액비

부식토는 수천만 년 전 저수지나 늪의 바닥에 형성된 흙으로 식물 생장에 필요한 다양한 영양을 함유하고 있다. 이를 단순히 물에 우려 쓰기도 하지만 액비처럼 장기 발효를 거쳐 만들기도 한다. 원재료 무게에 10배 물을 넣고 부엽토 한 줌과 산야초를 적당히 넣는다. 이런 식으로 다양한 암석 가루로 액비를 만들 수 있다. 바닷물이나 소금도 탁월한 미네랄 액비이다.

희석배수	30~500배
살포시기	생육 전반
살포방법	엽면시비, 관주
기대효과	품질 향상
제조기간	3개월 이상

부식토 액비 분석 결과　　재료(100ℓ기준) : 부식토 10kg, 부엽토 한 줌, 산야초 3kg

pH	EC (1:5) ds/m	OM %	T-C %	T-N %
7.6	0.27	0.02	0.12	0.01
C/N %	P_2O_5 %	K_2O %	CaO %	MgO %
2.04	0.007	0.006	0.016	0.003
Na_2O %	Fe mg·kg^{-1}	Mn mg·kg^{-1}	Zn mg·kg^{-1}	Cu mg·kg^{-1}
0.004	10.987	1.376	1.488	-
Cd mg·kg^{-1}	Cr mg·kg^{-1}	Ni mg·kg^{-1}	Pb mg·kg^{-1}	As mg·kg^{-1}
-	-	-	0.200	-

천매암 액비

천매암은 변성암의 일종으로 수천만 년 전에 살았던 식물과 동물들이 풍화를 거쳐 퇴적되어 형성된 것으로 식물 생장에 필요한 다양한 미네랄의 보고이다. 당도 향상과 맛과 향을 올리는데 효과적이다. 퇴적암은 주로 검은색을 띠며 잘 부서진다. 원재료 무게의 10배 물과 부엽토, 산야초를 적당히 넣고 가끔 저어주며 만든다. 천매암은 20kg용을 사용한다. (구입처 : 부농 043-543-0592)

희석배수	30~500배
살포시기	생육 전반
살포방법	엽면시비, 관주
기대효과	품질 향상
제조기간	3개월 이상

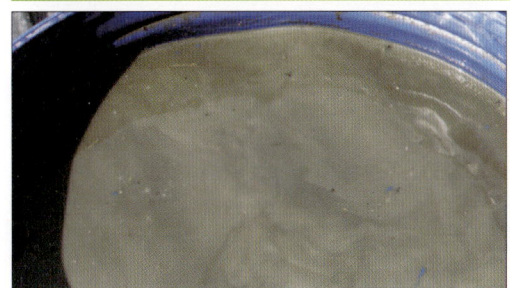

천매암 액비 분석 결과
재료(100ℓ 기준) : 천매암 10kg, 부엽토 한 줌, 산야초 3kg

pH	EC (1:5) ds/m	OM %	T-C %	T-N %
7.8	0.07	0.02	0.01	0.01
C/N %	P_2O_5 %	K_2O %	CaO %	MgO %
1.46	0.006	0.001	0.005	0.002
Na_2O %	Fe mg·kg^{-1}	Mn mg·kg^{-1}	Zn mg·kg^{-1}	Cu mg·kg^{-1}
0.001	2.874	1.193	0.300	0.003
Cd mg·kg^{-1}	Cr mg·kg^{-1}	Ni mg·kg^{-1}	Pb mg·kg^{-1}	As mg·kg^{-1}
-	-	-	0.140	-

15. 천연 착색제 만들기

요오드(I) 성분이 많이 함유되어 있는 원재료를 미생물 분해시키면 천연 착색제가 만들어진다. 해초류 전반이 가능하고 그 중 다시마가 가장 효과적이다. 다시마는 액비 제조 초기과정에서 아주 독특하게 흰 거품과 끈적거림이 많이 생기는데 시간이 경과하면서 없어진다. 건다시마는 무게의 10배의 물을 생다시마는 용기에 반을 채우고 물 가득 넣고 부엽토 한 줌을 추가한다. 착색제로 쇠비름 액비도 효과적이다.

희석배수	50~500배
살포시기	생육 전반
살포방법	엽면시비, 관주
기대효과	착색, 품질 향상
제조기간	1개월 이상

다시마 액비 분석 결과   재료(100ℓ기준) : 건다시마 10kg , 부엽토 한 줌

pH	EC (1:5) ds/m	OM %	T-C %	T-N %
6.9	0.67	0.21	0.12	0.01
C/N %	P_2O_5 %	K_2O %	CaO %	MgO %
9.25	0.070	0.071	0.015	0.005
Na_2O %	Fe mg·kg^{-1}	Mn mg·kg^{-1}	Zn mg·kg^{-1}	Cu mg·kg^{-1}
0.002	15.885	1.376	0.253	0.012
Cd mg·kg^{-1}	Cr mg·kg^{-1}	Ni mg·kg^{-1}	Pb mg·kg^{-1}	As mg·kg^{-1}
-	-	-	0.101	-

16. 영양의 균형에 입각한 시비 설계

작물에게 최적화된 시비설계는 작물을 심기 전에 넣는 기비와 재배과정에서 추가하는 추비가 함께 어우러져 작물에게 최적화된 영양의 균형을 충족시키는 것을 목표로 한다. 작물에게 적합한 영양의 균형을 완성하는 것을 목표로 생육과정에 따라 각각의 영양소를 개별적으로 가감해 나가는 시비법이 대중화되어 있다. 대부분의 농민들은 이런 시비법이 과학적 시비라는 환상을 갖고 수십 년을 쫓아 다녔다. 농민들은 분명한 답을 얻으려 하지만 결과는 끊임없는 혼돈뿐이다. 작물별 시비설계가 참 복잡하고 어려워 농민 스스로 하지 못하고 농자재업자에게 맡기는 경우가 빈번하게 되었다.

농업대학에서 가르치는 모든 책을 독파한다 해도 작물별 완벽시비의 길을 찾기란 불가능에 가깝다. 복잡하고 어렵게 전개되는 기술의 진화는 우연이 아니다. 여기에는 기술을 상업화하고 독점하려는 전문가 집단과 농자재기업 집단의 의도가 깊게 드리워져 있다고 생각한다. 농업의 선진국이라고 하는 나라들을 보면 농업기술의 거의 모든 것을 농자재업자가 쥐고 있는 듯한 느낌을 받는다. 전세계 어디서든 토양분석에서부터 시비설계, 방제설계까지 기업으로부터 풀 서비스를 받고 농사를 짓는 것이 전혀 이상하게 보이지 않는다. 그러나 공짜 서비스는 없다. 농민이 벌어들인 상당 부분의 돈은 그들에게로 빠져나가고 농민에게는 지출영수증만 남는다. 캐리어캐스트(www.careercast.com) 발표는 2012~2022년 미국에서 사라져가는 직업 2위가 농민일 것으로 예측했다.

현대 의학은 인간의 건강을 고도로 복잡한 의학적 메커니즘으로 포장하여 인간 스스로 건강을 지킬 수 있다는 자신감을 박탈한다. 그 결과 건강을 의료서비스로 유지하는 것이 일반화되었다. 평생 건강을 지키는데 들어가

는 의료비의 지출이 1인당 1억원에 육박한다고 한다. 안타깝게도 농업도 이렇게 변해가고 있다. 농자재기업 집단은 농업기술을 끊임없이 복잡하고 어렵게 만들어 내고 학계와 언론까지 동원하여 농민들에게 지적폭력을 가한다. 그 지적폭력은 난폭하지 않다. 복잡함을 정중함과 친절함으로 포장하고 있기 때문이다. 독일의 철학자이자 혁명가인 칼 마르크스(Karl Marx, 1818~1883)는 '상업자본이 독점적 위치를 차지하면 의심할 여지없이 모든 곳에서 약탈적 시스템이 작동된다'는 명언을 남겼다. 농업판이 이와 다르지 않다. 자닮은 이런 과정을 매우 심각하게 바라본다. 농업은 끊임없이 고비용화되어 수익성은 악화되고 농민은 농업기술의 주도권을 완전 상실해간다. 자닮은 이런 흐름을 바로 잡아 농민이 다시 농업기술의 주도권을 쥐어야 농업이 온전이 선다는 사명감을 가지고 있다. 우리는 유기농업을 5천 년 가까이 해 온 나라다. 선조들의 유기농업은 가까이에 있고 쉽게 구할 수 있는 것을 귀하게 사용했기에 농자재비란 거의 들지 않았다. 현대와 같은 복잡한 시비설계, 복잡하고 어려운 섞어띄움비, 고도화된 방제기술 없이 변변한 기술서적과 교육도 없이 5천 년의 유기농업의 역사가 흘러왔다. 종자까지 농가 단위에서 거의 완벽하게 자급을 했으니 상업자본의 종속으로부터 완전 자유로운 농업이었다.

  작물의 성장초기는 영양생장기로 질소(N)가 많이 필요해서 질소(N) 중심의 시비설계를 해야하고 꽃이 피고 열매를 맺는 시기는 생식생장기로 인(P)이 많이 필요해서 인(P) 중심의 시비설계가 필요하다고 한다. 열매가 커나가는 시기는 비대기로 칼리(K)가 많이 필요해서 칼리(K)중심의 시비설계를 해야하고 열매가 영글어가는 시기는 완숙기로 칼슘(Ca)이 많이 필요해서 칼슘(Ca) 중심의 시비설계가 필요하다고 한다. 마그네슘(Mg), 붕소(B), 망간(Mn), 몰리브덴(Mo) 등의 생육주기별 필요성까지 제기한다. 여기에 씨토키닌, 지베렐린, 옥신 등의 식물호르몬인의 필요성까지 가세한다. 농업교육에서 이런 저런 정보를 접하다보면 농민의 머리는 맨붕상태에 도달한다.

생육주기를 구분해서 시비하는 것이 과학적 시비설계인듯 하지만 자연에 이런 시비설계는 존재하지 않는다. 지구상에 존재하는 어떤 식물도 이러한 인위적 시비설계에 의해 재배되지 않았다. 작물을 생육주기로 구분하는 시비법은 화학비료와 복합비료, 맞춤형 비료, 맞춤형 액비 판매와 밀접한 관계가 있다. 이 기술은 농업과 농민을 위한 순수하고 정직한 기술이 아니다. 이 기술은 전 지구에 화학비료와 화학농약 판매를 촉진하는 마케팅 수단으로 강력한 힘을 발휘하고 있다. 지금은 가장 어려운 농사로 인식되고 있는 고추농사가 40~50년전은 어떠했는가? 거의 대부분의 농가가 늦가을 서리내릴 때까지 고추를 수확했었다. 그때 고추재배 후반기에 칼슘제 엽면시비하는 기술은 없었다. 생육 후반기에 칼슘제 엽면시비 한번 하지 않고도 지금보다 훨씬 더 많은 수확을 했었다.

자연에 없었던 새로운 인위적 시비법이라해서 무조건 나쁘다고 단정할 필요는 없다. 농업은 다수확과 고품질로 상품성이 있는 수확물을 얻어야만 하기 때문이다. 그런데 자닮은 이 복잡한 시비설계가 오히려 다수확과 고품질의 길을 막고 농업을 어렵게 만들고, 농업을 고비용화한다고 판단한다. 이 기술은 농업기술이 상업자본에 더욱 종속되게 만들고 농민에게서 농업기술의 주도권을 빼앗아 버린다. 자닮은 작물을 생육주기별로 구분해서 시비하는 인위적 시비법에서 벗어날 것을 강력하게 제안한다. 작물별 완벽한 시비법의 정답은 자연에 있다. 자연에 있는 수목을 연중 살펴보면 농업의 시비법에 정도가 그대로 보인다. 도법자연이다.

식물이 필요로 하는 원소의 적절한 조직 내 수준

원소	화학기호	건조량 중 농도 (% or ppm)a	몰리브덴 대비 상대 원자수
물이나 이산화탄소로			
Hydrogen	H	6	60,000,000
Carbon	C	45	40,000,000
Oxygen	O	45	30,000,000
토양으로부터			
Nitrogen	N	1.5	1,000,000
Potassium	K	1.0	250,000
Calcium	Ca	0.5	125,000
Magnesium	Mg	0.2	80,000
Phosphorus	P	0.2	60,000
Sulfur	S	0.1	30,000
Silicon	Si	0.1	30,000
미량영양소			
Chlorine	Cl	100	3,000
Iron	Fe	100	2,000
Boron	B	20	2,000
Manganese	Mn	50	1,000
Natrium	Na	10	400
Zinc	Zn	20	300
Copper	Cu	6	100
Nickel	Ni	0.1	2
Molybdenum	Mo	0.1	1

출처 : Epstein 1972, 1990. * 비무기원소(H,C,O)및 대량 영양소의 값은 백분율이다. 미량영양소의 값은 백만분의 일로 표시한다.

식물이 필요로하는 영양 균형을 개별적인 원소의 가감으로 조정하는 것은 거의 불가능하다. 이 식물 조직 내 원소의 적절한 수준을 개별적으로 어떻게 맞출 수 있겠는가.

쌀겨는 좋은 유기물이라고 판단하여 농사에 쌀겨를 집중적으로 사용하는 농가들이 많다. 이 시비법은 벼농사에는 적합할지 모르나 다른 작물 재배에 적용하면 쌀겨 때문에 농사를 망치기 쉽다. 토마토 농사에 기비로 쌀겨를 지속적으로 사용하면 토양의 영양균형이 토마토에게 최적화되는 것이 아니

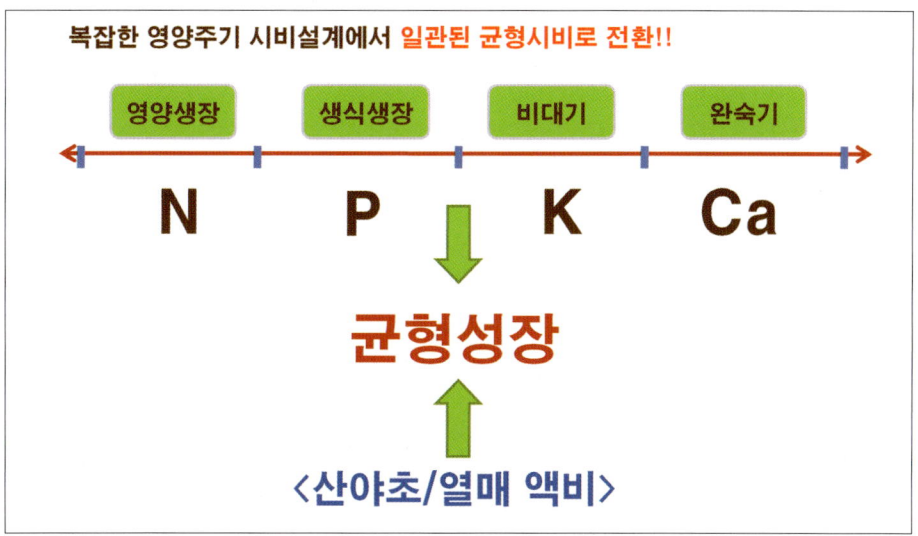

시비설계의 목표는 영양의 균형을 작물에게 최적화시켜 작물의 균형성장을 유도하는 것이다. 생육주기별로 구분하여 별도의 시비설계를 해야하는 복잡하고 어려운 시비설계에서 벗어나 영양의 균형이 작물에게 최적화되어 있는 산야초 열매 액비를 추비의 중심에 두자. 그러면 손쉽게 균형성장의 목표를 달성할 수 있다.

고 벼농사에 가깝게 된다. 토마토에 적합한 영양의 균형을 벼농사에 맞췄으니 농사가 잘될턱이 없다. 깻묵은 쌀겨보다 질소함량이 더 높아서 쌀겨보다는 더 좋은 유기물이라고 보통 여긴다. 딸기농사에 깻묵을 기비로 지속적으로 사용하다보면 토양의 영양의 균형은 딸기에게 최적화되는 것이 아니고 깨농사에 적합해진다. 깻묵 때문에 딸기농사가 망할 수 밖에 없다. 요즘 농가들이 많이 사용하고 있는 유박거름의 대부분 50%내외의 아주까리박을 포함하고 있다. 이런 유박거름을 집중적으로 사용하면 토양의 영양균형이 아주까리 농사에 적합하게 변한다. 토양에 화학비료 대신 유기물만 사용한다고 유기농업이 되는 것이 아니다. 유기물의 투입으로 작물에게 필요한 영양의 균형이 깨질수도 있다는 신중한 접근이 필요하다. 전 세계 각지를 다니며 유기재배로 생산된 채소나 과일을 맛보는 경험을 하면서 의외로 관행

으로 재배된 것보다 맛과 품질이 떨어지는 것을 많이 보았다. 이는 작물에게 필요한 영양의 균형을 최적화시키는데 실패한 결과라고 생각한다. 유기물의 투입으로 영양의 균형을 최적화하는데 성공한 농사는 절대 관행농산물에 비해 맛과 품질이 떨어지지 않는다. 성속일여다. 좋은 것도 과하면 독이되고 독도 적당하게 쓰면 약이된다. 특정한 유기물에 대한 집착이 농사를 망치는 주범이다. 내 몸에 영양의 균형이 깨지면 병이 오는 것처럼 작물도 적합한 영양의 균형이 깨지면 병이 온다.

 농민이 농업교육으로 얻고자 하는 것은 의외로 간단하다. 올바른 기비와 추비법 그리고 방제법이다. 지금부터 여러분들을 혼란스럽게 했던 작물별 시비설계 기술을 깔끔하고 쉽게 정리해보겠다. 작물을 재배하면서 우리는 끊임없이 잎사귀나 열매를 수확한다. 만일 이런 수확과 판매가 없다면 자연처럼 외부로부터 투입이 없이 가을에 떨어지는 잎사귀와 근처에 자라는 풀이 쓰러져서 형성되는 유기물만으로 농업은 지속될 수 있을 것이다. 수확을 지속적으로 하게 되면 잎사귀나 열매로 토양의 유기 영양분과 무기 영양분이 밖으로 빠져나가게 되고 토양이 보유한 영양이 점점 줄게 된다. 작물을 재배하면서 기비나 추비를 지속적으로 해나가야하는 이유가 수확으로 토양의 영양이 용탈되기 때문이다. 또한 이상기후로 비가 오는 기간과 횟수가 늘어나면서 빗물로 인한 영양의 용탈이 가속화되어 추비는 반드시 필요한 기술이 되고 있다. 그래서 농업은 자연처럼 이상적인 무투입농법이 불가능하다.

 시비란 토양 밖으로 빠져나간 열매와 잎사귀가 지니고 있었던 영양을 보충해주는 것이다. 영양이 빠져나간 빈 공간을 채울 때는 빠져나간 영양과 비슷한 영양으로 채워줘야 온전하게 작물에 최적화된 영양의 균형을 유지

```
┌─────────────────────────────────────────────────────────────┐
│         시비의 핵심 : 끊임없이 비슷한 것으로 채워라!!          │
│                                                             │
│   ┌───────────────────────────────────────────────────────┐ │
│   │  기비 : 초생재배+잔사+풀먹은 축분  ➡  초생재배+잔사    │ │
│   └───────────────────────────────────────────────────────┘ │
│                                                             │
│   ┌───────────────────────────────────────────────────────┐ │
│   │  추비 1단계 : 토착미생물 배양액              10~100배  │ │
│   │              산야초액비, 열매액비, 바닷물, 퇴적암 우린 물  30~300배 │ │
│   └───────────────────────────────────────────────────────┘ │
│                                                             │
│   ┌───────────────────────────────────────────────────────┐ │
│   │  추비 2단계 : 음식물액비, 오줌액비, 인분액비   50~500배 │ │
│   └───────────────────────────────────────────────────────┘ │
│                                                             │
│   ┌───────────────────────────────────────────────────────┐ │
│   │  추비 3단계 : 생선액비, 골분액비, 칼슘액비 등  50~500배 │ │
│   └───────────────────────────────────────────────────────┘ │
└─────────────────────────────────────────────────────────────┘
```

시비설계는 작물과 영양적으로 같거나 비슷한 것을 중심에 두면 아주 쉬워진다. 초생재배와 작물의 잔사를 기비로 사용하고 부족할 때 가급적 풀을 많이 먹은 축분으로 보충한다. 초생재배를 더욱 적극적으로 전개하여 기비를 완전 자급한다. 작물에게 물을 줄때 추가하는 추비로 삶은 감자로 배양한 자닮 미생물배양액 500ℓ(1만 평까지)+300평당 바닷물 20ℓ나 천일염 500g+300평당 천매암 우린 물 20ℓ+ 산야초 열매 액비 100배 내외를 한달에 3~4회 사용한다. 작물의 수세를 산야초 열매 액비의 희석배수를 가감하며 조절한다. 작물의 성장을 촉진하려면 질소함량이 높은 액비인 음식물액비, 오줌액비, 인분액비, 생선액비를 추가하고 성장억제가 필요시엔 온습도 조절의 환경관리와 칼슘액비를 추가한다. 산야초 열매 액비란 다양한 풀들과 작물의 줄기 잎사귀 등의 잔사로 만든 액비의 총칭이다.

할 수 있다. 그런데 대부분의 농민들은 여기서 결정적인 실수를 하고 만다. 빠져나간 영양과는 다른 쌀겨나 깻묵, 유박이나 축분 등의 거름으로 채워주는 것이다. 이 대중화된 유기물 사용법이 토양에 영양의 균형을 완전 깨 버린다. 영양의 균형이 깨지는 것도 토양의 오염으로 인식해야 한다. 우리가 시비설계로 도달하고자 하는 목표는 작물에게 최적화된 영양의 균형이다. 그 영양의 균형을 위해 빠져나간 영양과 최대한 비슷한 영양을 보충해주어야 한다. 자닮은 작물에게 필요한 다양한 영양소를 개별적으로 가감하는 복잡한 방식이 아닌 한번에 포괄적으로 해결하는 단순한 방식을 권한다. 작물

이 요구하는 영양을 각각 계량하여 개별적으로 가감하는 방식이 아니고, 작물에게 필요한 영양의 균형이 이미 갖춰진 물질을 기비와 추비에 사용하자는 것이다. 간단하게 정리하면 '끊임없이 작물과 같거나 비슷한 것으로 채우는 방식'이다. 작물의 잔사와 다양한 산야초를 기비의 중심으로 삼고 또한 작물의 잔사와 산야초 액비를 추비의 주력으로 삼아 지속적으로 반복해 가다보면 궁극적으로 얻고자하는 목표점, 작물에게 최적화된 영양의 균형에 도달하게 된다. 실수 확률 제로의 완벽한 해결책이다. 쉽고 누구나 따라할 수 있고 비용이 거의 들지 않는다. 그리고 이 길이 고품질과 다수확의 길을 연다. 이로서 농민은 작물별 완벽시비의 주관자가 된다. 고비용의 사슬에서 완전 벗어난다. 꽁꽁 묶여 있었던 상업자본의 종속으로 부터 농업기술이 완전 벗어난다. 진정한 농업혁명의 시작이다. 작물의 시비설계를 어떠한 관점으로 접근하느냐에 따라 농업은 아주 어려워질 수도 있고 아주 쉬워질 수도 있다. 우리는 너무도 가까운 길을 너무나도 어렵게 먼길로 돌아왔다. 시비의 정도를 자연을 통해서 보라. 여기에 자닮이 지향하는 초저비용농업의 원리가 깃들어 있다. 자연을 농업의 근본으로 삶고 따르면 초저비용농업의 길이 단순(Simple) 하고 쉽게(Easy) 열린다.

단순했던 원시 종교가 점차 고도의 복잡성을 띤 종교로 진화되면서 인간과 신의 직접적 대면을 막는 종교 기업집단, 인간의 건강이 고도로 복잡한 전문가적 지식이 필요함을 내세워 스스로 건강을 관리할 수 있다는 자신감을 박탈하고 있는 의료 기업집단, 복잡하지 않은 단순한 기술을 고도로 복잡하게 만들어 농업을 고비용화시키고 농업기술의 주도권을 빼앗아간 농자재 기업집단의 횡포로 농민은 정체성을 상실하고 광야에서 떨고 있다. 농업기술을 보면 세상이 보인다. 농업기술을 온전히 바로 잡는 것은 농업에서만 머무르지 않고 인간 삶 전반을 혁신하는 새로운 세계로 안내한다.

다시한번 정리하겠다. 영양의 균형을 작물에게 최적화하는 것이 기술의 핵심이다. **기비**는 작물의 잔사와 초생재배로 해결하는 것을 기본으로 삼고 부족하면 가급적 풀을 많이 먹은 축분을 사용한다. 무항생제 계분과 돈분 등으로 만든 축분을 추가할 수도 있다. 이후로 초생재배를 더욱 적극 전개하여 기비의 100%를 작물의 잔사와 초생재배로 채운다. 초생재배가 어려운 상황이면 톱밥과 수피, 낙엽과 볏짚, 갈대 등도 대안이 될 수 있다. **추비**는 작물의 열매나 줄기와 잎사귀로 만든 잔사 액비를 사용한다. 이 액비는 작물이 원하는 최적화된 영양을 갖고 있기에 가장 완벽한 액비가 되고, 다음으로 완벽한 액비는 같은 식물인 다양한 풀로 만든 산야초 액비가 된다. 작물의 잔사와 산야초를 혼용하여 만들기도 하는데 이것을 산야초 열매 액비라 총칭한다. 이것을 추비의 중심에 두고 100배 내외 희석하여 연중 사용한다. 추비시 삶은 감자로 배양한 자닮 미생물 배양액은 항상 포함한다. 작물의 잔사와 산야초로 만든 액비의 사용으로도 부족함을 느끼면 성장 촉진을 도모하기 위해서 질소가 풍부한 음식물 액비와 오줌 액비, 인분 액비, 생선액비 등을 동원한다. 질소 함량을 기준으로 보면 산야초 액비(0.01%), 쇠비름 액비(0.20%), 토마토 액비(0.27%), 시금치 액비(0.29%), 음식물 액비(2.93%), 인분 액비(2.48%), 오줌 액비(3.92%), 생멸치 액비(5.08%), 생선 부산물 액비(7.44%)이다.

바닷물과 부식토 액비, 천매암 액비, 키토산 액비는 품질의 향상을 위해 생육 전반에 걸쳐 100배 내외로 추가할 수 있다. 특별히 인산의 추가가 필요하다고 판단되면 천연 인산칼슘 액비를, 칼륨의 추가가 필요하다고 판단하면 천연 칼륨 액비를 100배 내외로 추가한다. 희석배수는 작물의 뿌리의 활착 정도에 따라 큰 차이가 있기 때문에 작물의 생육 과정을 살피며 결정해야 한다. 100평에 1톤의 물이 사용되는 것을 기준으로 액비의 희석배수를 가감한다. 토양의 비옥도와 작물의 뿌리 뻗음 정도에 따라 동일한 재배작물이라도 액비의 필요양이 10배 이상 차이 날 수 있다. 뿌리의 활착이 넓고 깊게 되면 액비의 사용량도 훨씬 줄어 든다. 따라서 적당한 액비 희석량이 100배가 될 수도 있고 500배가 될 수도 있다. 따라서 액비 희석배수의 판단은 농민 본인의 몫이다. 자닮식 유기농업은 면적이 넓더라도 미생물에서부터 액비까지 돈이 거의 필요 없다. 자연스럽게 초저비용농업이 구현된다. 초저비용농업의 기준으로 평당 100원대를 언급한 것은 천연농약에서 비용 발생이 불가피하기 때문이다.

쌀겨와 깻묵·유박 등의 껍질 거름과 패화석이나 골분 등 '전체의 일부분'으로 구성된 것을 자닮은 '부분체'라고 하는데, 이 부분체가 기비의 주력이 되어서는 안 된다. 사용시 전체 거름 양의 1/10 선에서 투입을 권한다. 요소와 유안, 용성인비와 복합비료 등의 화학비료는 특정한 영양만 있어 자닮은 이를 '단순체'라고 하는데 단순체의 활용은 단기적으로 빠른 효과를 거둘 수 있다. 하지만 병충해의 발생을 높여 농약의 소비를 촉진시키고 토양 영양의 불균형을 심화시켜 지속 가능한 농업이 불가능해진다. 자닮식으로 하면 화학비료 없이도 충분히 작물재배가 가능하다. 작물재배시 영양의 공급은 항상 뿌리에 하는 것을 우선으로 한다. 작물의 뿌리로 영양을 공급하지 않고 엽면 시비만 하면 뿌리의 영양 흡수 기능에 혼란이 와 바람직하지 않다. 엽면시비는 응급시 임시방편으로 활용하는 것이 좋다. 액비를 엽면 시비할 때는 잎사귀나 열매에 자국을 남기지 않는 것이 중요하다. 완전 도포가 되고 흡수를 촉진하기 위해 자닮오일을 물 500ℓ기준으로 3ℓ를 혼용해 살포한다. 자닮 미생물배양액 500ℓ(1만 평까지)와 300평당 바닷물 20ℓ(천일염 500g), 300평당 천매암 우린 물 20ℓ와 산야초 열매 액비 100배 내외를 한달에 3~4회 연중 지속적으로 사용하는 것을 권장한다. 노지에 살포할 경우는 가급적 비가오기 전에 원액이나 약간의 물을 추가하여 살포하며 빗물과 함께 토양 깊숙히 들어갈 수 있도록 하고 비닐 하우스 재배시 정식 전에는 물을 충분히 추가해서 살포하여 토양 깊이 스며들 수 있도록 한다. 과수는 개화전에 일반작물은 정식전에 사용하는 것이 매우 중요하다. 농업기술은 균형으로 통한다. 작물의 뿌리가 넓고 깊게 뻗어 지상부와 지하부의 균형을 잡게 하는 것, 작물의 뿌리가 뻗어 나간 곳곳에 작물에게 최적화된 영양의 균형이 깃들게 하는 것으로 지하부 토양관리 기술의 거의 모든 것을 설명할 수 있다. 자닮식 시비법을 정식 전과 개화 전 집중 사용하면 정식 후 활착이 매우 활발하게 일어나고 이는 다수확의 근간이 된다. 초기활착에 성공하면 재배시 수분관리와 영양관리가 훨씬 수월해진다. 정식과 개화전에 집중 사용하면 작물의 뿌리가 뻗어나간 곳곳에 이미 미생물이 들어가 활착이 잘되는 토양으로 만들어 진다. 작물에게 필요한 미네랄도 풍부하게 깃들어 있고, 작물에게 최적화된 영양의 균형도 완비되어 있어 초기 활착이 잘됨은 물론 작물의 성장도 원만하게 진행된다. 자닮은 이 기술을 수확량을 4배까지 올릴 수 있는 기술이라고 한다. 초기활착에 성공하고 토양 영양의 균형과 다양성까지 완비되어 다수확이 보장되는 획기적인 기술이다. 그러나 돈은 거의 들어가지 않는다.

무경운으로 노지에서 오이 유기재배를 하다. 자닮유황의 강력한 살균효과 덕분이다. 자닮 연구 농장

17. 다양한 시비설계의 예

다음은 토양 관주용을 기준으로 설명한 것이다. **엽면시비용은** 미생물과 액비 투입 총량을 500ℓ 기준 20ℓ이내로 조절하고 **자닮오일을 3ℓ** 추가하여 액비 살포시 자국을 남기지 않도록 주의한다. 엽면시비 시 미생물배양액을 500ℓ 기준으로 20ℓ 이상 넣으면 자닮오일이 분해되어 전착효과가 떨어진다. 바닷물 20ℓ는 천일염 500g으로 대체할 수 있다. 엽면시비 시 바닷물과 소금을 추가하면 자닮오일 전착효과가 떨어지니 관주로 사용하는 것이 바람직하다. 바닷물이나 천일염은 월 3~4회 사용한다. 영양 뿐만아니라 토양 수분조절도 작물 생육에 큰 영향을 미친다는 것을 고려하여 시비설계를 하여야 한다. **아래의 사용량은 절대적인 기준이 아니다. 작물의 생육상태에 따라 가감하여 적용한다.**

▢ 토양 기반 조성액 (정식, 개화 전)

1,000평 기준, 노지는 비오기 전에 원액 살포 가능. 정식전 하우스는 물 양을 늘여 땅속 깊이 내려가게 함. 미생물 배양액은 3백평에서 1만평까지 500ℓ를 사용함

- 자닮 미생물 배양액 500ℓ
- 바닷물 60ℓ(천일염 1.5 kg)
- 천매암 우린 물 60ℓ
- 산야초/열매 액비 60ℓ

▢ 종자 처리·육묘 처리액 (총 500ℓ 기준)

모종을 정식하거나 씨앗을 파종하기전에 부엽토 흙탕물이나 자닮 미생물 배양액에 2~3분간 침종하면 활착이 좋아진다. 다양한 균의 접종으로 병원균의 득세를 미리 막는 효과가 있다.

- 자닮 미생물 배양액 100ℓ (부엽토 10 kg 로 대채 가능)

▢ 평상시 기본 영양액 (토양 관주, 재배시)

1,000평 기준, 작물에게 필요한 다양한 미네랄과 균형잡힌 영양을 지속적으로 공급하여 완벽한 균형성장으로 이끈다. 물을 필요한 양 만큼 추가한다. 바닷물은 월간 3~4회 투입함.

- 자닮 미생물 배양액 500ℓ
- 바닷물 60ℓ(천일염 1.5 kg)
- 천매암 우린 물 60ℓ
- 산야초/열매 액비 30ℓ

❐ 성장이 약할 때 (토양 관주, 재배시)
1,000평 기준, 추비기본 영양액을 사용하다가 성장을 촉진시킬 필요가 있을 때 사용한다. 음식물액비 대신 오줌액비, 인분액비, 생선액비도 사용 가능

- 자닭 미생물 배양액 500ℓ
- 바닷물 60ℓ(천일염 1.5kg)
- 천매암 우린 물 60ℓ
- 산야초/열매 액비 30ℓ
- 음식물 액비 60ℓ

❐ 개화,착과가 부진시 (토양 관주, 재배시)
1,000평 기준, 추비기본 영양액을 사용하다가 개화와 착과가 부실할 때 사용한다.

- 자닭 미생물 배양액 500ℓ
- 바닷물 60ℓ(천일염 1.5kg)
- 천매암 우린 물 60ℓ
- 산야초/열매 액비 30ℓ
- 천연인산칼슘 액비 60ℓ

❐ 열매 성장 부진시 (토양 관주, 재배시)
1,000평 기준, 추비기본 영양액을 사용하다가 열매성장이 부진할 때 사용한다. 성장을 억제하려면 천연칼륨 액비를 빼고 천연칼슘액비의 사용량을 늘인다.

- 자닭 미생물 배양액 500ℓ
- 바닷물 60ℓ(천일염 1.5kg)
- 천매암 우린 물 60ℓ
- 천연칼슘 액비 30ℓ
- 천연칼륨 액비 40ℓ

* 액비의 사용량은 100평당 물이 1톤 정도 들어간다는 것을 전제로 한다. 천일염은 300평이 넘는 경우 300평당 500g을 추가 사용한다.

제초매트를 이용한 무경운 재배 1 (고추, 오이, 토마토 등, 자닮 연구 농장)

높은 수확량 올릴 수 있는 기술은 간단하다. 작물의 뿌리가 넓고 깊게 뻗을 수 있도록 하는 것에 농업기술의 촛점을 맞추면 된다. 이에 방해되는 요소를 과감하게 제거하자. 매년 무거운 트랙터로 경운을 반복하면 토양속에 경반층이 생겨서 뿌리 뻗음에 심각한 장해가 생긴다. 가벼운 경운기로 평생 한번만 경운하고 계속 무경운으로 농사를 짓는 아주 편리한 방법, 자닮이 정착시킨 재배기술을 소개한다. 퇴비는 매년 표층에다 뿌리고 경운하지 않는다. 자닮 미생물을 자주 사용하면서 진행하면 토양은 놀랍게 부드러워 진다. 무경운, 표층시비를 기반으로 농사를 지으면 노동력도 현저하게 줄어든다. 수확량은 상상을 뛰어 넘는다. 제초매트는 7년 정도 재 사용이 가능하며 외국산은 20년까지 사용이 보장된다. 1~2헥터 정도의 농장이라면 경운기, 트렉터를 구입할 필요 없다. 아주 쉬운 무경운 유기재배의 비약이 시작된다.

1. 고추를 재배하기 위한 토양만들기이다. 백회로 160cm 간격을 표시하였다. 간격은 상황에 따라 조정할 수 있다.

2. 소형관리기로 흰 줄을 따라 3회 정도 경운하여 골을 만든다. 처음 토양만들기에서만 기계의 도움을 받는다.
(작업자 : 차현호, 조영상)

3. 130cm 폭의 두둑과 30cm의 골을 만들었다. 두둑에 높이는 약 35cm이다. 이 두둑을 평생 재사용한다.

4. 물을 공급해 점적이 잘되는지 확인하고 폭 2m용 제초매트를 덮는다. 감자로 배양한 자닮 미생물을 정식전까지 4번 이상 토양 깊숙히 스밀 수 있도록 관주한다. (중요)

www.jadam.kr에서 동영상으로 볼 수 있다.

5. 점적 호스 중간으로 25mm 쇠파이프(높이 180~190cm)를 2.5m 간격으로 박는다. 10m간격으로 파이프를 깊게 박아 스텐밴드로 묶어준다. 바람에 흔들리지 않게하기 위함.

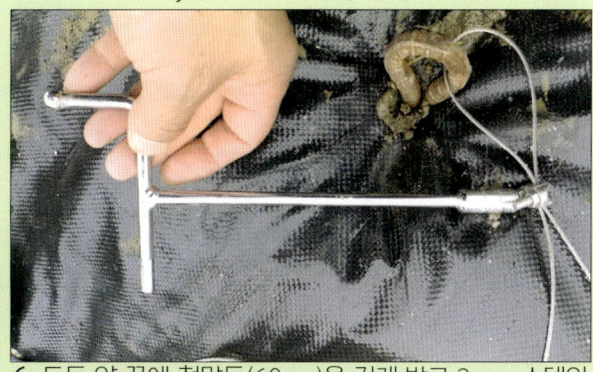

6. 두둑 양 끝에 철말둑(60cm)을 깊게 박고 2mm 스텐와이어 줄을 연결한다.

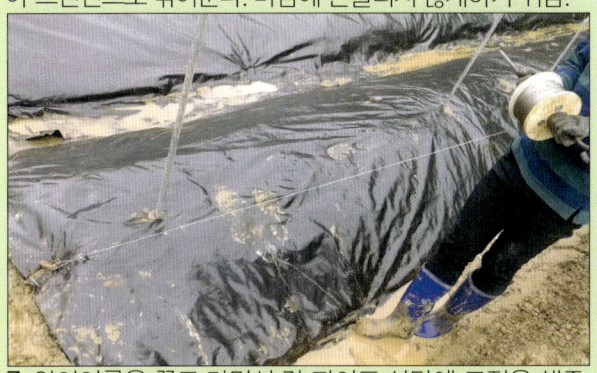

7. 와이어롤을 끌고 가면서 각 파이프 상단에 고정을 해준다. 스텐와이어는 잘 녹슬지 않고 이 작업은 한번만 한다. 파이프와 와이어줄을 약간 조정만 하고 평생 사용한다.

8. 굵은 아연도금 철사를 굽혀서 와이어 줄과 파이프를 고정시킨다. 굵은 철사를 사용해야 좋다.

9. 두둑 양끝 쪽에 철말뚝을 밖고 연결하여 와이어줄을 적당히 잡아당겨 고정한다.

10. 두둑 양끝에만 U조인트(1/8)로 와이어줄과 철사를 함께 묶어 파이프를 말뚝 쪽으로 **강하게** 당기면서 고정한다. 파이프는 중고로 개당 1500원 정도에 구입할 수 있다.

유기농자재 만들기 • **225**

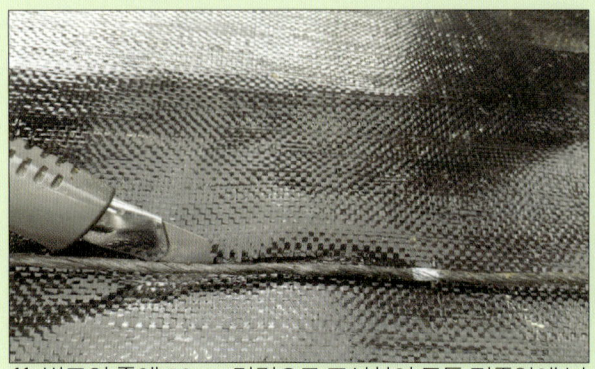

11. 별도의 줄에 50cm 간격으로 표시하여 두둑 정중앙에 넣고 칼로 15cm를 자른다. 점적하면서 자르면 점적호스가 빵빵해져 있어 칼로 호스를 자르는 실수를 막을 수 있다.

12. 폭이 좁은 호미를 이용하여 토양을 약간 파면서 그 공간에 모종을 넣고 손가락으로 모종과 토양이 단단히 고정되도록 만져준다. 토양 높이와 모종 상토 높이를 같게 한다.

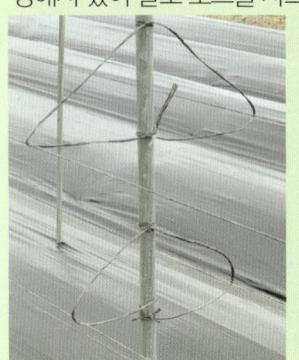

13. 고추가 성장하면 좌우로 줄을 띠어 고정해주어야 쓰러지지 않는다. 두둑 양 끝쪽에만 PB파이프를 이용해서 단계적으로 간격을 벌려준다. 고추만 이렇게 한다.

14. 고추 잔사는 반드시 다시 넣는다. 잔사는 최고 완벽한 영양제이다. 가을이후에 고추를 잘라 골간에 넣고 밟아 가운데로 모아 준다. 2~3월에 이 작업을 할 수도 있다.

15. 제초매트 고정핀을 제거하고 매트를 가운데도 모아 핀으로 고정시킨다. 고추잔사를 골 바닥으로 들어가게 된다.

16. 제초매트를 이용한 무경운의 효과로 토양은 놀랍게 부드러워져 있다. 그래서 가벼운 쇠스랑으로도 두둑의 형태를 바로 잡아줄 수 있다.

17. 작물 모종을 심기 20일전까지 퇴비를 표층에 살포한다. 발효되지 않은 퇴비는 수확후 가을에 살포한다. 농협 흙사랑의 흙이랑 유기농 퇴비를 사용함.(080-700-8627)

18. 고추를 수확해서 발생하는 미네랄의 용탈을 회복시켜 주기 위해서 부농의 천매암을 2년에 한번 평당 1kg정도 뿌려준다.(043-543-0592)

19. 퇴비를 표층에 뿌려도 작물이 성장하는데 아무런 지장이 없다. 경운을 하지 않아도 작물이 잘 큰다. 해마다 표층 시비를 지속한다. 그래서 농업이 아주 쉬워진다.

20. 쇠스랑으로 퇴비와 천매암이 고루 퍼지게 한다. 점적 호스 밑으로도 퇴비가 들어갈 수 있도록 손으로 살짝 밀어넣어 주면서 호스 밑에 토양을 평탄하게 만든다.

21. 제초매트를 좌우로 펼치고 핀으로 고정시킨다. 고추잔사는 매트 밑으로 들어간다. 해마다 두둑만들기, 파이프 박기를 반복하지 않기에 노동력이 확 준다.

22. 제초매트는 공기와 수분을 통과시켜서 고온기에 토양온도를 안정화시킨다. 뿌리는 지속적인 성장을 하고 자연스럽게 다수확으로 이어진다. 여름농사는 지온관리가 핵심이다.

유기농자재 만들기 • 227

제초매트를 이용한 무경운 재배 2 (일반 작물 – 자닮 연구 농장)

1. 엽채류는 키가 작기 때문에 고추처럼 쇠파이프를 사용할 필요가 없다. 두둑 넓이는 1m정도로, 높이는 20cm로 만든다. 두둑 가운데 부분을 약간 높여야 제초매트가 토양에 밀착된다.

2. 작물을 심기 20일 전에 퇴비를 표층에 살포한다. 발효 안 된 생짜 거름의 경우 가을에 표층에 뿌려준다. 사용량은 퇴비 회사의 권장량을 참고한다.

3. 폭 1.8m 제초매트를 사용하면 골간도 완전 덮을 수 있다. 양쪽을 잡아당기면서 단단하게 고정해야 바람에 매트가 들뜨지 않는다.

4. 유기재배 밭농사는 제초의 어려움이 크다. 제초매트를 적극 활용하면 풀을 뽑지 않는 농사가 된다. 1.8m폭 200m길이의 제초매트의 가격은 10만원 내외이다.

5. 작물의 크기와 성장 반경에 따라 30~50cm 간격으로 줄에 표시해 놓고 15 cm 길이로 제초매트를 자른다.

6. 이러한 방법으로 다양한 엽채류를 무경운 표층시비법으로 손쉽게 재배할 수 있다.

7. 두둑 중앙을 약간 높게 만들고 제초매트를 좌우로 단단히 고정하면 제초매트가 단단히 밀착되어 작물이 잘 자란다.

8. 제초매트는 수분을 통과시키기 때문에 스프링쿨러를 이용하여 수분공급을 할 수 있다. 한번에 50분 정도 2~3일 간격으로 물을 준다.

9. 케일, 양배추, 브로콜리는 병해충발생이 빈번하다. 병해충이 심할 때 방제주기를 2~3일로 하기도 한다.

10. 상추와 양상추는 병해충 발생이 타 작물에 비해 적다. 이런 작물의 경우는 방제주기는 7일 정도가 적당하다.

12. 자닮이 정착시킨 제초매트를 이용한 무경운 유기재배는 기존의 농사의 어려움을 사라지게 한다. 자닮 천연농약은 완벽한 방제효과를 발휘한다. 부담없는 유기농업의 시작이다.

13. 이제 농업은 농부만의 직업이 아니다. 은퇴 후 30년을 아름답게 살기 위해서, 만성적인 실직의 위기를 견디기 위해, 하루 3시간 노동력으로 충분한 작은 유기 농장을 제안한다.

Ⅵ. 천연농약 만들기

조선영

"네가 그것을 쉽게 설명하지 못하면 너는
그것을 모르는 것이다."
알베르트 아인슈타인
(Albert Einstein, 1879~1955)

하와이주 정부 공식 요청으로 커피베리보어 방제에 자닮식 농약 적용 연구를 하였고 완벽한 성공을 거두었다.

자닮식 천연농약 자가제조 방식의 매력은 제조 과정이
매우 쉽다는 것과 비용이 적게 든다는 것이다.
방제 효과도 거의 뒤지지 않는다.
화학농약과 비교해서 1/50까지 농약비용을 줄일 수 있다.

1. 농약허용물질목록관리제도(PLS) 해법은 자닮 천연농약!

불과 10여 년 전 1만 원 정도면 해결할 수 있었던 화학농약 비용이 지금은 10만 원 정도 들어간다. 화학농약은 앞으로 더욱 비싸질 것이다. 농업이 고비용화되는데 가장 큰 역할을 하는 것중의 하나가 화학농약이다. 농산물 유통이 더욱 국제화되고 가격경쟁이 격화되는 시대에 생존하기 위해서는 생산비를 극단적으로 줄일 수 있는 자생력이 강한 농업의 구축이 절실하다. 농산물 수입 개방으로 농가의 수익이 급격히 줄어드는 상황에서 고가의 화학농약을 쓴다는 것은 경제적 부담을 더욱 가중시킨다. 시판 친환경농약의 가격은 화학농약 보다 가격이 더 비싸고 방제횟수를 늘려야 해서 유기재배 농가에게 더욱 큰 부담이 되고 있다. 이제 비싼 농약비의 부담을 더 이상 지탱할 수 없다. 이제 이 농약판에 확실한 선을 그어야 할 때가 왔다. 관행 농업인이나 유기농업인 모두의 숨통을 조여오는 농약 비용의 문제를 극적으로 풀어나갈 해결의 열쇠가 필요하다. 자닮의 초저비용농업(ULC)은 농약 문제에 확실한 해결책을 제시한다. 자닮은 화학농약을 초저비용으로 대체할 수 있는 천연농약에서 세계 최고의 노하우를 축적하고 있다고 생각한다.

자닮식 천연농약 자가제조 방식의 매력은 제조 과정이 쉽다는 것과 비용이 매우 적게 든다는 것, 인체에 안전한 물질로 만든다는 것, 반복 살포시 내성이 생기지 않는 것, 작물에게는 영양제가 된다는 것, 방제 효과도 시판 화학농약에 비해 크게 뒤지지 않는다는 것이다. 이런 여러가지 장점에 더하여 자닮식 농약은 국제 유기재배 기준에 부합한다. 화학농약 구입비와 비교해서 1/50까지 비용을 현격하게 줄일 수 있다.

저자는 천연농약에서 가장 중요한 전착제(천연계면활성제)를 무가온으로 간단히 제조하는 기술을 개발하였고 이를 '자닮오일'로 명명하였다. 자닮오일은 농약의 핵심으로 침투와 전착을 촉진하며 살충과 살균 효과도 겸비하고 있다. 살균 효과가 높은 것으로 알려진 유황도 무가온으로 10여분 만에 간단히 제조할 수 있는 기술을 개발하였고, 이를 '자닮유황'으로 명명하였다. 자닮유황은 화학농약과 비교해 뒤지지 않는 탁월한 살균 효과가 있으며 석회유황합제와 달리 하우스 비닐과 철 파이프를 거의 손상시키지 않는다. 자닮은 천연농약 자가제조를 '밥 짓기 기술' 수준으로 쉽게 정착시키는 데 성공했다. 농가 자가제조를 염두에 두고 농약 제조 과정을 단순하고(Simple) 쉽게(Easy) 만들기 위해 총력을 기울인 연구 성과이다. 전 세계의 거대한 기업들이 수천 억 이상을 투자해서 만들어 내는 화학농약을 대체하기 위해 농가가 천연농약을 직접 만든다는 것이 차마 상상도 안되겠지만, 자닮의 손을 잡으면 자연스런 일상이 될 것이다.

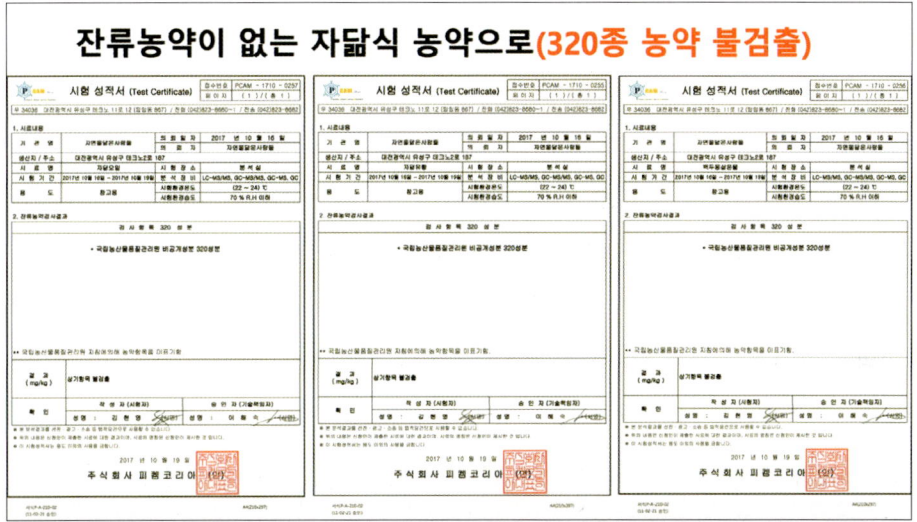

자닮식 천연농약에서 사용하는 자닮오일과 자닮유황, 약초액을 국가공인 분석기관에 의뢰하여 320종 농약 불검출 결과를 받았다. 자닮식 농약은 화학농약을 대체할 만큼 효과도 강력하다. PLS의 시대을 맞이하여 자닮 천연농약이 해법으로 강력한 주목을 받고 있다. 2019년부터 PLS가 시작된다. 등록되어 있는 460여가지 화학농약 중에서 해당작물에 허용되는 농약은 수십 가지에 불과하다. 이외의 농약을 사용 시 0.01ppm 이상 검출되면 농산물이 폐기되고 벌금이 부과시키는 것이 농약허용물질목록관리제도(PLS)이다.

　초저비용으로 쉽게 천연농약을 자가제조한다는 것은 자닮 초저비용농업의 완성을 의미한다. 농업에 들어가는 농자재의 비용을 평당 100원 대로 낮추는데 농약의 자가제조는 매우 중요하다. 자닮이 중시하는 농업기술의 주도권을 농민이 쥐게 하는데, 농업기술이 상업자본에 종속되는 것을 막는데, 자생력이 강한 농업으로 만드는데, 유기농업을 대중화하는데 천연농약의 자가제조는 결정적인 기여를 한다. 전 세계적으로 유기농업의 성장은 완만하게 지속되고 있지만 아직도 대중화되지 못하고 소수의 농민과 소수의 소비자에 의해서만 유지되고 있는 이유는 일반농산물에 비해서 비싼 것도 있지만 병해충 방제의 기술적 진보가 뒷받침되지 못했기 때문이다. 간단하게 친환경농약으로 시판하는 농약의 가격이 화학농약보다 저렴하고 효과도 좋았더라면 유기농업은 이미 전 세계를 뒤덮었을 것이다. 저자는 자닮식 천연농약이 전 세계 유기농업 대중화에 이정표가 되지 않을까 생각한다. 만약 천연농약의 자가제조와 활용에 대한 연구의 진전이 없었다면 자닮의 초저비용농업은 미완성으로 남았을 것이다.

　저자는 연구한 기술에 특허를 신청하지 않는다는 원칙을 지켜왔다. 만일 자닮 유황 제조법을 특허내서 기술을 독점했더라면 상상할 수도 없는 부를 축적했을지도 모른다. 인류에 가장 근본적 공적 자산이라고 생각하는 농업기술이 특정한 기업과 개인에게 20년간이나 독점되고 상업화되고 있는 현실에 동조할 수 없다. 지금도 가슴 속에 활화산처럼 살아 숨쉬고 있는 청년 예수의 정신과 칼 마르크스의 교훈은 나를 든든하게 지탱하는 힘이다. 자닮의 모든 연구 결과는 강좌와 책, 사이트로 실시간 공개한다. 특허법상 이렇게 공개한 기술은 '공지 기술'로 누구도 특허를 받을 수 없다. 공개되는 순간 지구촌 모든 이들의 자산이다. 아직 부족한 점이 없지 않다. 앞으로 더욱 발전해 갈 것이다. 그러나 현 단계의 자닮식 천연농약 기술로도 농약 비용을 획기적으로 줄일 수 있다. 관행 농업을 하는

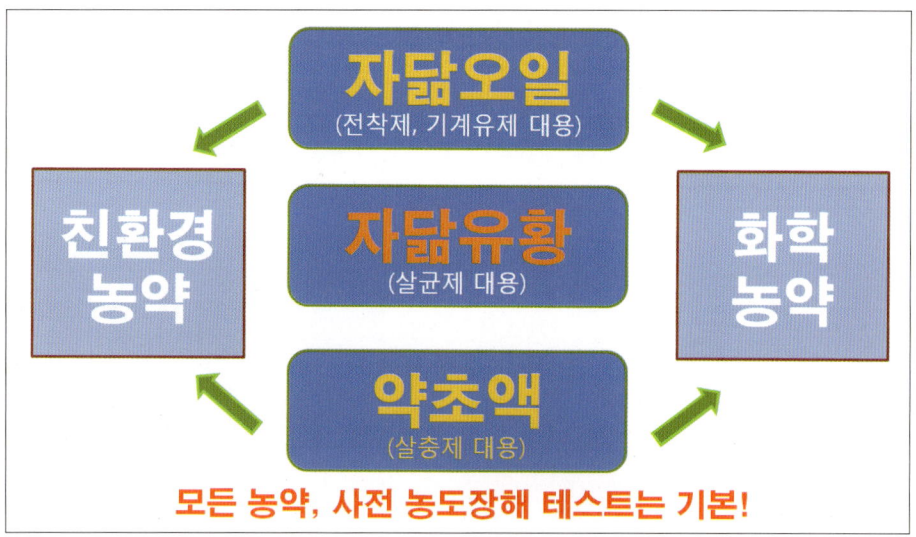

자닮이 구축한 천연농약 방식은 유기농업에만 한정되지 않는다. 관행농업을 하는 농가들도 농약의 기본을 자닮식으로 삼고 화학농약을 병용하는 방식으로 편하게 접근하기 바란다. 시판 농약과 병용하며 편한 시작을!

농민들도 화학농약과 병용을 전제로 자닮 방식에 발을 내닫기 바란다. 자닮식 천연농약은 유기농업과 관행농업 모든 것을 포괄한다. 쉽게 만들 수 있고 초저비용으로 가능한 자닮식 농약방식을 기본으로 하고 시판 화학농약이나 친환경농약을 병용하는 방법을 선택하는 순간 농약비용은 1/10 정도로 줄어든다. 간단하게 흰가루병, 노균병, 곰팡이병 그리고 진딧물, 응애, 나방류는 직접 제조한 천연농약으로 해결하고 나머지는 시판 농약을 사서 한다는 가벼운 마음으로 출발하자.

농업혁명은 거친 투쟁으로 완성되지 않는다. 기술이 물처럼 잘 스미고 유연하게 변하면 된다. 움직이지 않아도 소리없이 잔잔하게 모든 농민들에게 스며든다. 무위자연(無爲自然)으로 농업기술을 상업자본의 종속으로부터 해방시키는 농업혁명이 목전에 왔다. 천연농약의 자급으로 농업기술의 주도권을 농민이 완전히 쥐는 새 세상이 열린다.

삶과 조화를 이루는 아름다운 생태화장실 – 자닮 연구 농장

자닮 천연농약 연구농장에는 3가지 스타일의 생태화장실이 방과 식당 안에 있다. 생태화장실 냄새 때문에 집안에 화장실을 놓기를 꺼린다. 나는 냄새가 거의 없는 생태 화장실을 발명했다. 간단하다 톱밥에 전분만 약간 첨가하면 된다. 톱밥에 약 1%의 전분 (감자 또는 고구마)이 혼합하면 냄새가 사라진다. 전분이 알코올 발효를 유도하고 향기로운 향을 내기

때문이다. 소변 냄새로 생태 화장실을 집에 놓을 수 없었으나 냄새 문제가 해결되었다. 이제 생태 화장실을 대중화할 수 있는 방법이 열린 것이다. 지구 온난화로 인한 식량 위기에 대비하기 위해서는 토지, 물, 퇴비가 필요하다. 퇴비를 만들어 농작물을 생산하는 자립형 농업를 하려면 대변과 소변을 적극 활용해야 한다.

디자인 – 조영상

2. 천연농약 왜 필요한가

　화학농약을 주기적으로 살포하는 일은 비용도 문제지만 무척 고된 노동이며 건강에도 매우 안좋다. 그래서 모든 농민은 농약이 필요 없는 세상을 꿈꾼다. 농업기술의 수준이 높아져서 작물이 건강하게 잘 크게 되면 작물 스스로 자신을 보호하는 물질을 분비해서 자신과 열매를 균과 충으로부터 보호할 것이고 해충에는 천적이 자연스럽게 나타나 병해충 문제가 궁극적으로 해결될 것이라고 굳게 믿는다. 분명 대자연은 수천 년 이상 농약 없이 유지되고 있으니 그 신념은 절대적이다. 그래서 대부분의 생태주의자들이 주도하는 유기농업 교육은 농약부분에 매우 취약하고 농약을 애써 무시하려한다. 이런 흐름이 유기농업의 대중화를 막는 중대한 걸림돌이 되기도 한다. 토양관리와 시비설계를 완벽하게 하면 작물은 건강해져서 균과 충의 발생이 줄어드는 것은 사실이다. 그래서 자닮은 토양관리와 시비설계를 매우 중요시한다. 그러나 그것만으로 균과 충의 문제를 해결할 수 있을까? 나는 작물이 건강해지면 농약이 궁극적으로 필요 없어질 것이라고 생각하는 분들께 이런 질문을 던진다. 나무는 열매에 집착할까요? 아니면 열매 속의 씨앗이 멀리 퍼지는데 집착할까요? 그러면 씨앗은 누가 가져갑니까?

　녹색이던 열매가 착색기에 다다르면 노랗고 붉게 변한다. 과일에 색이 들면서 맛과 향이 더해진다. 나무는 열매를 예쁘게 치장하고 향기나는 분칠을 하고 누군가를 기다리고 있다. 대 자연의 가을, 나무는 벌레와 새와 동물에게 매혹적인 열매를 만들기에 열중하는 시기다. 얼마나 탐스럽고 얼마나 향기롭게 열매를 만드느냐에 따라서 씨앗 멀리 보내기 경주에서 승리하기 때문이다. 나무의 입장에서 냉정하게 자연을 바라보라. 나무는 열매을 보호하려 전혀 집착하지 않는다. 오히려 열매를 이용해서 열매 속 씨앗을 멀리 보내려 안간힘을 쓰고 있다. 그래도 나무에게 열매를 맡기고 말 것인가. 순진하게 나무가 끝까지 갖가지 항균·항충 물질을 분비하여 열매를 보호하려 한다고 생각하면 곤란한다. 농업은 경제활동이어서 농업에 성공하려면 열매의 독점이 반드시 필요하다. 자연에게 전적으로 신세지면서도 자연과 열매를 나눠갖는 것을 거부하는 적대적 이중성을 갖고 있는 것이 농업이다. 나무를 존중해주어 자연과 열매를 나눠갖으려 하면 벌레와 새와 동물에 의해 할퀴어진 과일만 남아 내 몫은 사라진다. 나무는 곤충과 새와 동물을 오히려 유혹하고 이를 흡족하게 즐긴다. 그래서 이들을 물리칠 수 있는 농약이라는 강제적 수단을 동원하지 않으면 농업은 업으로 유지될 수 없다. 농업의 본질은 열매를 자연과 나누지 않겠다는 것이다. 일반 엽채류의 일부는 농약없이도 가능한 경우가 있지만 과일을 달고 있는 과채류와 과수류는 농약 없이는 완벽한 재배가 불가능하다. 농약은 농업을 업으로 유지하기 위한 불가피한 선택이다. 농약에 대한 완벽한 대안이 없으면 농업은 망한다. 자닮은 농약 성분의 잔류로 토양오염에 심각한 문제가 되고 인체에도 치명적인 화학농약에서 벗어나 미생물로 거의 분해되어 자연에게 잔류를 남기지 않고 인체에도 더 안전한 천연농약으로 전환할 것을 여러분들에게 권한다.

나무가 건강하면 병해충이 덜 온다는 것은 성립될 수 있지만 건강한 나무는 병해충이 없다는 말은 성립될 수 없다. 오히려 나무가 건강할 수록 열매의 색과 당도가 뛰어나 벌레와 새와 동물을 많이 부른다. 그래서 토양관리와 시비 설계 완벽하게 하여 작물을 잘키우는데 농약사용을 게을리하면 더 빨리 농사를 망칠수도 있다. 지금은 벌레가 들어있는 복숭아가 맛있다는 마케팅이 먹히는 옛날이 아니다. 옛날에도 농약은 있었다. 가장 대중적으로 활용되었던 인분 액비와 음식물 액비, 청초 액비 등은 영양 공급원인 동시에 그 독특한 썩은 냄새로 충을 기피하게 하는 효과를 발휘했다. 그 냄새는 지금도 과수원에 새와 노린재 등을 기피하게 하는 효과를 낸다. 그 외에 담배와 마늘, 매운 고추 등을 활용한 다양한 사례가 있었다. 화학비료가 없었던 시대, 경반층이 존재하지 않았던 시대, 작물의 뿌리가 1m 이상은 충분히 뻗어나갔던 시대이니 작물은 지금보다 훨씬 건강해서 농약이 많이 필요하지 않았다.

자연이 무한한 사랑과 헌신, 아름다운 공생으로 이뤄진다고 생각하면 곤란하다. 조금만 진지하게 자연을 바라보면 무한한 사랑도 자신을 일방적으로 버리는 헌신도 먹이를 나누는 공생도 좀처럼 발견하기 어렵다. 단지 치열하게 자신의 길을 부단히 걸어갈 뿐이다. 이렇게 다양한 생명이 놀라운 균형을 이뤄 아름다움이 되고 영속(永續)한다. 그래서 자연(自然)을 '스스로 그러함.'이라고 했다. 자연 속에 죽음의 경계심 없이 어느 한 순간도 편안한 잠을 자는 생명은 없다. 모든 생명은 항상 죽음의 상황과 맞닿은 초긴장 속에서 일생을 살아간다. 이것을 생태학적으로 보면 다양한 생명체 간의 견제와 균형이고 조화로움이고 아름다움이다. 아름다움은 추함을 딛고, 밝음은 어둠을 딛고, 삶은 죽음을 딛고, 향기로움은 향기롭지 못함을 딛고 생생하게 살아숨쉬는 역설(逆說)의 현장이 바로 자연이다. 그래서 더욱 눈물겹게 아름답다. 성속일여(聖俗一如)다.

인간도 자연 속의 한 존재로 자연의 모든 생명이 안고 가는 생존 경쟁과 죽음의 맞닿음에서 근원적으로 해방될 수 없다. 하여 생노병사의 고통에서 초월하려는 노력은 무의미하다. 생명은 끊임없이 흔들리고 불안하고 굶주리며 매 순간 죽음에 맞닥뜨리며 존재한다. 인간도 예외가 아니다. 마음을 다스려 생노병사의 고통을 극복하려 할 수록 마음은 더 불안하다. 생명이어서 늘 돋아날 수 밖에 없는 성욕과 물욕을 애써 지우려하니 수행하다 졸도할 지경에 이른다. 마음 공부하다 마음이 더 불안해지고 더 까칠해진다. 불가능한 초월의 세계와 불가능한 무욕의 세계에 연연하지 말고 그대로 생명임을 인정하자.

근원적으로 없앨수 없는 성욕과 물욕은 현 종교에게 무한 에너지원이다. 이 욕심을 단죄하고 짓밟아주고 천당과 지옥의 여운을 뿌리면 에너지가 자동 생성된다. 성욕과 물욕은 근본적으로 나쁘지 않다. 이 욕심을 갖고 있는 것이 더 지극히 자연스럽다. 이 본능적인 욕심이 있어 생명이 유지되었고 더 나아가 찬란한 생명의 꽃을 피웠다. 생노병사의 고통과 성욕과 물욕, 나쁜 것이 아니니 없애려하지 말고 단지 다스리는 법을 배워가는 것이 참 인생이다. 마음을 다스리는 명쾌한 법도가 있다. 청년 예수께서 하신 말씀이다. 네 이웃을 네 몸처럼 사랑하라. 저자는 농업과 인생과 자연의 합일(合一)에 고민하며 많은 배움을 얻을 수 있었다. 천연농약에 대한 이해도 그런 과정에서 얻은 것이다.

3. 천연농약과 화학농약의 차이

먼저 자닮식 농약을 왜 천연농약이라고 하는지 설명해야겠다. 자닮식 농약은 유황과 가성소다, 가성가리 등의 화학물질로 만든다. 그래서 화학농약이라고 해도 틀리지 않는다. 화학농약도 천연산(석유)에서 나온 것이어서 천연농약이라고 해도 틀리지 않는다. 자연에 존재하는 모든 천연적인 것도 실제는 화학적 원소들의 결합으로 되지 않은 것이 없으니 천연적인 모든 것은 화학적이라고 해도 틀리지 않는다. 이러한 혼돈 속에서 우리는 천연, 합성, 화학을 논해왔다. 그 차이가 무엇일까? 통념적으로 물질이 미생물에 의해 분해되는 정도를 기준하여 천연과 화학을 구분한다. 화학농약을 화학이라고 표현하는 이유는 미생물 분해가 완전히 이뤄지지 않아 토양에 축적되어 토양을 오염시키기 때문이다. 나는 천연농약을 연구한다 해서 도덕적인 우월감은 없다. 천연농약이든 화학농약이든 생명을 인위적으로 없애는 것은 마찬가지다. 그래서 좀더 적게 쓰는 방법을 찾아야 하고, 죽이는 방법보다는 기피하게 하는 방법으로 연구가 집중되어야 한다고 생각한다.

화학농약에 반드시 포함되는 합성계면활성제는 자연계

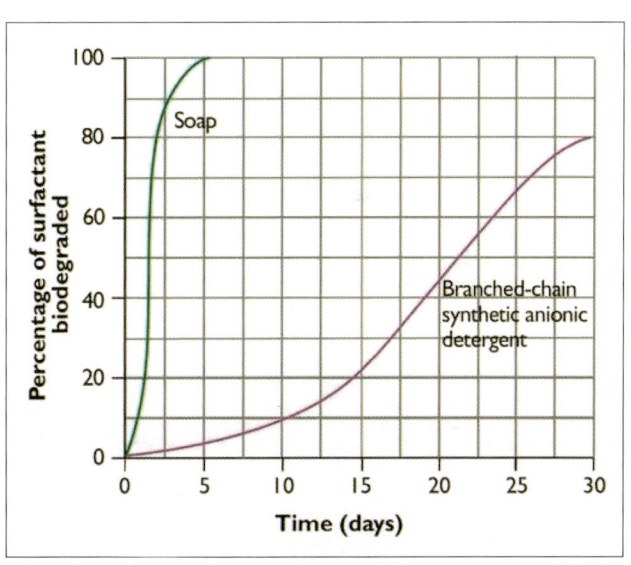

천연비누와 합성세제가 자연속에서 분해되는 차이. 천연비누는 5일만에 완전 분해된다. 자료 : nsd.wikidot.com.

에서 80%이상 분해되지 않는다. 합성계면활성제는 합성세제와 샴푸, 화장품 등에 사용하기도 하는데 쉽게 분해되지 않기 때문에 햇빛을 차단시키면서 산소의 유입을 막아 물 속에 다양한 생명들을 죽인다. 합성계면활성제의 잔류로 강물은 부영양화되어 해마다 발생하는 녹조와 적조의 주원이 되고 있다. 합성계면활성제는 인체에 축적되어 암이나 만성질환을 발생시키고 천식과 아토피의 원인이 되기도 한다.

화학농약에 사용되는 합성계면활성제가 토양속에서 분해되지 않고 축적되어 어떠한 피해가 발생하는 지는 밝혀진 것이 없지만 100년이면 1,000번 이상의 농약을 뿌린다는 것을 감안하면 상당한 피해가 유발될 것으로 추측된다. 자닮식 농약은 이 합성계면활성제를 사용하지 않는다. 자닮에서 전착제로 사용되는 자닮오일은 천연오일과 가성소다나 가성가리를 이용하여 만드는 천연비누(soap) 제조법으로 만든다. 천연비누는 단 5일 만에 99.9%가 생분해되는 것으로 밝혀져 있다. 이 근거와 국제적 기준을 근거해서 자닮식 농약을 천연농약이라 한다.

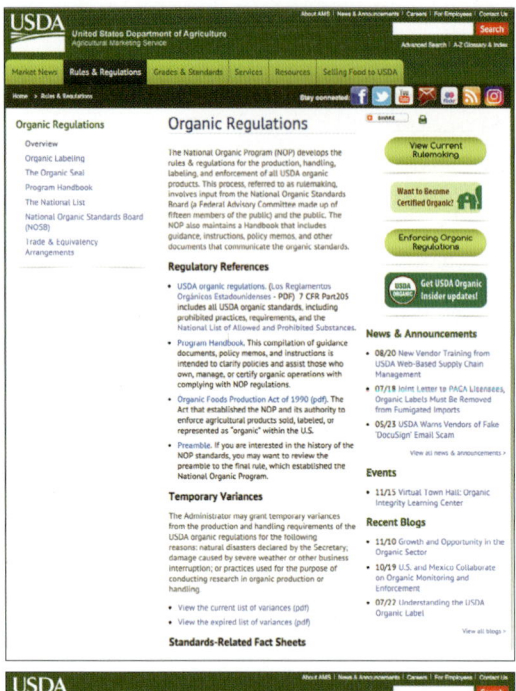
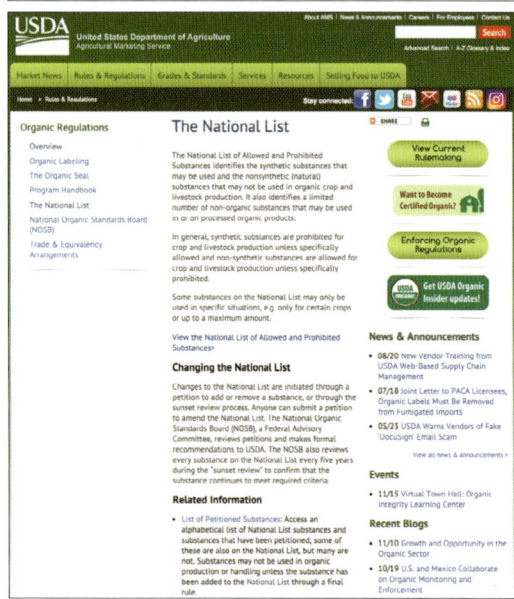

미국 유기농업에 관한 모든 규정과 정보를 담고 있는 미국농림부 공식사이트이다. www.ams.usda.gov

National List Section	Substance	Listing	Sunset
205.605(b)	Monoglycerides	Glycerides (mono and di)—for use only in drum drying of food.	3/15/2022
205.605(b)	Nutrient vitamins and minerals	Nutrient vitamins and minerals, in accordance with 21 CFR 104.20, Nutritional Quality Guidelines For Foods.	3/15/2022
205.605(b)	Ozone	Ozone.	3/15/2022
205.605(b)	Peracetic acid	Peracetic acid/Peroxyacetic acid (CAS # 79-21-0)—for use in wash and/or rinse water according to FDA limitations. For use as a sanitizer on food contact surfaces.	9/12/2021
205.605(b)	Phosphoric acid	Phosphoric acid—cleaning of food-contact surfaces and equipment only.	3/15/2022
205.605(b)	Potassium acid tartrate	Potassium acid tartrate.	3/15/2022
205.605(b)	Potassium carbonate	Potassium carbonate.	3/15/2022
205.605(b)	Potassium citrate	Potassium citrate.	3/15/2022
205.605(b)	Potassium hydroxide	Potassium hydroxide—prohibited for use in lye peeling of fruits and vegetables except when used for peeling peaches.	5/29/2023
205.605(b)	Potassium phosphate	Potassium phosphate—for use only in agricultural products labeled "made with organic (specific ingredients or food group(s))," prohibited in agricultural products labeled "organic".	3/15/2022
205.605(b)	Silicon dioxide	Silicon dioxide—Permitted as a defoamer. Allowed for other uses when organic rice hulls are not commercially available.	11/3/2023
205.605(b)	Sodium acid pyrophosphate	Sodium acid pyrophosphate (CAS # 7758-16-9)—for use only as a leavening agent.	9/12/2021
205.605(b)	Sodium citrate	Sodium citrate.	3/15/2022
205.605(b)	Sodium hydroxide	Sodium hydroxide—prohibited for use in lye peeling of fruits and vegetables.	3/15/2022
205.605(b)	Sodium hypochlorite	Chlorine materials—disinfecting and sanitizing food contact surfaces, Except, That, residual chlorine levels in the water shall not exceed the maximum residual disinfectant limit under the Safe Drinking Water Act (Calcium hypochlorite; Chlorine dioxide; and Sodium hypochlorite).	3/15/2022
205.605(b)	Sodium phosphates	Sodium phosphates—for use only in dairy foods.	3/15/2022

미국농림부가 유기재배에 허용하는 원료들의 리스트(National List Sunset Dates)다. 가성가리(수산화칼륨, potassium hydroxide)와 가성소다(수산화나트륨, sodium hydroxide)가 리스트에 포함되어 있다.
http://www.ams.usda.gov/sites/default/files/media/NOP-SunsetDates.pdf

　자닮식 천연농약은 유기재배에 국제적 기준이 되는 미국 국가유기농업프로그램(USDA National Organic Program)의 기준에 입각하여 설계하였으며 여기서 허용하는 물질 리스트(National List)에 포함되어 있는 안전한 화학물질로 만든다. 유기재배에 허용되는 물질은 미국환경보호국(EPA)에서 정하는 불활성 성분 목록(Inert Ingredients List) 3과 4에 해당되어야 하고, 3에 해당되는 물질은 식품 첨가물로 지정된 물질이어야 한다. 가성가리(수산화칼륨, potassium hydroxide)와 가성소다(수산화나트륨, sodium hydroxide)는 식품 첨가물로 분류되어 있고, EPA 기준으로 Inert 4B에 해당하는 물질이다. Inert 4B는 '공중 보건과 환경에 부정적인 영향을 주지 않는다는 결론

에 충분한 정보가 있는 것'으로 인정되는 안전한 물질에만 붙인다. 자닮은 가장 안전한 4B 등급의 물질로 농약 제조법을 연구하고 보급하기에 인간과 자연의 피해를 최소화한다. 4B 등급에는 각종 음식류, 치즈, 천연오일과 영양제 등이 포함되어 있다. 황은 약간 위험성이 있는 물질 등급인 Inert 4A에 속한다. 화학농약에는 독성이 높은 Inert 1, 2, 3등급의 물질까지 허용한다.

친환경농어업법 시행규칙 [별표1]의 허용물질. 황의 사용조건에 자닮유황 제조 과정이 포함되어 있고 식물성오일의 사용조건으로 자닮오일 제조과정이 들어가 있다. 천연식물(약초)도 포함되어 있다. 3. 의 보조제 규정에 의해 유기재배에 가성소다(4B)와 가성가리(4B)도 사용 가능해 졌다. www.law.go.kr

자닮이 개발한 자닮오일과 자닮유황은 국내 유기농업 관련법인 친환경농어업법 시행규칙의 [별표 1] 허용물질의 종류란에 황과 천연오일 부분에 사용조건으로 제조 공정이 포함되어 있다. 자닮식 천연농약이 국내 법으로 허용되기까지 상당한 고초가 있었다. 유기농업 기술 국가관련기관은 자닮의 기술을 인정하고 책자 발행까지 하여 전국적으로 보급했는데, 농자재관리 기관이 자닮식을 인정하지 않아 유기인증을 관리하는 기관은 자닮식 천연농약을 만들어 쓰는 농가들의 인증을 취소해버리는 사태까지 발생하기 시작했다. 관련기관들에게 국제

친환경인증농가는 자닮오일과 자닮유황의 원재료 구입시 국비50%내외의 지원을 받을 수 있다. 백두옹도 지원 가능하다. 연초 1~2월에 면사무소 산업계에 신청하면된다.

적으로 관련된 유기재배 규정에 적합하다는 설명을 했지만 효력을 발휘하지 못했고, 스위스 국제유기농업연구소(FIBL)와 미국농자재협회(OMRI)의 우호적인 편지도 먹히지 않았다. 무려 2년에 가깝게 극심한 혼란이 이어졌고 자닮은 절망적인 위기에 직면해 갔다. 자닮의 초저비용농업의 길이 결코 평탄치 않을 것이란 것을, 앞으로 더욱 더 강력한 세력의 도전에 직면할 것이란 것을 운명적으로 직감하는 힘겹고 힘겨운 시간이었다. 그러나 자닮의 유기농업 명인인 현영수 선생님과 환경농업단체연합회 최동근 사무총장과 김선동 국회의원과 그 보조관들의 열정적인 지원으로 국회 국정감사

JADAM 브레인스토밍(brainstorming). 자닮이 개발하거나 발굴한 농업기술을 현장에서 검증하기 위해서 다양한 약초액들과 천연농약을 박스포장하여 선도농가들에게 보내고 서로 효과를 상호 검증하는 과정을 거치면서 화려한 연구시설도 없이 자닮 농업기술이 정착되어 왔다. 사진의 인물은 자닮식구로 좌측은 김명숙님, 우측은 이상희님이다.

까지 올라가 극적으로 자닮식 농약의 허용이 결정되었다. 김선동 국회의원은 추후 논란을 없애기 위해 자닮오일과 자닮유황의 제조공정이 법에 포함되도록 해서 모든 문제를 해결하였다. 이후로 자닮식 천연농약을 자가제조하여 사용하는 농가들이 수만 명으로 확대되었고, 농림수산식품부의 친환경농업과는 친환경인증 농가가 천연농약 원재료 구입시 50%를 국비로 지원하도록 지침을 변경했다. 자닮의 기술이 만들어 낸 놀라운 성과이다.

4. 천연농약, 꼭 지켜야 할 것들

천연농약까지 직접 만들어 쓰다 보면 처음에는 그 흥분의 정도가 만만치 않다. 미생물 자가배양은 물론 액비의 자가제조, 천연농약까지 자가제조하면 농업기술을 완전히 손에 쥐는 것이어서 더욱 감동적이다. 지구상에 있는 어떤 물질도 작물에게 농도장해가 없는 물질은 없다. 물질의 세계는 성속일여(聖俗一如)다. 약도 과하면 독이된다. 자닮이 개발한 자닮오일과 자닮유황, 그리고 약초액 등이 과하게 살포하면 농도장해를 입을 수 있고 큰 피해로 이어질 수 있다. 그래서 피해가 발생하지 않도록 철저한 준비와 사전검증을 해야한다. 천연농약의 활용에서 가장 조심해야 할 것은 농도장해다. 따라서 새로운 농약을 적용할 때는 전면적인 사용에 앞서 반드시 약간량을 살포하여 사전에 농도장해 여부를 검증한 후 활용한다. 자닮은 기본적인 사용의 지침을 안내하지만 계절별, 환경별, 작물별 조건이 천차만별이어서 농가 개인적인 사전검증이 반드시 필요하다. 특히 화학농약과 혼용이나 교차살포시 반드시 사전에 농도장해 여부를 철

천연농약 공동구매시 원재료에 포함되는 설명서와 자닮오일 샘플이다. 자닮오일로 물 테스트를 한다.

저히 확인한다. 농도장해 책임은 본인의 몫이다.

물 선택을 잘해야 농약효과가 극대화된다.

농약은 작물의 잎사귀나 열매 표면에 전착이 잘되어야 효과를 낼 수 있다. 전착이 잘되어야 살균과 살충의 효과가 극대화되고 약흔이 남지 않아 작물의 잎사귀나 열매가 깨끗하게 된다. 농약 전착의 정도에 따라 농약의 효과가 좌우되고 농도장해를 회피할 수 있다. 이는 농산물의 고품질과도 밀접한 연관이 있다. 전착이 잘되는 농약을 사용하면 약흔이 남지 않는 깨끗한 열매를 얻을 수 있기 때문이다. 수확한 열매가 매끄럽고 깔끔하지 않다면, 잎사귀나 열매 등에 자국이 남는다면 농약이나 액비 살포시 전착에 문제가 있다고 판단하면 된다. 농약의 전착은 농약에 사용하는 물에 상당히 좌우된다. 따라서 연수를 선택해서 농약물로 사용하고 좋은 물로 농약도 만들어야 완벽한 효과를 기대할 수 있다. 농약은 물이 매우 중요하다.

자닮식 천연농약에서 전착제로 사용되는 자닮오일은 물에 영향을 많이 받

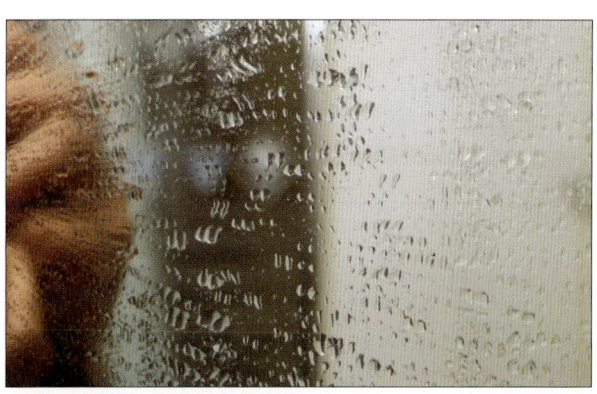

전착이 안되는 농약 자닮식 천연농약은 자닮오일과 혼용했을 때 거품이 왕성하게 발생되어야 전착이 잘된다. 이 거품이 농약에 사용되는 물에 결정적인 영향을 미친다. 거품은 농약의 전착의 효과를 가시적으로 보드러낸다. 이렇게 농약물 방울이 쪼개지는 경우는 농약의 효과가 거의 없고 약흔을 남긴다.

전착이 잘되는 농약 거품이 왕성하게 발생되는 농약은 사진처럼 농약이 골고루 잘 도포된다. 따라서 농약살포의 흔적이 남지 않고 농도장해 유발이 되지 않는다. 그리고 살균효과와 살충효과 또한 매우 높다. 농약은 거품이 생명이라해도 과언이 아니다.

자닮오일 테스트 물에 자닮오일을 약간씩 혼용해서 물이 맑고 가장 왼쪽 사진처럼 투명하게 유지되며 흔들었을 때 거품이 잘 나는 물이 최상이다.

화학농약도 물의 영향을 받는다. 시판하는 화학농약인 응애약을 경수(센물)에 혼용한 결과 거품이 확 줄어드는 것을 확인할 수 있었다. 거품이 줄면 전착이 잘되지 않는다.

는다. 천연비누 거품이 잘 나지 않는 경수(센물)와 자닮오일을 혼용하면 전착효과가 떨어진다. 따라서 반드시 농약에 사용할 물이 경수인가 연수(단물)인가를 테스트하여 연수를 골라 농약물로 사용해야 한다. 대부분 농가들의 지하수나 지표수는 연수이지만 비닐 하우스 밀집지역 등의 경우 경수인 경우가 많다. 지역마다 국가마다 상당한 차이가 있다. 칼슘(Ca)과 마그네슘

(Mg), 철(Fe)이 많이 들어가 있는 물을 경수라고 한다. 경수 여부의 판단은 자닮오일 테스트로 간단히 알 수 있다. 농약으로 사용할 물에 자닮오일 약간량 100배 정도를 혼용해 봄으로서 경수와 연수를 손쉽게 판정할 수 있다. 자닮오일을 물에 혼용하였을 때 맑고 투명한 물 색이 유지되고 흔들었을 때 거품이 왕성하게 나는 물이 연수이다.

전착효과가 없는 농약을 살포하면 사진처럼 약흔이 남고 이 약흔은 농도장해의 원인이 되면서 농산물의 품질을 떨어뜨린다.

앞면의 사진은 자닮오일 테스트로 연수 여부를 판정하는 것이다. 좌측의 물은 자닮오일 혼용으로 물 색이 전혀 변하지 않았다. 우측으로 갈 수록 우윳빛처럼 뿌옇게 변하는 정도가 우측의 물은 거품까지 전혀 발생하지 않는다. 중간의 물은 약간의 탁함이 있고 거품이 덜 발생하였다. 좌측의 물이 농약물로는 최상이다. 이런 물로 자닮오일도 제조해야하고 약초도 삶아 내야하고, 미생물 배양을 해야 완벽한 농약이 된다. 화학농약은 전착제로 합성계면활성제를 사용하여 자닮식 천연농약에 비해서 물의 영향을 덜 받기는 하지만 경수와 혼용되면 거품이 줄고 전착효과가 떨어지는 경향이 있어 화학농약에서도 물의 선택은 중요하다고 본다.

주변의 물에서 연수를 발견하지 못하면 빗물을 사용할 것을 권한다. 첫 비가 내리기 30분이 지난 후 빗물을 받아 농약물로 사용하면 매우 좋다. 첫 빗물은 오염원이 많아 권하지 않는다. 빗물은 연수의 대표적인 물이라고 할 수 있다. 빗물로 빨래를 하면 잘되고 목욕을 해도 피부가 매끄럽게 되는 것은 빗물이 연수이기 때문이다. 만약 빗물도 여의치 않으면 경수를 연수로 만드는 연수기를 사용할 것을 권한다. 연수기는 양이온교환수지가 포함되어 있

자닮 농업용 연수기 (구입문의 : 1899-5012)

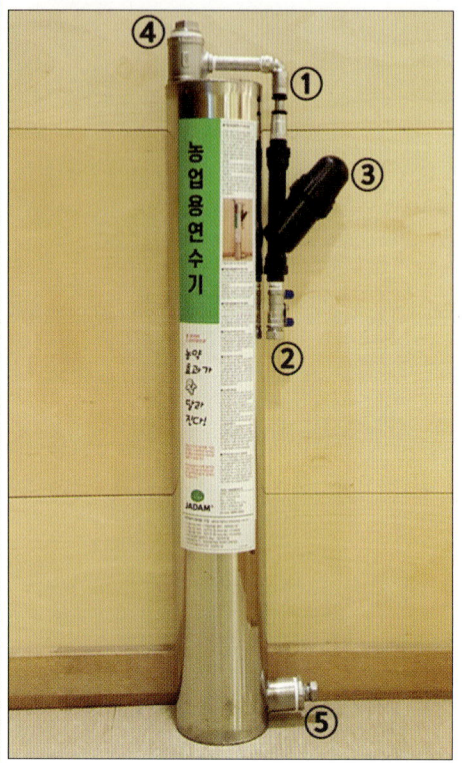

■ **자닮 농업용연수기의 기능**
농약으로 사용하는 물에 칼슘(Ca)이나 마그네슘(Mg)이 많은 물(경수)은 뻣뻣하며 비누거품이 잘나지 않고 농약의 침투와 전착의 효과가 약화되어 방제효과가 떨어진다. 농업용연수기는 양이온교환수지에 의해 물 속에 있는 칼슘 및 마그네슘과 철분 등의 양이온을 제거되어 농약에 효과가 좋고 거품도 왕성한 연수로 바꿔준다. (제품규격 : 210X1100mm 무게 : 27kg)

■ **자닮 농업용연수기 설치방법**
1. 연수기를 수직으로 세워 고정한다.
2. 별도 포함된 여과기 세트를 옆 사진의 ①번 위치에 연결(연결시 검은색 부분을 먼저 위로 **단단히** 밀어올린 상태에서)하고, 15mm 호스를 연수기 입수구(옆 사진의 ②번 위치)에 연결한다. 여과기(옆 사진의 ③번 위치)속에 여과망은 수시로 칫솔을 사용하여 세척해 주어야 한다.(연수되는 물량이 줄어들면 여과망 청소가 필요함)
3. 연수기 하단부 (윗 사진의 ⑤번 위치)퇴수로에 15mm 호스를 연결한다. 처음 사용시 나오는 갈색을 띤 물은 빼내고 사용한다.
4. 500ℓ 생산하는데 약 30분 내외 소요된다. 한번에 15톤 내외를 생산할 수 있고 소금물 재생으로 재사용이 가능하다. 농약혼합전 자닮오일 테스트를 하여 물이 투명하게 풀리는지 반드시 확인하여 사용한다. *겨울은 동파 방지에 유의한다. 월 유지비는 5000원 미만에 불과하다.

■ **자닮 농업용연수기의 능력** 자닮이 제작한 농업용연수기 용기 안에는 양이온교환수지 약 17ℓ가 들어있다. 이 수지 1ℓ 당 약 1톤의 물을 연수시키는 능력이 있어 총 15톤 내외의 물을 연수시킬 수 있다. 농약살포 500ℓ를 기준으로 30회분을 생산하는 능력이다. 연수능력은 물의 경도에 따라 차이가 있을 수 있다.

■ **연수능력 확인검사 방법** 수시로 연수능력을 확인하며 사용한다. 방법은 연수되어 나온 물에 자닮오일을 약간량을 혼합해서 흔들었을때 조금이라도 뿌옇게 된다면 소금물 재생이 필요하다. 자닮오일이 맑고 투명하게 풀리면 정상적으로 연수가 된 것이다.

■ **농업용연수기의 재생** 연수기 용기 안에 들어가 있는 양이온교환수지의 양이온 교환능력은 한계가 있다. 지속적인 연수기능 유지를 위해서는 소금물 재생이 필요하다. 소금물 재생은 15회 내외 가능하다. 물에 따라 양이온교환수지의 사용시간이 달라져 1년에 한번 정도 갈아주게 될 수도 있다. 1년에 1회 수지 교환 비용을 고려하면 유지비가 월 5천원정도 들어간다.

■ **소금물 재생법**
1. 연수기 퇴수로(좌측 사진의 ⑤번 위치)에 호스를 바닥으로 내려 물을 완전히 뺀다.

www.jadam.kr에 연수기 'DIY 자가제작' 동영상이 있다.

2. 물 7ℓ에 하얀 꽃소금을 2.5kg 녹인다.
3. 소금물을 연수기 상단의 뚜껑(좌측 사진의 ④번 위치)을 열어 주전자를 이용해서 가득 부어 2ℓ 정도를 흘려보내고 ⑤번을 막고 12시간 이상 경과시킨다.
4. 연수기 하단 퇴수로(좌측 사진의 ⑤번 위치)에 연결된 호스를 바닥으로 내리고 소금물을 빼낸다.
5. 연수기 입수구로 물을 통과시켜 10분 정도 빼내어 소금물을 완전히 씻어낸다.
6. 재생후 연수된 물 약 500cc에 자닮오일을 약간 혼합하여 흔든 다음 맑고 투명하게 풀리고 거품이 왕성하게 나오면 재생 성공이다. 대략 15회 내외 소금물 재생이 가능하다.(물에 따라 오차가 큼)   *정기적인 소금물 재생은 수지의 수명을 늘림.

■ **양이온교환수지 교환 방법** 연수기 바닥에 눕힌 후 ④의 뚜껑을 연다. ⑤번의 퇴수구에 ②번에 연결된 호스를 연결하여 물을 넣는다. 그러면 수지가 잠시후부터 ④번으로 빠져나온다. (빠져나 온 수지는 토양에 버리지 않는다.) 연수기 내 수지가 완전 제거된 것을 확인하고 연수기를 세워 설치 후 ④번 입구에 구멍에 맞는 깔때기 이용, 양이온 교환 수지 13kg정도를 계량해서 넣는다. ④번의 뚜껑을 닫고 ②번에 물을 연결하면 작업완료. 수지교환 후 처음나오는 갈색을 띤 물은 빼내고 사용한다. 양이온 교환수지는 자닮에서 판매한다.

연수기를 통과하며 바로 연수로 바뀐다.

천연농약의 효과를 높이는 연수기를 직접 만든다.

스스로 농업용 연수기를 만들 수 있도록 관련 부품을 자닮 쇼핑몰에서 판매한다. 별도로 양이온교환수지와 용기를 구입하면 된다. 60ℓ파란통의 연수기는 양이온교환수지가 25~50ℓ들어가고 연수능력은 10~20톤이 되는 대형급이다. 총비용 15만원 정도에 제작이 가능하다. 25ℓ 수지를 소금물 재생시킬 때는 10ℓ의 물에 2.5kg 소금을 녹여서 한다.

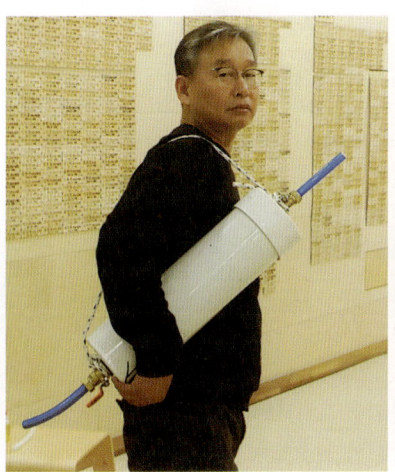
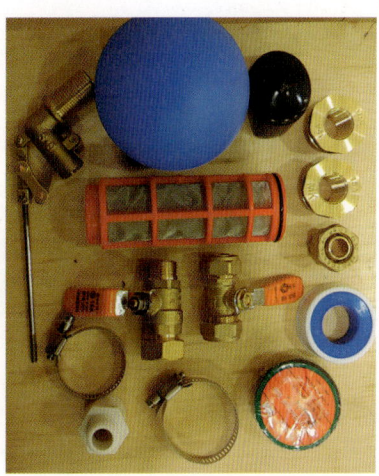

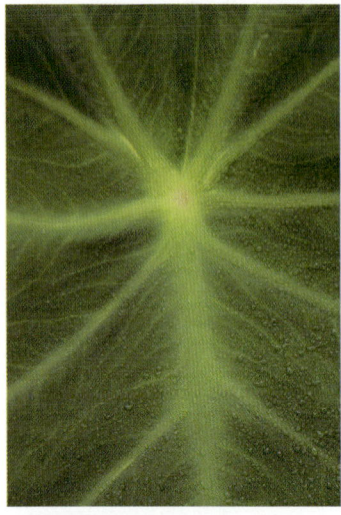  

농약은 먹는 약이 아니고 바르는 약이기 때문에 농약물이 잘 전착되지 않으면 의미가 없다. 전착성을 높이려면 반드시 연수를 사용해야 한다. 자닮오일의 혼용양을 늘릴 수록 전착효과는 증대된다. 사진의 좌측은 500ℓ 기준 자닮오일을 3ℓ, 중간은 5ℓ, 우측은 8ℓ 넣은 것이다. 일반 시판 농약도 물이 거의 묻지 않는 토란이나 파 표면에 농약을 묻히기가 어렵다. 그러나 자닮오일을 연수에 혼용하면 전착효과가 매우 높아진다.

건조하고 맑은 시간대에 농약을 살포하면 벌레 표면에 묻은 농약이 1~2분내에 증발해서 살충효과가 떨어진다. 반대로 습도가 높고 흐린 시간대에 살포하면 벌레 표면에 농약이 오래 머물게 되고 작물 전체에 묻은 농약이 쉽게 마르지 않아 벌레는 서너 시간 이상을 농약물에서 헤매이게 되며 살충효과가 높아진다.

어 물이 통과하는 순간 물 속에 있는 칼슘(Ca)과 마그네슘(Mg), 철(Fe)과 같은 양이온을 제거하여 연수를 만든다. 인터넷에서 연수기를 검색하면 아주 다양한 연수기가 등장한다. 일반 가정에서도 목욕물로 특히 아토피가 심한 가정에서는 연수기를 사용하고 있다. 연수기는 수돗물을 만드는 정수장이나 대중 목욕탕, 대형 건물 보일러 시스템에 많이 사용한다. 연수기는 원리가 단순하여 개인

제작도 가능하다. 자닮 사이트(www.jadam.kr)에서 연수기를 검색하면 농가가 제작한 연수기를 볼 수 있다. 자닮에서도 농업용에 최적화한 연수기를 직접 제작하여 판매하고 있다. 스테인레스 여과망을 부착하고 올 스테인레스로 제작하여 반영구적으로 사용할 수 있다. 물을 연수로 바꾸면 농약효과가 극대화된다. 연수화시키는데 월 5,000원 미만의 비용이면 충분하다.

대기 중 습도가 높을 때를 선택한다.

천연농약은 독성이 화학농약에 비해 현저히 약하기 때문에 살포 시간대를 잘 선택해야 확실한 방제 효과를 볼 수 있다. 대기중에 습도가 낮고 맑은 날은 농약의 증발이 순식간에 일어나서 살균과 살충효과가 떨어진다. 대기 중에 습도가 높은 시간대 일 수록 농약의 증발이 지연되어 농약효과가 높아진다. 이것은 화학농약도 같다. 일반적으로 이슬이 있는 시간에 농약을 살포하면 농약이 희석되어 약효가 떨어진다는 선입견을 갖고 있는데 천연농약은 이슬이 있을 때 일 수록 효과가 높아진다. 이슬이 있는 경우라도 진딧물과 응애 등의 표면에는 이슬이 없다. 작물에 이슬이 맺혀있다는 것은 대기 중 습도가 100%에 가깝다는 것으로 농약이 잘 증발되지 않는다. 이른 새벽에 습도가 가장 높다. 불가피하다면 흐린 날 해질녘도 가능하다. 대기 중의 습도가 어느 정도인지, 천연농약을 살포하기 좋은 시간대인지를 알려면 물을 작물에 스프레이해서 바로 확인할 수 있다. 습도가 높으면 낮에도 증발이 잘 일어나지 않는다. 이런 경우는 낮 방제도 가능하다. 비닐하우스의 경우 비오는 날은 낮에도 농약을 살포할 수 있고 인위적으로 습도를 올려 증발을 막기 위해 농약 살포량을 약간 높일 수도 있다. 또한 겨울철 시설하우스는 저녁 방제 보다는 아침 방제가 습도관리 부분에서 유리할 수 있다. 요즘은 스마트폰으로 날씨 앱을 깔면 손쉽게 지역의 이슬점 온도와 습도를 실시간으로 볼 수 있는데 현재 대기 중의 습도가 얼마며 몇 도에서 이슬이 맺히는지를 추정할 수 도 있다. 천연농약을 어떤 노즐로 살포하느냐도 중요하다. 농약이 많이 나간다고 무조건 좋은 것이 아니다. 노즐을 비교하여 입자가 아주 잘게 부서져 나가는 노즐을 선택한다. 농약량을 적게 들이고도 높은 방제 효과를 얻을 수 있다. 방제효과를 높이기 위해 작물에게 골고루 잘 묻을 수 있도록 꼼꼼하게 살포해야한다. 과수의 경우 도장지가 많고 잎사귀가 무성하면 농약이 고루 살포될 수 없어 방제가가 떨어질 수 있다. 완벽한 방제를 위해서 전정과 유인도 중요하다. 햇빛과 공기가 골고루 잘 통하게 전정과 유인을 하면 나무에게도 좋고 농약 방제 효과도 높아진다.

반드시 혼용 테스트와 농도장해 테스트를 한다.

농도장해에서 완벽하게 자유로운 농약은 없다. 물도 과하면 작물에게 독이 될수 있다는 사실을 명심하고 새로운 농약의 전면적인 살포전에는 반드시 농도장해 테스트를 한 다음 안전을 확인하고 본격 살포에 들어간다. 자닮의 농약지침대로 농약을 살포하더라도 전착이 고루 안되면 농약이 부분적으로 뭉치는 현상이 생기고 약흔이 생겨 농도장해가 유발될 수 있다. 약흔이 남은 부분에 농약의 농도가 높아져 농도장해가 발생하는 것이다. 앞서 말했듯이 물의 선택이 매우 중요하다. 농도장해가 발생하는 경우로 첫째, 약흔이 약해가 되어 부분적인 장해가 생기는 경우 둘째, 농약과 작물이 안 맞아 잎사귀 가장자리나 열매의 부분에 붉은 갈반현상이 생기는 경우 셋째, 액비나 화학농약과 혼용이나 교차 살포로 인한 장해가 있을 수 있다. 첫째와 둘째는 농도장해 테스트를 하고 2~3일 경과하면 확인할 수 있는데 세 번째는 수주가 지나서 장해가 확인되는 경우가 있으니 세심한 주의가 필요하다.

 농약을 전면적으로 살포하기 전에 아래 사진처럼 농약량을 1/1,000로 축소 혼용해서 농약이 잘 혼합되는지 거품이 왕성하게 유지되는지를 관찰한다. 농약에 혼용하는 물질들간에 조화가 이뤄지지 않으면 엉김이 생기거나 거품의 발생량이 줄게 되니 사전에 혼용 테스트를 해서 반드시 확인한다. 물과 부엽토로 만드는 자닮식 액비와 자닮오일, 자닮유황, 약초액은 자닮오일과 잘 조화된다. 반면에 설탕이나 당밀로 만든 액비, 식초, 목초, 바닷물은 엉김을 만들고 거품을 줄인다. 꼭 사용할 필요가 있다면 1,000배 이상으로 희석배수를 늘려야하고 가급적 농약에 혼용하지 않는다.

알콜은 자닮오일과 잘 혼용된다. 화학농약과 자닮식 천연농약의 혼용도 반드시 사전에 부분적인 혼용테스트를 해서 엉김 여부와 거품의 감소 여부를 확인하고 이상이 없을 때 사용한다. 시판 화학농약중에 자닮식 천연농약과 혼용이 잘되지 않는 농약이 일부 있다. 델란수화제와 그 계열의 농약은 반점이 생길 수 있어 혼용과 교차살포를 금한다. 혼용 테스트로 이상없음을 확인하면 일부 작물에 농약을 스프레이로 살포하고 2~3일간 농도장해 여부를 살핀다. 이상이 없다고 판단되면 전면적인 살포에 들어간다. 작물의 생육초기와 비닐하우스 작물은 잎사귀가 연해서 세심하게 주의해야 한다.

농약을 혼용하는 법 500ℓ의 농약을 만들려면 먼저 농약용기에 400ℓ 정도의 물을 채우고 자닮오일이나 자닮유황, 약초액 등 중에서 각각 하나씩 물에 넣고 저어주는 식으로 순차적 혼용을 한

1ℓ의 투명한 병에 물을 400cc 채우고 약국에서 판매하는 5cc용 주사기로 혼합하고자 하는 농약을 순차적으로 혼용하고 500cc를 맞춘 다음, 흔들어서 거품의 발생량과 엉김이 있나 여부를 확인해본다. 이것은 500ℓ의 농약을 1/1000로 축소하여 사전 농도장해테스트를 하는 방식이다. 스프레이를 통해 작물에 살포하고 약흔과 농도장해 발생여부를 확인한다. 사진처럼 보이면 혼용 테스트 합격이다. 엉김이 안보이고 거품이 왕성하다.

다. 마지막으로 물을 넣어서 500ℓ를 맞추고 전체를 다시 고루 저어준다. 자닮유황 원액과 자닮오일 원액과 직접 혼용하면 엉김이 생긴다. 저온기에는 농약이 덜 풀어지는 경우도 있으니 교반을 더 꼼꼼히 한다. 농약은 살포직전에 혼용하여 사용하고 남은 농약은 보관후 재 사용하지 않는 것이 원칙이다. 남은 농약이 탁해지지 않았다면 1~2일 후 재 살포가 가능할 수 있다. 특히 자닮유황이 혼용된 경우 살포 후 농약이 남았다고 작물에 재살포하면 농도장해가 발생할 수 있다. 500ℓ의 농약으로 약 1,000평 내외를 살포할 수 있다. 그러나 작물의 크기와 재식거리 등에 따라서 큰 차이가 있다.

 다음에 천연농약에서 꼭 지켜야할 것을 요약해 놓았다.

❶ 농약에 사용할 물은 자닮오일 테스트를 해서 연수 여부를 확인한다.
❷ 혼용 테스트시 엉김이 생기거나 거품을 줄이는 물질은 사용하지 않는다.
❸ 농약살포 시간은 대기중에 습도가 높은 시간대를 선택한다.
❹ 농약 혼용 시 원액끼리 섞지 말고 순차적으로 물에 직접 혼용한다.
❺ 전면적 살포 전에 반드시 부분적인 농도장해 테스트를 한다.
❻ 화학농약과 교차나 혼용 살포 시 사전에 농도장해 유무를 확인한다.
❼ 제조한 천연농약은 전량 다 사용하고 화학농약 용기와 분리한다.
❽ 수정벌이 있는 경우 벌집의 문을 닫고 살포하고 환기 후 열어준다.
❾ 자닮식 천연농약 살포 직후 물에 씻어 먹을 수 있다. 수확은 바로 가능하다.
❿ 약초 삶은 물 등은 여과를 잘하고 침전물을 제외하고 혼용한다.

5. 나도 천연농약 전문가

　농약의 세계는 첨단 학문으로 무장한 전문가들과 거대기업의 독점적 영역으로만 인식했다. 그래서 천여 종이 넘는 균과 충들의 생리생태를 파악하고 이를 제어할 수 있는 농약을 농가 스스로 만들어낸다는 것은 상상도 할 수 없었던 것이다. 국내서 판매하는 화학농약의 종류가 무려 400여 종이 넘게 있고 각각의 균과 충별로 세분화되어 있어 농약의 자가제조는 가당치도 않은 일처럼 보인다. 어렵다고 농약의 자가제조 부분을 초저비용농업에서 제외하면 초저비용이 의미가 없기에 농약의 자가제조 실현을 위해 필사적인 연구노력을 경주했다. 알베르트 아인슈타인이 "네가 그것을 쉽게 설명하지 못하면 너는 그것을 모르는 것이다."라고한 글을 읽으며 농약 부분을 쉽게 설명할 수 있는 수준까지 올라갈 수 있을까 염려도 했었다. 그러나 십여 년을 끊임없이 노력하다 보니 하나씩 하나씩 해결의 실마리가 보이기 시작했다. 농약 연구 처음부터 농가 자가제조를 목적으로 했었기 때문에 기술을 단순하고 쉽게 진전시키려 노력했다. 농업기술을 어떤 관점으로 이해하느냐에 따라 단순해지기도 하고 복잡해지기도 하는 것처럼 농약 분야 또한 마찬가지라는 사실을 깨달았다. 기술이 진리에 가까이 도달할 수록 평이해지고 단순해지는 특성이 있는데, 필자가 발견한 천연농약 분야 역시 그렇다.

　자닮은 농민 스스로 천연농약 전문가가 충분히 될 수 있고 되어야 함을 강조한다. 자닮이 개발한 천연농약 제조법은 밥짓는 기술 수준만큼 쉽고 비용이 농약을 사서쓰는 것보다 1/50까지도 줄기에 당연한 선택이다. 평생 농약을 사용할 수 밖에 없는 상황에서 농약의 고비용을 들여가며 기업에 의존할 수만은 없다. 나는 아내를 천연농약의 전문가로 키울 것을 강력하게 권고한다. 천연농약 분야를 아내가 든든하고 안정적으로 이끌어간다면 유기농업의 세계를 큰 어려움없이 진척해 나갈 수 있을 것이다. 저자는 기술의 독점과 기득권을 은연중 과시하며 은혜 베푸는 듯한 행동을 체질적으로 싫어한다. 모두 천연농약 연구의 길을 함께 걸어가자. 여러분 부엌에 있는 도구만으로도 농약연구는 충분하다. 먼저 첨단 학문인듯한 농약학에 도전하기 위해서 복잡한 개념들을 아주 단순화시키는 작업이 필요하다. 그래서 첨단 농약학을 단순한 상식의 세계로 끌어내려보자. 전 세계서 발행되는 최신 농약학 책들을 아무리 들여다보아도 거기서는 자급의 길을 찾을 수 없다. 대담 무식한 발상의 전환이 필요하다.

농업에 피해를 주는 균과 충의 종류가 무려 수천 종이 넘는다. 이 모든 균과 충의 생리 생태를 파악하고 발병 조건 등을 꼼꼼히 따져 각각의 충과 균들에 대응하는 방제 방법을 개발해야 하는 것이 기본인 듯하지만 이 길은 우리가 갈 수 없다. 먼저 균과 충의 구분에 관한 문제부터 해결해보자. 일반적으로 균과 충은 현저한 차이가 있어 균에는 살균제를 충에는 살충제를 사용해야하는 것으로 안다. 그러나 자닮은 균과 충의 차이를 단순 크기의 차이로만 본다. 단순 크기의 차이로만 보게 되면 균을 제어할 수 있는 살균제로 충을 잡으려면 농약의 양만 늘이면 된다는 접근이 가능하다. 지금까지는 균과 충을 근본적으로 다른 생명으로 접근했기에 두 종류를 잡으려면 두 가지 이상의 농약이 있어야 됐지만 크기 차이로 접근하면서 한 가지 물질을 가감함으로 살균과 살충효과를 얻을 수 도 있다는 것을 알수 있다. 이제 농약이 반으로 단순해졌다. 그래서 하나의 농약이 살균제가 되기도 하고 살충제가 되기도 한다.

해마다 새로운 화학농약이 나와 다양해지고 균별로 충별로 더욱 세분화되어 간다. 농약의 세분화를 과학적 연구의 결과라고 이해할 수도 있겠지만 저자는 농약의 세분화를 순수하게 보지 않는다. 상업적 목적의 세분화라고 본다. 농약의 세분화가 과학적으로 불가피한 것이라고 인정하면 우리는 농약 자급의 길을 찾을 수 없다. 이 세분화의 복잡성 문제를 해결해야만 하기 때문이다. 누구나 사용하는 화장품이 기발한 아이디어를 제공한다. 오래 전 처음 대중적인 화장품이 등장했을 때는 '동동구루무' 하나였다. 그것이 봄·여름·가을·겨울용으로 분화되고, 남녀노소용으로 다시 분화되고, 신체 부위별로 분화되고, 기능성별로 분화되어 수천 종의 화장품이 범람하는 현재가 되었다. 예전에 화장품은 동동구루무 하나면 충분했었다고 생각했었지만 지금은 수십, 수백 가지가 있어야 만족한다. 이 화장품의 세분화는 농약의 세분화와 닮았다고 생각한다. 꼭 필요하여 세분화되었다기 보다 상업적인 목적을 달성하기 위해 의도적으로 세분화하였다는 것이다. 모든 것이 세분화되는 과정에서 우뚝 한가지로 버티는 약이 있다. 전 세계인들이 모두 복용하는 구충제이다. 요즘 구충제는 이름 앞에 광범위를 붙이고 있다. 회충은 기본이고 편충과 요충, 십이지장충까지 박멸하기 때문이다. 단지 약 하나로 충의 모든 것을 다 해결한다. 이것을 보면서 농약도 단순하게 한 가지로 개발할 수 있을 것이란 가능성을 엿보았다. 자닮식 농약연구는 구충제를 모델로 한다. 단순한 조합으로 농약을 만들어 한 방으로 모든 것을 해결하는 쉬운 농약의 길을 열어보자. 이제 복잡성의 문제에서 빠져나와 단순함으로 농약 자급의 희망을 찾는다.

농약의 세분화로 인한 복잡성의 문제를 구충제를 모델로 극복해나가고 이제는 다양한 균과 충의 복잡성 문제를 해결해보자. 농업에 관련된 균과 충

의 정보를 모으다보면 농약은 점점 어려워지고 자급의 길을 전혀 찾을 수 없다. 대담한 발상의 전환이 필요하다. 수천 여종의 균과 충이 있지만 단순화시켜서 균문제는 흰가루병만보고 충 문제는 진딧물만 바라본다. 만일 흰가루병을 잡을 수 있다면 이 기술을 응용하여 모든 병원균을 다 잡을 수 있고, 진딧물을 잡을 수 있는 기술을 확보하면 이 기술을 응용하여 모든 해충을 다 잡을 수 있다고 보는 것이다. 그래서 모든 복잡성의 문제를 내려놓고 흰가루병과 1대 1 담판과 진딧물과 1대 1의 담판만을 성공시키기 위해 노력한다. 모든 농가들이 가장 힘들어하는 것이 흰가루병과 진딧물이기에 이것만 제어하는데 성공해도 대박이다. 막연하고 참 무식한 얘기처럼 들리지만 이것이 현실에서 통한다. 실제 흰가루균을 잡을 수 있는 농약만 만들면 이것을 약간 변형하여 대부분의 균을 제어할 수 있다. 마찬가지로 진딧물을 잡을 수 있는 농약만 만들면 이것을 약간 변형하면 대부분의 충을 제어할 수 있다.

초저비용농업에 핵심기술이 담긴 '천연농약 전문강좌'를 정기적으로 자닮 대전교육장에서 개최하고 있다. 강좌일정은 www.jadam.kr에서 공지한다.

또한 흰가루균을 잡을 수 있는 농약을 조금 진하게 하면 진딧물도 잡는다. 생각의 과감한 비약이 괴력을 발휘하는 순간이다. 이런 단순한 방식으로 농업에서 발생되는 균과 충의 문제를 90% 정도는 해결할 수 있다. 10% 부족한 부분은 몇 가지 옵션을 붙여 해결한다.

균과 충의 차이를 크기의 차이로 보아 농약을 단순화시키고, 농약의 세분화 문제를 구충제를 모델로 하여 극복하고, 균과 충의 복잡성 문제를 흰가루병과 진딧물로 단순화시켜 해결하여, 자닮은 첨단 농약학을 평범한 상식의 세계로 끌어내렸다. 그래서 어떤 농민도 쉽게 접근할 수 있고 참여할 수 있는 대중적 농약 연구의 세계를 열었다. 이런 과정으로 십여 년의 연구가 집약되면서 자닮의 천연농약 자가제조법은 밥 짓는 기술 수준으로 쉽게 완성되었다. 유기농업 기술을 'SESE'로 이끌겠다는 꾸준한 노력의 결과로 농

2003년부터 후원이 시작되면서 매월 정액후원을 해주시고 있는 후원자님들께 고마움을 표하기 위해 자닮 대전교육장 벽면에 자작나무에 명찰을 만들어 붙여 놓았다.

민 누구나 개발자로 참여하여 전문가의 길을 걸을 수 있는 '천연농약 범용 솔루션'이 구축된 것이다.

　자닮은 농업기술을 누구나 접근 가능한, 누구나 개발자로 참여할 수 있는 '생활 과학'으로 정착시키기 위해 노력해 왔다. 저자는 농업기술의 주도권을 농민이 쥐고 농업기술을 상업자본의 종속으로부터 벗어나게 해야 농업 희망이 있을 수 있다고 믿었기에, 자닮 조직을 수십 년 이끌어오면서 완제품 농자재나 농약을 판매하는 수익사업에 일절 손을 대지 않았다. 6만명에 육박하는 자닮회원을 대상으로 농자재 판매 사업을 하면 상당한 돈을 모을 수 있었을 것이다. 농자재 판매에 발을 들여놓는 순간 자닮의 기술 공개와 공유의 힘, 자닮 고유의 집단지성의 문화가 쇠락할 것이라고 판단했다. 농자재 매출을 올리려면 자가제조의 불확실성을 부각시키고 사서 쓰는 것의 편리성과 정확한 효과를 은연중에 강조할 수 밖에 없게 된다. 이렇게 하면 농자재 자가제조 기술로 구축된 초저비용농업의 근간을 흔들어버린다.

　그동안 초저비용농업을 견지해오면서 상당한 재정적 어려움을 겪어 왔다. 그러나 다행스럽게 자닮이 진행하는 '천연농약 전문강좌'는 7년 연속 성황을 이뤘고 자닮의 취지를 공감하는 여러분들의 매월정액후원(CMS)이 이어졌다. 후원은 15년 전부터 시작되었고 후원의 고마움을 표시하기 위해 자닮 대전교육장 벽면에 자작나무 명패를 붙여놓았다. 자닮의 초저비용농업은 나 한 사람의 노력으로 불가능했다. 뒤에서 든든히 재정을 받침해 준 후원회원들과 긴 세월 함께 해온 충직한 자닮 식구들이 있어서 가능했고 평생의 결실로 얻어낸 귀중한 정보를 함께 흔쾌히 공유해주신 유기농업의 명인들이 있었기에 가능했다. 자닮에 정기 후원은 www.jadam.kr을 통해서 할 수 있다. 영문사이트 en.jadam.kr은 페이팔을 통해 후원을 받는다. 자닮 후원자는 그동안 축적된 모든 동영상을 볼 수 있고, 후원자간 교류, 후원자 모임에 참여할 수 있고, 후원 감사패를 보내드린다. 자닮 정기 후원자가 없었다면 자닮은 이미 문을 닫았을 것이다. (문의 1899-5012, vnt0226@naver.com)

자닮의 천연농약 제조법이 밥 짓는 기술 수준으로 단순하고 쉬워졌다. 초저비용농업을 실현하는 데 필요한 모든 기술은 자닮사이트에서 실시간 공유한다. 보고 배워서 바로 만들고 농사에 적용해 보면 흰가루병과 진딧물쯤은 수월하게 해결할 수 있다는 것을 확인하게 될 것이다. 진딧물 잡고 흰가루병 잡을 능력만 있으면 천연농약 전문가로서 자격이 충분하다. 전문가란 사람들 뒤만 쫓아다니지 말고 내가 직접 농약전문가로 나서보자. 천연농약의 자급 절대 포기해서는 안 된다. 이 부분에서 비용을 과감하게 절감시켜야 자생력이 강한 초저비용농업이 가능하다. 농약을 농민이 자급하게 되면 농업기술의 주도권이 농민에게 완전히 이전되는 자닮의 역사적 비전이 완성된다. 자닮식 천연농약 방식은 유기농업의 기술적 걸림돌이었던 병충해 방제의 난관을 극복하게 하고 전 세계 유기농업의 대중화에 굳건한 초석이 될 것으로 확신한다.

6. 자닮식 천연농약 연구는 이렇게

천연농약의 전문가가 되려면 천연농약을 어떻게 연구할 것인지 아는 것이 기본이다. 연구 방법조차 습득하지 못하고 전문가 행세를 한다면 곤란하다. 어떻게 천연농약을 연구할 것인가? 일단 첨단 연구 설비의 욕구를 단호히 접고 우리 일상에서 쉽게 접할 수 있는 것만으로 연구 방법을 찾아내기로 한다. 나는 농업기술을 단순하고 쉽게 접근할 수 있는 생활 과학으로 정착시키는 것을 목표로 첨단 연구 기자재를 의도적으로 배제하면서 가능한 연구 방법을 찾아왔다. 그 결과물이 자닮식 '그릇 연구'이다. 그릇 연구 방식을 이용하면 누구나 부엌에 있는 그릇으로 살균제와 살충제 연구를 어려움 없이 해낼 수 있다. 첨단 연구 설비 없는 자닮식 그릇 연구가 초라하게 보일

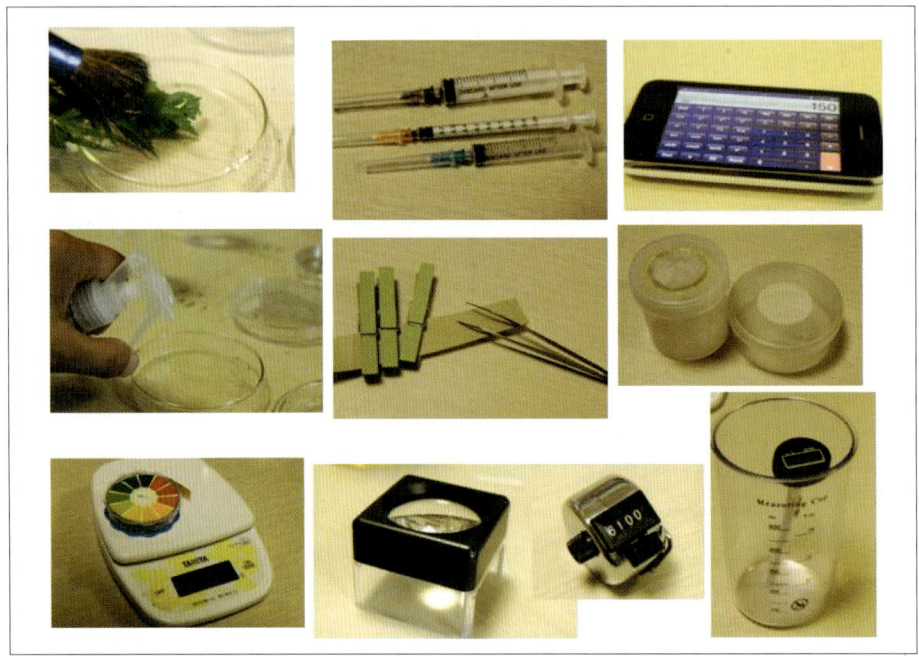

자닮 천연농약연구소의 연구 기자재들이다. 여기에 집에 있는 그릇들을 곁들이면 농약연구소는 완성된다. 명함까지 파면 연구소장 취임이다. 간단한 도구와 부엌의 그릇만으로 살충제와 살균제를 연구하고 농업에 적용하여 효과를 바로 확인할 수 있다. 천연농약연구소 창립에 5만 원 정도만 투자하면 된다.

수도 있겠지만 오차 발생률이 적어 농업 현장 그대로 통한다.

먼저 천연 살균제 연구부터 시작한다. 살균 성분이 있다는 천연 물질은 공개된 자료가 많으니 걱정할 것이 없다. 문제는 그 천연 물질을 살균제로 사용하면서 어떻게 효과를 확인하느냐이다. 병원균도 수백 종이 넘으니 그 모든 균의 실험을 어떻게 감당할 수 있을지 처음부터 난감할 것이다. 균을 각각 분리해서 실험하는 것은 우리의 범주를 넘어선다. 그래서 아주 간단하게 한 번에 몰아서 실험하는 것으로 대책을 삼는다. 실험균은 인접산의 부엽토에서 가져와 물과 혼합하여 부엽토 물을 만들고 이것을 실험 대상 미생물로 삼는다. 수만 수천 종을 한 번에 실험의 대상으로 삼는 것이다. 물컵을 이용한 천연 살균제 실험을 해보면 어떤 천연 살균제가 몇 배에서 살균

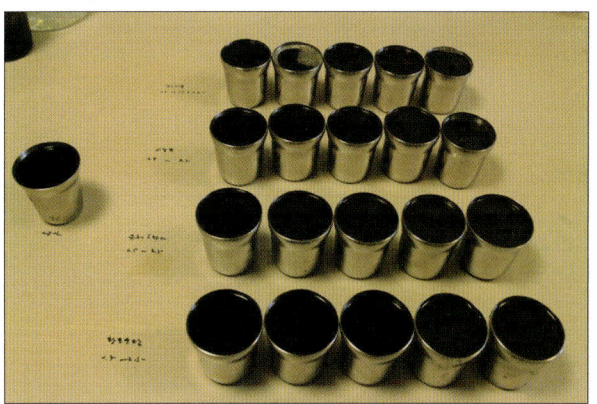

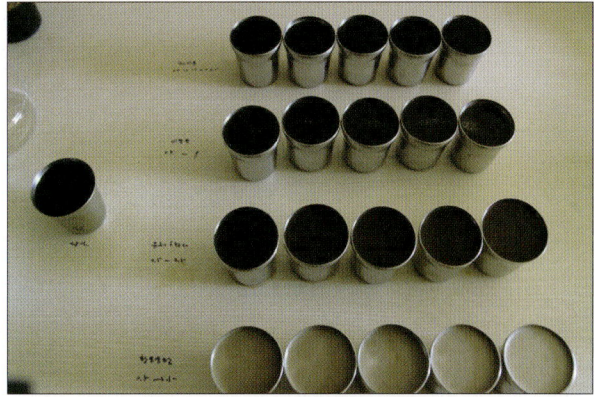

음료수 컵에 물을 따라 넣고 동일한 양의 당밀 또는 흑설탕을 첨가한 다음 부엽토 물을 몇방울씩 넣어 미생물을 접종한다. 미리 만들어놓은 천연 살균 물질을 좌측하나의 컵에는 넣지 않고 우측의 컵들에 차등을 두어 투입한다. 2~3일이 경과하면 천연살균 물질이 얼마나 균을 억제하는 데 효과를 발휘하는지 확인할 수 있다.

좌측 하나의 컵은 살균제가 들어가지 않았으니 미생물 증식의 기준으로 삼고 우측 집단 컵들의 변화를 살핀다. 미생물 증식 시 물 표면에 기포가 발생하므로 쉽게 확인할 수 있다. 살균제가 효과적이면 컵의 물 표면에 전혀 기포가 생기지 않는다. 몇 배에서 효과적인지도 확인할 수 있다.

효과가 발현되고 그 기간에 얼마나 지속되는지까지 알 수 있게 된다. 이 실험 결과는 농업 현장 적용에서도 큰 차이가 없다. 이렇게 간단한 실험 방법

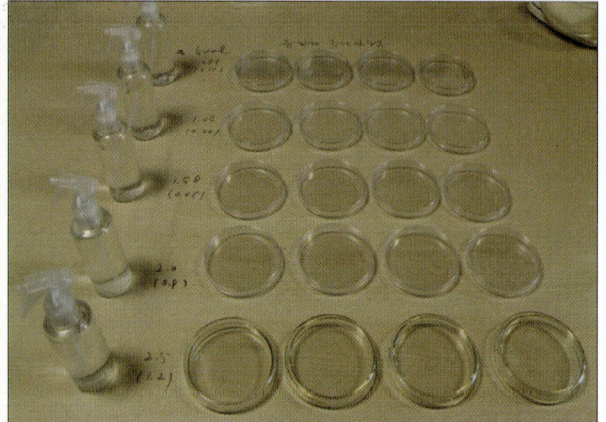

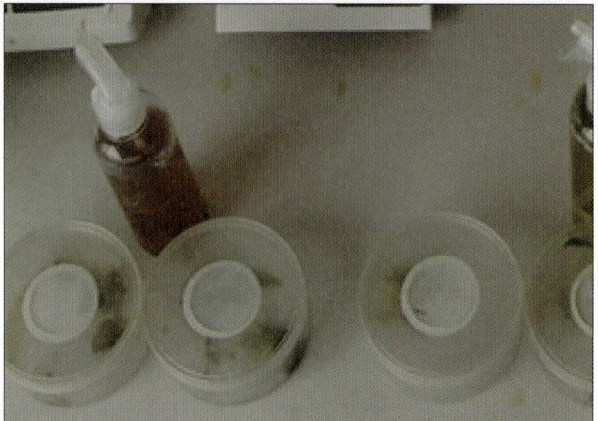

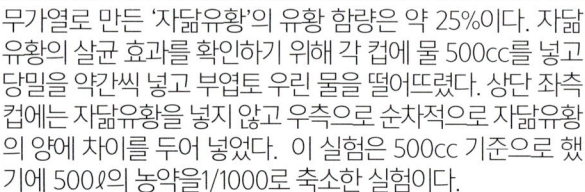

무가열로 만든 '자닮유황'의 유황 함량은 약 25%이다. 자닮유황의 살균 효과를 확인하기 위해 각 컵에 물 500cc를 넣고 당밀을 약간씩 넣고 부엽토 우린 물을 떨어뜨렸다. 상단 좌측 컵에는 자닮유황을 넣지 않고 우측으로 순차적으로 자닮유황의 양에 차이를 두어 넣었다. 이 실험은 500cc 기준으로 했기에 500ℓ의 농약을 1/1000로 축소한 실험이다.

2~3일이 경과하면서 미생물이 당밀을 영양으로 취하면서 증식되는 것이 물 표면의 기포 형태로 나타난다. 실험 결과 1.5cc와 2.0cc 의 자닮유황을 넣은 컵에서 전혀 변화가 감지되지 않았다. 10일 이상 경과를 지켜보면서 효과의 지속성까지 확인한다. 이 실험으로 500ℓ기준으로 1.5ℓ 이상의 자닮유황을 넣으면 거의 완벽한 살균효과가 발현된다는 것을 확인할 수 있다.

얇은 접시는 '패트리디쉬'라고 미생물 실험에서 많이 쓰이는 것인데 인터넷에서 쉽게 구할 수 있다. 각 용기에 진딧물을 수십 마리씩 떨어뜨려 놓고 미리 다양한 내용물로 준비된 천연살충제를 뿌린 후 뚜껑을 닫고 결과를 살핀다. 시간이 경과하면서 각각의 살충제에 진딧물이 어떻게 반응하는가를 생생하게 볼 수 있다. 어떤 내용물의 조합이 살충효과를 극대화시킬 수 있는지를 생생하게 확인할 수 있다.

몸집이 큰 청벌레나 담배나방, 파밤나방은 용기를 좀 큰 것을 활용해서 살충제의 효과를 확인할 수 있다. 천연 살충제의 종류별로 충에 미치는 효과가 각양각색이다. 고개를 젖히거나 떨구기도 하고 뒤로 자빠지기도 한다. 하반신 마비 현상이 일어나기도 한다. 이런 실험 결과를 바탕으로 농업 현장에서 실증해본다.

자닮 천연농약 연구는 그리 어렵지 않다. 자닮오일과 자닮유황, 약초액의 양을 1/100로 줄여 혼합하고 해충에 직접 살포해보면 결과가 바로 나타난다. 천연농약이 효과적이라면 해충 가만있지 않고 이리저리 움직이기 시작한다. 각각 재료의 양을 가감해가면서 몇번에 실험을 거듭하면 해당 해충에 대한 적합한 혼용비율을 손쉽게 찾아낼 수 있다. 천연농약 연구는 전문가의 전유물이 아니다.

으로 농가들은 계속 자닮식 천연농약 방식의 뒤를 따라다닐 필요 없이 농약 연구의 중심이 된다. 자닮 추종자가 아니라 자닮을 딛고 자신만의 천연농약 세계를 열어갈 수 있다. 이런 방식으로 천연 살균물질 간의 효과 비교 실험도 충분히 할 수 있다. 각각의 살균효과의 순위도 정하고 적정한 혼합비율도 찾아낼 수 있다. 물론 이 실험만으로 모든 살균 효과 연구를 끝냈다고 할 수는 없겠지만 연구가 목적이 아니고 활용이 목적이기에 이 정도 결과면 충분하다. 이 그릇 연구는 허접해 보이나 실험결과와 농업 현장에 적용시 오차가 거의 없다.

다음은 천연 살충제 연구를 해보자. 역시 천연 살충 성분이 무엇인가를 찾아내는 데 큰 어려움은 없을 것이다. 자닮은 사이트(www.jadam.kr)로 충 기

피식물을 지속 연재하며 천연농약의 기반을 다져왔다. 자닮이 충 기피식물에 대해 전 세계 최고의 정보를 가지고 있다고 자부한다. 위의 사진처럼 여러분도 천연농약의 효과를 눈으로 직접 확인하고 각각의 충들이 몇 시간 만에 몇 %가 어떻게 죽게 되는지 명확하게 볼 수 있다. 그리고 연구 결과가 농업 현장 실험과 크게 다르지 않음을 확인할 수 있다. 누구나 다 따라할 수 있는 그릇 연구는 강력한 위력을 발휘한다. 그릇연구로 누구나 농약 연구까지 주관하는 농약 전문가가 될 수 있다. 현대 과학 초창기에 위대한 업적을 낸 과학계 거장들의 책상도 우리만큼 초라하기 그지없었다고 한다. 모든 농민이 전문가로서 참여하여 더 좋은 기술을 개발하여 자닮과 함께 나누면서 더 쉽고 더 효과적인 천연농약의 세계를 만들어 나갈 수 있기를 바란다. 천연농약, 이제 어렵지 않다.

자닮 연구농장에서 무경운으로 노지에서 고추를 유기재배하다. 천연농약으로 탄저병도 이겨낸다.

7. '자닮오일' 만들기

자닮오일은 천연유화제로도 불린다. 자닮오일은 독성분의 침투와 전착을 돕는 기능으로 농약에서 가장 중요한 물질이다. 자닮오일을 혼합하지 않으면 농약이 될 수 없다. 식물이나 곤충의 표면에는 왁스층이 있어서 농약이 전착되지 않기 때문이다. 자닮오일 1ℓ의 제조비용은 570원 정도에 불과하다. 100ℓ의 자닮오일을 제조하면 500ℓ용 농약을 혼합하는데 20회 정도 사용할 수 있다. 시판 친환경농약과 화학농약 등과 혼용 가능하나 농도장해 테스트는 반드시 한다. 기계유제나 화학농약 전착제 대용으로 사용가능하다. 먼저 간략하게 자닮오일 제조과정을 설명한다.

❶ 열에 강한 110ℓ(꼭!) 플라스틱(PE)통을 깨끗이 씻어내고 물 2.5ℓ(kg)(정확히!)를 넣고 가성가리 3.2kg를 넣고 뚜껑을 닫은 다음 비스듬히 돌리면서 완전히 녹인다. 자닮오일이 투명하게 풀리는 물(연수)을 반드시 사용해야 한다.

❷ 카롤라유 18ℓ를 넣고 전기드릴로 묽은 마요네즈 처럼 되기까지 교반한다. 10분 내외 교반하는 과정에 튀김에 주의한다. 여름에는 10분 이상 충분히 교반한다. 드릴 없이 손으로 교반하면 안되며 충전식드릴 사용시는 시간을 더 늘린다.

❸ 뚜껑을 닫고 3일간 숙성시키면 버터처럼 굳어진다. 숙성후 굳지 않거나 층분리가 되어 있으면 전기드릴로 마요네즈처럼 될 때까지 재교반한다. 겨울작업은 온기 있는 곳에서 한다.

❹ 20ℓ의 물을 넣고 전기드릴로 용기 바닥에 붙어있는 덩어리를 작은 덩어리로 떼어낸다. 지나친 교반을 하지 않는다. 교반을 과하게 하면 흰 크림처럼 변한다.

❺ 물 60ℓ를 추가하여 깨끗한 긴 막대를 이용하여 수시로 용기 바닥까지 전

체를 저어주면 24시간 정도 지나면서 천천히 풀려 완성된다. 추운 곳에서 만들면 덩어리가 가라앉는 경향이 있고 물의 풀림이 늦어질수 있다. (깨끗한 기구 사용)

❻ 사용 유효기간이 없고 밀폐된 용기에 담아 사용한다.
❼ 500ℓ기준 3~15ℓ사용하고 연무기나 동력살분무기는 17ℓ에 500cc 내외 사용한다.

 자닮식 천연농약을 완성하기 위해서는 기본적으로 네 가지가 필요하다. 자닮오일과 자닮유황, 약초액과 미생물 배양액이다. 이 네 가지를 어떻게 혼합하는가에 따라 천연 살균제나 천연 살충제가 되기도 하고 천연 살균 살충제가 되기도 한다. 이중에서 가장 중요한 것이 자닮오일이다. 자닮오일이 빠지면 어떤 조합도 농약이 될 수 없고 자닮오일의 가감에 따라 살균과 살충 효과도 증감된다.

 자닮오일은 농약에 포함되는 물질들의 침투와 전착성을 높여주고 자닮오일을 물에 혼용하여 사용하는 것 만으로도 초기 발생한 진딧물이나 응애를 제어할 수 있다. 자닮오일은 반복 살포해도 내성이 잘 생기지 않으며 작물에는 영양제가 되어 과일의 색을 좋게하고 숙기를 약간 앞당기는 효과가 있다. 물을 잘 선택하여 혼용하면 농약 살포 후 약흔을 거의 남기지 않고 과일의 분진 손상도 최소화할 수 있어 농약이 가져야 할 모든 것을 두루 갖추고 있다. 세계적으로 유명한 천연오일 농약인 님오일(Neem)이 400여 종의 균과 충에 효과 있다고 홍보하는데 자닮오일도 그에 뒤지지 않는 범용성이 있다. 님오일을 사 쓰는 것에 비해서 자닮오일을 직접 만들어 쓰면 비용을 1/100 정도로 줄일 수 있다.

자닮오일을 만드는 원리는 천연오일로 물비누를 만드는 것과 같다. 이미 천연 물비누 제조법은 오래전에 공개한 기술인데 나는 이 기술을 더욱 쉽고 단순하게 개량했다. 기존에 공개된 기술은 물과 가성가리를 녹여 특정한 온도에 맞추고 천연오일도 특정한 온도에 맞춰 두가지를 혼합하고 ph를 조정하고 기능성을 높이기 위해 몇몇 물질을 추가하고 3~4시간 전기믹서 교반하여 1차 완성하고 수주 숙성을 시킨 후 물에 녹이는 것이다. 천연오일별로 비누화값을 계산하고 물과 가성가리의 양도 조절해야한다. 실제 이 작업을 따라하다보면 너무 힘들다. 힘든 작업을 반복하여 따라하면서 살며시 의구심이 들었다. 누군가가 의도적으로 기술을 어렵게 만들었다는 생각을 한 것이다. 그 의도란 천연비누 핸드메이드 솔루션을 멋지게 공개해 놓고 힘들게 따라하다 지치게 만들고 결국은 천연비누를 사쓰게 하는 것이 아닐까? 이 복잡한 기술은 농가에게 보급할 수 없었기에 공개된 천연물비누 제조기술을 아주 단순한 기술로 만들기 위해 과감한 전환을 모색했다. 가열대신 무가열로, 3~4시간 교반대신 10분 정도 교반으로, 수주 숙성 대신 3일 숙성으로 전환하는 것을 기술의 목표를 삼고 연구에 몰입했다. 일단 특정한 온도 설정 조건을 완전 무시해 버렸다. 초기 물의 양을 가감하고 가성가리의 양을 가감하며 천연오일의 양을 조절하여 넣고 교반하는 실험을 반복해 나갔다. 여러 시행착오를 거치면서 제조과정을 더욱 단순하게 조정해나갔다. 그리하여 획기적으로 단순하고 쉬운 무가열 10분 제조법이 탄생 되었다. 나는 이 제조법에 자닮의 이름을 붙여 '자닮오일'이라고 명명하였다. 아마 전 세계적으로 가장 쉽고 간단한 천연물비누 제조법이 아닐까 생각한다. 쉬운 자닮오일 제조법의 등장은 천연농약 자가제조의 확산에 결정적 기여를 하였다.

자닮오일의 장점은 천연물비누 제조법으로 제조되어 자연계에서 불과 5

일 이내에 99.9% 생분해되어 토양의 오염을 거의 남기지 않는 점이다. 반면에 물에 민감한 단점이 있다. 물 속에 칼슘(Ca)과 마그네슘(Mg), 철(Fe)이 다량포함된 경수(센물)에서는 효과가 줄거나 없어진다. 따라서 반드시 물 중에서 연수를 선택하여 자닮오일을 제조하고 농약 물로도 연수를 사용해야 한다. 경수 밖에 없으면 연수기를 이용하여 연수화시켜 사용해야한다. 자닮오일 제조에 천연오일 보다 범용인 콩기름을 사용하지 않고 카놀라유(유채기름)를 사용하는 이유는 전착효과가 더 뛰어나기 때문이다. 그러나 콩기름과 카놀라유가 대부분 GMO라는 문제가 있다. 아직 국내법에서는 천연오일에서 GMO를 구분하는 법이 없다. GMO 천연오일의 대안으로 GMO가 아닌 카놀라유나 해바라기유, 올리브유, 포도씨유 등을 선택할 수 있다. 다음은 사진으로 보는 자닮오일 제조과정이다.

자닮오일 만들기 (100ℓ 기준)

[초간편 천연세제 만들기]

원재료: 카놀라유(18ℓ), 가성가리(KOH 3.2kg, 90%), 물(82.5ℓ)
준비물 : 110ℓ PE플라스틱 용기, 전기드릴과 날, 장갑, 보호안경

- 110ℓ 보다 작은 용기나 알루미늄 용기는 사용할 수 없음
- 모든 용기와 기구는 아주 깨끗하게 세척하여 사용하여야 함
- 물은 자닮오일 테스트로 연수로 확인된 것을 사용
- 물은 1차로 2.5ℓ(kg)를 사용하고 2차로 80ℓ를 사용한다

자닮오일 제조 과정 (무가열 4일만에 완성)

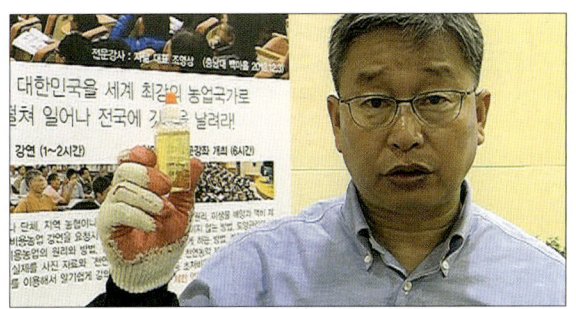

1. 자닮오일 제조시 사용할 물에 자닮오일 테스트로 연수 여부를 확인한다. 작은병은 자닮오일 샘플

2. 물 500cc에 자닮오일 5cc 정도 넣고 변화를 살핀다. 우측에 맑고 투명한 물로 자닮오일을 만든다.

3. 깨끗한 110ℓ PE 플라스틱 용기를 준비한다. 110ℓ 보다 적은 용기는 안된다.

4. 물 2.5ℓ를 정확하게 계량하여 용기에 넣는다. 여기서 오차가 생기면 제조에 실패할 수 있다.

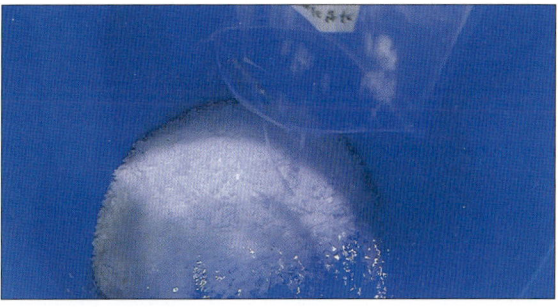

5. 가성가리 3.2kg을 넣는다. 공동구매한 원재료 박스에 정확히 계량되어 들어가 있다.

6. 뚜껑을 닫고 비스듬히 돌리면서 가성가리를 녹인다. 약간의 가스가 발생되니 주의 한다.

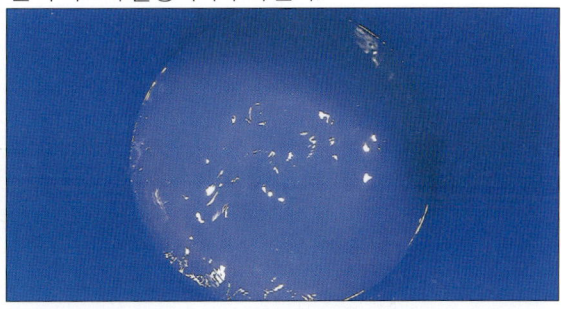

7. 가성가리가 물과 만나 고온을 내며 녹는다. 완전히 녹은 것을 확인한다.

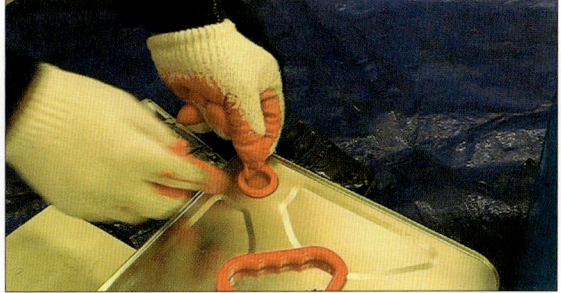

8. 카놀라유 작은 입구를 부드럽게 천천히 개봉한다. 무리하면 고리가 끈어질 수 있으니 유의한다.

천연농약 만들기 • 273

9. 캔의 큰 뚜껑를 천천히 제거하고 카놀라유 18ℓ를 넣는다. 캔을 세로로 세워 완전히 따라낸다.

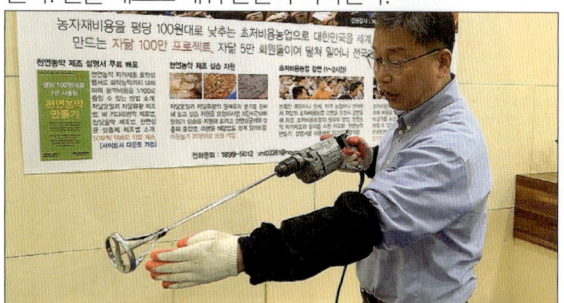

10. 전기드릴을 준비한다. 드릴날은 아주 깨끗한 것을 사용한다. 충전드릴은 교반시간을 대폭 늘여야한다.

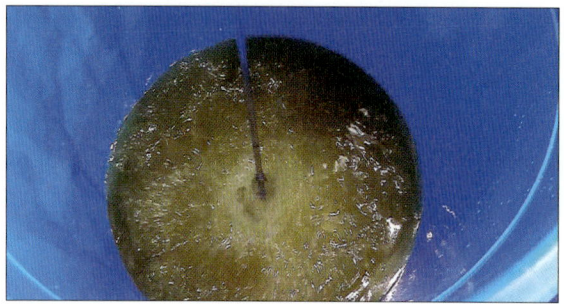

11. 110ℓ보다 큰 용기를 사용하면 카놀라유 높이가 낮아서 교반시 기름이 많이 튄다.

12. 기름이 튀는 것을 방지하기 위해 장갑과 보호안경을 착용한다. 수분 교반사이에 색이 변하고 있다.

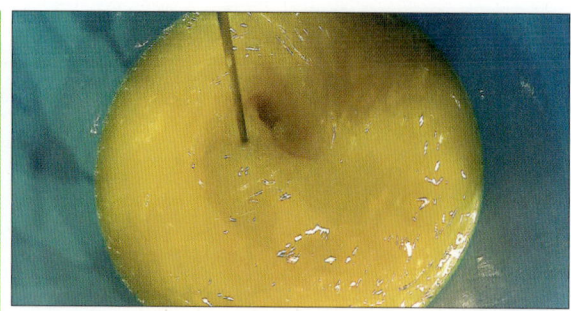

13. 시간이 경과하면서 색도 변하고 점도도 점점 높아진다.
교반후 약 3분경과

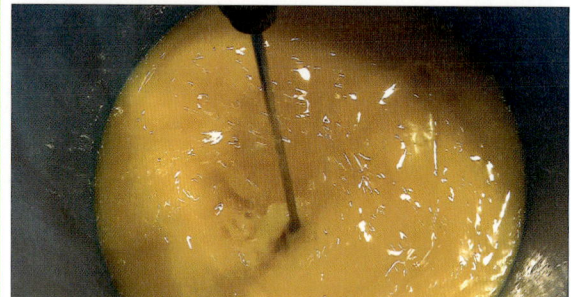

14. 시간이 경과하면서 색도 변하고 점도도 점점 높아진다.
교반후 약 4분 경과

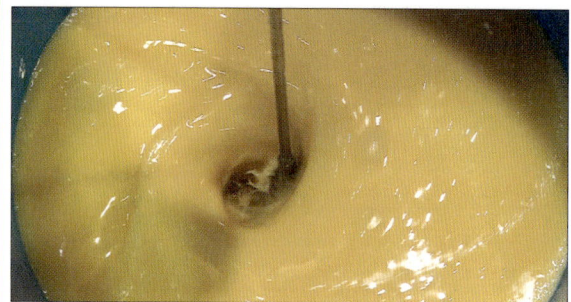

15. 시간이 경과하면서 색도 변하고 점도도 점점 높아진다.
교반후 약 6분 경과

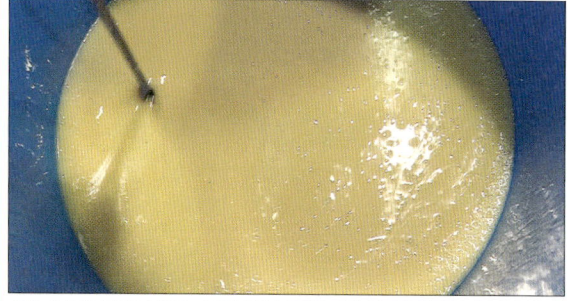

16. 묽은 마요네즈 처럼 변하면 교반을 중단한다. 대략 교반후 10분 내외에 작업이 완료된다.

자닭오일 제조과정은 www.jadam.kr에서 동영상으로 볼 수 있다.

17. 뚜껑을 닫고 3일간 숙성을 시킨다. 가급적 온기가 있는 곳에 놓아둔다.

18. 숙성이 되는 과정에서 점점 굳어지는 현상이 생긴다.

19. 숙성되는 과정에서 온도가 60℃ 정도에서 점차 상승하여 83℃ 정도까지 올라갔다 점차 내려간다.

20. 숙성 후 3일이 지나면 버터처럼 굳어져 있다. 환경에 따라 색과 굳는 정도에 차이가 있다.

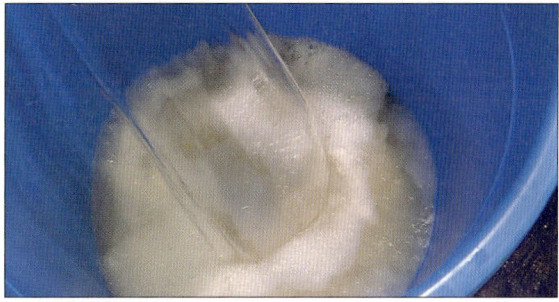

21. 물 20ℓ를 추가한다. 반드시 자닭오일 테스트를 통과한 연수를 사용해야한다.

22. 전기드릴로 바닥 구석구석을 교반하여 용기에 붙어있는 덩어리를 떼어낸다.

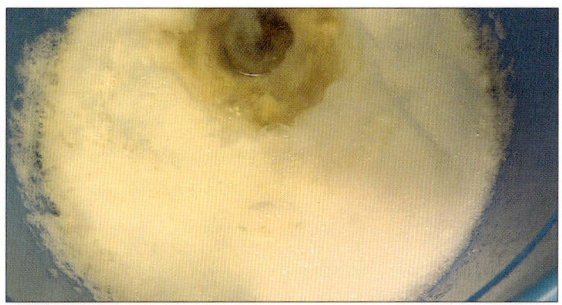

23. 여기서 지나친 교반을 하면 원재료가 흰색 크림처럼 변할 수 있다. 적당한 교반이 필요하다.

24. 물 60ℓ를 추가하고 깨끗한 나무 막대를 이용해 수시 구석구석 저어준다.

천연농약 만들기 •275

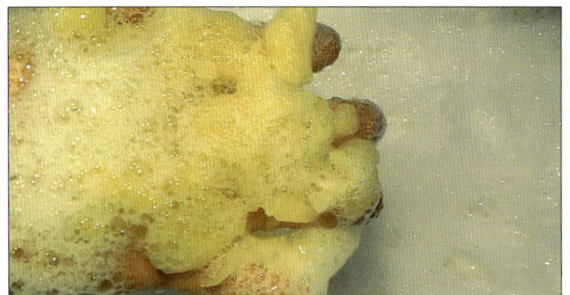

25. 이 덩어리가 물에 녹기 시작한다. (맨손으로 만지지 않는다.)

29. 21번에서 시작하여 24시간이 지나면 덩어리가 거의 녹는다. 물이 적으면 다 녹지 않는다.

26. 저온기에는 덩어리가 바닥으로 가라앉는 경향이 있으니 바닥까지 수시로 구석구석 저어준다.

30. 110ℓ용기를 기준해서 상단에서 3cm 아래까지 물을 맞추면 100ℓ가 된다. 작업시작후 4일만에 완성되었다.

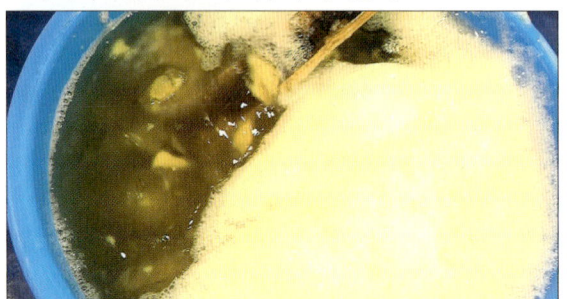

27. 추가한 물의 양이 적거나 저온기일수록 덩어리 녹는 속도가 늦어진다.

31. 공기가 통하지 않게 뚜껑을 닫아놓고 사용한다. 별도의 용기에 담아도 된다.

28. 바닥에 붙어 있는 덩어리가 없는지 꼼꼼히 확인한다.

32. 완성된 자닮오일의 저장기간이 길어질 수록 색이 진하게 변한다. 물이 안 좋으면 맑게 되지 않는다.

자닮오일의 제조용기와 보관

자닮오일 제조과정 중 고열이 발생하므로 내열성이 강한 재질이고 좀 두껍고 뚜껑이 있는 플라스틱 용기를 사용한다. 스텐인레스 용기는 가능하나 알루미늄은 절대 안된다. 100ℓ를 만드는 과정이기에 110ℓ이상인 용기가 좋고 너무 큰 것은 제조과정 중 열을 많이 빼앗기는 문제가 생길 수 있다. 작업중 고열이 나고 전기드릴로 교반하는 과정이 있기 때문에 안전을 위해서 보호장갑과 보호안경을 쓸 것을 권한다. 제조과정 초기에 가스가 약간 발생하니 환기가 잘되는 공간에서 작업해야 한다. 자닮오일을 원활하게 숙성하려면 온기가 있는 곳을 작업장소로 선택한다. 보관은 자닮오일 제조용기에 그대로 넣어두고 필요시마다 꺼내쓸 수도 있고 별도의 플라스틱 용기에 밀봉하여 저장할 수 있다. 물병으로 많이 사용되는 PP(polypropylene)재질의 플라스틱 병에 보관도 가능하다. 영하로 떨어지지 않는 공간에 저장한다. 만일 자닮오일이 보관중에 얼었을 경우 녹여서 사용하면 된다. 자닮오일은 사용 유효기간이 없고 저장기간이 길어질 수록 효과가 더 좋아진다.

자닮오일 활용법

자닮오일은 경수(센물)에서 효과가 떨어지니 반드시 연수로 혼용해야 농약효과가 극대화된다. 자닮오일은 총량 500ℓ를 기준으로 3~15ℓ범주에서 활용한다. 자닮오일을 3ℓ이하로 사용하면 농약의 전착효과가 떨어져 농약효과가 떨어지고 약흔이 남아 농도장해를 유발할 수 있다. 자닮오일의

뚜껑이 있고 너무 얇지않은 열에 강한용기면 자닮오일 제조가 가능하다.

완성된 자닮오일은 세탁비누, 주방세제, 샴푸로도 아주 좋다. 합성계면활성제가 포함된 시판 세제나 샴푸, 린스, 유연제 등을 멀리해야 환경파괴도 막을 수 있고 건강에도 이롭다.

양은 천연농약의 효과를 결정적으로 좌우한다. 균과 충의 문제가 심각하지 않다고 판단되면 5ℓ내외를 유지한다. 발생량이 늘어난다고 판단되면 10ℓ내외, 문제가 심각하다고 판단되면 15ℓ까지 양을 늘렸다 균과 충의 문제가 해결되면 양을 5ℓ 내외로 줄이는 방식이다. 자닮오일을 10ℓ이상 연속 사용하면 작물에 따라 수세가 저하되는 현상이 생기고 과일의 분진이 약화될 수 있다. 저온기에 자닮오일 활용시 약간의 물에 먼저 혼합하여 넣어주는 것이 좋다. 자닮오일만으로도 초기 발생한 진딧물과 응애 정도는 제어가 가능하다. 과수 동계방제에 기계유제 대신 활용이 가능하며 500ℓ를 기준으로 20ℓ까지 활용할 수 있다. 여기에 약초액과 자닮유황, 황토분말 등을 추가하면 더 완벽한 동계방제용 농약이 된다. 자닮오일은 화학 전착제처럼 잎의 기공을 막아 생기는 장해가 거의 발생하지 않는다. 대략 자닮오일을 10회 만들어 사용할 때 자닮유황은 1회 만들어 사용하게 된다.

자닮오일 대비 재료 사용량 (적은 양은 핸드믹서 사용도 가능)

	5L 1.3 gal	10L 2.6 gal	20L 5.3 gal	40L 10.6 gal	50L 13.2 gal	100L 26.4 gal
자닮 오일						
카놀라유	0.9L 0.24 lb	1.8L 0.48 lb	3.6L 0.95 lb	7.2L 1.9 lb	9L 2.4 lb	18L 4.8 lb
가성가리	0.16 kg 0.35 lb	0.32 kg 0.7 lb	0.64 kg 1.41 lb	1.28 kg 2.82 lb	1.6 kg 3.53 lb	3.2 kg 7.05 lb
1차 물	0.125 L 0.033 gal	0.25 L 0.066 gal	0.5 L 0.132 gal	1 L 0.264 gal	1.25 L 0.33 gal	2.5 L 0.66 gal
2차 물	4 L 1.06 gal	8 L 2.11 gal	16 L 4.23 gal	32 L 8.45 gal	40 L 10.57 gal	80 L 21.13 gal

자닮오일 성분의 대부분은 물이다. 예를 들어 3ℓ 자닮오일 성분중에 실제 들어간 천연오일의 양은 540㎖이니 500ℓ를 기준으로 자닮오일 3ℓ를 사용하면 천연오일 기준 926배 희석량이 된다. 자닮오일은 반드시 100ℓ를 기준으로 만들 필요는 없다. 여건에 맞추어서 몇배 더 많게 만들 수도 있고 적게 만들 수도 있다. 항상 만들고자 하는 양보다 10%이상 큰 용기를 선택하면 된다. 다음의 표를 참고하여 투입되는 재료의 양을 정한다. 텃밭농사는 1/10로 작업을 하는 것이 바람직하다.

자닮오일 요약

- 사용량 : 500ℓ기준으로 생육기 3~15ℓ, 동계방제시 10~20ℓ사용. 연무기나 동력살분무기는 17ℓ기준 500cc 내외 사용.
- 연간사용량 : 300평당 약 100ℓ 필요.
- 적용작물 : 전 작물.   • 유효기간 : 없음.   • 제조비용 : ℓ 당 570원 정도.
- 효과 : 전착 촉진, 살충 살균 효과 증대.   • 살포시기 : 새벽녘.
- 화학농약과 혼용시 : 500ℓ기준으로 3~5ℓ 사용(농도장해 테스트 필수)
- 기타 : 완성된 자닮오일 표면에 흰 막이 생긴 경우 흰막을 제거하고 아랫부분을 사용하면 됨.

자닮오일 분석 결과

pH	EC (1:5) ds/m	OM %	T-C %	T-N %
11.7	-	-	-	-
C/N %	P_2O_5 %	K_2O %	CaO %	MgO mg·kg^{-1}
-	-	1.94	0.01	7.00
Na_2O mg·kg^{-1}	Fe mg·kg^{-1}	Mn mg·kg^{-1}	Zn mg·kg^{-1}	Cu mg·kg^{-1}
-	-	-	-	-
Cd mg·kg^{-1}	Cr mg·kg^{-1}	Ni mg·kg^{-1}	Pb mg·kg^{-1}	As mg·kg^{-1}
-	-	-	-	-

자닮오일 레시피로 천연비누 말들기 (무가열, 매우 빠르게)
합성세제로 인한 오염으로부터 지구를 구하자!

자닮오일은 약 5 일 안에 완전히 분해되는 친환경 세제와 같다. 이것은 세탁 세제, 주방 세제, 샴푸로도 매우 좋다. 자닮오일 레시피에서 가성가리(KOH) 대신 가성소다(NaOH)를 사용하면 고체 비누가 만들어 진다. 친환경 세제와 비누는 매우 높은 가격에 판매된다. 그러나 자닮 무가열 방식을 사용하면 매우 쉽고 빠르고 저렴하게 만들 수 있다. 비누 한 개당 약 500원이면 충분하다. 코코넛 오일 900cc (30.4oz)에는 125g (4.4lb)의 가성소다가(NaOH)를 사용한다. 공개된 비누화값에 근거하여 비누를 만들면 매우 힘들다. 비누화값은 천연 비누의 대중화를 막는 나쁜 데이터라고 생각한다. 자닮의 기술로 천연 세제와 비누를 쉽고 싸게 만들어 합성세제로 인한 지구 오염을 막아내자!

1. 재료는 카놀라유 900cc (30.4oz), 가성소다160g (5.6oz) 및 연수 125cc (4.2oz)이다.

2 연수 125cc (4.2oz)와 160g (5.6oz)의 가성소다를 혼합하고 흔들어 녹인다. 뚜껑을 덮고 한다. 가스가 남.

3. 900cc의 카놀라유 (30.4oz)를 첨가 한다. 다양한 천연 오일도 사용할 수 있다.

4.핸드 믹서로 1.5 ~ 3 분 동안 저어준다. 교반이 초과되면, 액체가 빨리 경화되고 비누 몰드에 채우는 것이 어려워진다.

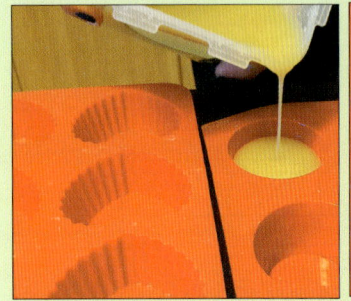

5. 빠른 경화를 막기 위해 천연 오일의 종류에 따라 교반 시간을 조정한다. 비누 몰드에 즉시 따른다.

6. 3일 이면, 다양한 천연 오일과 천연 재료를 혼합하여 아름다운 천연 비누가 만들어 진다.

8. '자닮유황' 만들기

자닮유황은 황토유황으로도 불린다. 거의 모든 균에 강력한 살균효과가 있으며 반복살포로 내성이 생기지 않는다. 자닮유황은 석회유황합제와 달리 무가열로 만들어지며 하우스의 비닐과 철 파이프를 거의 손상시키지 않는다. 가장 힘든 균병에 속하는 탄저병과 흑성병에도 효과적이며 흰가루병과 노균병, 곰팡이병에 강력한 효과가 있다. 유황함량 25%의 자닮유황 1ℓ 제조비는 600원 정도에 불과하다. 100ℓ의 자닮유황을 제조하면 500ℓ용 농약을 혼합하는데 100회 정도 사용할 수 있다. 시판 친환경농약과 화학농약과 혼용 가능하나 농도장해 테스트는 필수이다. 먼저 간략하게 자닮유황 제조과정을 설명한다.

❶ 열에 강한 110ℓ(꼭!) 플라스틱(PE)통에 유황 25kg, 천매암 0.5kg, 황토 0.5kg, 천일염 1.5kg을 넣는다. 열에 약한 일반 용기는 사용할 수 없다. 보호장갑과 보호신발, 보호 안경을 착용하고 작업을 한다. 작업순서는 엄수한다.

❷ 가성소다 20kg을 넣고 물의 양을 정확히 50ℓ(kg)를, 26℃가 넘는 고온기에는 54ℓ(kg)를 한 번에 붓는다. 물을 적게 넣거나 고온기에는 작업중에 끓어 넘칠 수도 있으니 안전에 주의한다.

❸ 1.2m정도 긴 나무막대로 바닥부터 골고루 물과 섞어가며 천천히 저어준다.

❹ 열이 80℃가 넘어가면서 유황이 녹기 시작한다. 끓어 넘칠 가능성에 대비 1~2ℓ의 물을 준비하고 필요시 추가한다.

❺ 막대로 바닥에 녹지 않은 유황이 남았나 확인해가며 꼼꼼히 저어 완전히 녹인다. 뜨꺼운 열이 있는 상태에서 20분 내외를 경과하면서 다 녹게 된다.

❻ 물 32ℓ(1차 53ℓ 사용시 29ℓ)를 더 추가하여 고루 저어주고 1~2일간 침전시킨 후 침전물을 제외하고 두꺼운 플라스틱 용기에 담아 밀봉하여 사용한다. 침전물과 섞이는 부분은 꼭 부직포 여과 후 사용한다. 사용 유효기간은 없다.

❼ 500ℓ기준 0.5~2ℓ, 하우스는 0.5ℓ부터, 노지는 0.8ℓ부터 사용하며 필요시 0.2ℓ씩 증량해간다. 포도, 감, 호두, 호박, 깻잎은 0.5ℓ를 사용한다. 과수 개화기

는 1ℓ, 연무기와 동력살분무기는 17ℓ기준 50cc 내외로 한다.

❽ 자닮유황은 균병이 발생할 가능성이 있거나 발생했을 때 사용한다. 지속적으로 연용이 가능하나 일부 작물에 수세저하 등 장해가 발생할 수 있으니 주의한다. 포도, 감, 호두, 호박, 하우스 작물은 민감하니 자닮유황 증량에 주의 한다.

유황은 살균 효과가 탁월해서 수백 년전부터 농업에 사용하였다. 그러나 유황을 농가에서 활용하는 데는 어려움이 많다. 유황은 113℃ 정도에 녹지만 물에 섞이지 않는다. 물의 끓는 점은 100℃라서 아무리 끓여봐야 녹지 않는다. 기름은 끓는 점이 200℃가 넘어 유황을 바로 녹일 수 있지만 이 또한 물과 섞이지 않는다. 이러한 문제점을 해결하기 위해서 농업현장에 등장한 것이 생석회의 강력한 폭발열을 이용한 석회유황합제 제조법이다. 제조 과정에서 강력한 열이 필요하고 제조시간이 많이 걸려서 상당한 어려움을 감수하고 농가들이 만들어 사용해왔다. 석회유황합제를 작물 생육기에 사용하면 농도장해가 심하고 하우스의 비닐과 철 파이프를 삭는 문제가 있다. 그래서 과수 동계방제용으로 사용을 제한하고 있다. 비닐 하우스에서도 불가피할 때 매우 제한적으로 사용한다.

이러한 문제를 해결하고자 성환의 김근호 선생은 생석회를 넣지 않고 유황을 녹이는 방법을 최초로 개발하여 큰 반향을 일으켰다. 저자는 이때부터 유황을 어떻게 하면 누구나 손쉽게 만들어 쓸 수 없을까 고민하기 시작했다. 자닮오일처럼 모든 농가들이 손쉽게 만들어 사용하려면 기존의 기술의 한계를 극복해야 했다. 먼저 기계를 사용해야만 하는 문제를 해결하고 강력한 고열이 아니어도 제조 가능한 방법을 찾으려 했다. 더 나아가 유황의 함량을 끌어올려 살균 효과를 더 높이고 작업후 남는 부산물을 최소화해서 환경부담을 줄이려 노력했다.

만약 일반 가정의 가스레인지 정도의 불에 유황을 녹여 쓸 수 있는 길만이라도 찾는다면 전 세계적으로 대단한 사건이 될 것이 분명하다. 획기적으로 쉬운 유황제조를 하려고 다양한 실험들을 해 보았지만 실패의 연속이었고 불가능한 연구라는 결론을 내려야 했다. 그러던 차에 예산의 박기활 선생댁에서 진행하는 유황작업 시연회에 참석하게 되었고 작업에 가성소다를 일부 쓴다는 정보를 얻었다. 바로 돌아와 유황에 물과 가성소다를 넣고 반응을 시키면서 약간의 가능성을 확인하였는데 유황을 100% 녹이는 데는 한계가 있었다. 그러나 여러가지 부자재를 첨가하고 물과 가성소다와 유황의 양을 조절하면서 연구는 비약적으로 진전되었다. 백 번에 가까운 실험을 딛고 가정의 가스레인지 불로 유황을 100% 액상화하는 방법을 찾아내는데 성공했다. 초라한 부엌을 연구소 삼아 밤을 지세우며 새벽까지 진행했던 연구는 오전 3시쯤 성공을 직감했다. 그 때의 감동과 흥분은 이루 말할 수 없었다.

 불타는 탐구심은 멈추지 않았다. 가열도 필요없고 제조가 간단한 플라스틱 용기로 가능하고 제조 시간도 10분 정도로 단축시킨 획기적인 제조법을 완성하기 위해 총력을 기울였다. 이 연구는 십여 차례만의 실험으로 운 좋게 답을 찾을 수 있었다. 드디어 유황 무가열 10분 제조법이 탄생했고 이를 '자닮유황'으로 명명했다. 나는 자닮유황 제조법을 특허 신청하는 대신 모두가 공유할 수 있도록 즉각 기술을 공개했다. 전국 각지의 농가들이 직접 만들어 활용해 본 결과들이 속속 도착했다. 살균제로서 탁월한 효과가 있음이 입증되었고 과용시 농도장해의 위험성도 제기되었다. 제조 비용이 ℓ당600원도 안 들고 만원남짓의 플라스틱 용기에서 가열도 하지 않고 유황을 10여 분 만에 간단하게 만드니 전국의 농민들이 열광하기 시작했다. 자닮유황은 기존 유황농약와 달리 작물의 생육기에도 안정적으로 사용할 수 있을 만큼 농도장해가 적었다. 더욱 놀라운 사실은 자닮유황은 일반 유황농약들과 달리 하우스 비닐과 철 파이프에 손상을 거의 주지 않는다는 것이다. 이로서 자닮유황은 사용의 안전성까지 확보하게 되었다. 다음은 사진으로 자세히 설명하는 자닮유황 제조과정이다.

자닮유황의 제조 용기와 보관

자닮유황은 자닮오일 보다 제조과정 중 더 높은 고열이 발생하여 주의해야만 한다. 내열성이 강한 재질이고 뚜껑이 있는 플라스틱 용기를 사용한다. 스테인레스 용기도 가능하나 알루미늄은 절대 안된다. 100ℓ를 만드는 과정이기에 용기는 적어도 110ℓ이상이 되어야하나 너무 큰 것은 제조과정 중 열을 많이 빼앗겨서 문제가 생길 수 있다. 안전을 위해서 보호장구를 권한다. 제조과정 중 가스가 약간 발생하니 환기가 잘되는 공간에서 작업해야 한다. 자닮유황의 보관은 자닮오일처럼 제조용기에 하지 않고 별도의 용기에 담아 보관한다. 완성된 자닮유황을 제조 용기에 그대로 보관하면 상층부는 농도가 연해지고 하층부는 진해지는 농도차이 현상이 생겨서 안 좋다. 물병으로 많이 사용되는 얇은 재질의 병에는 보관하지 않는다. 가급적 두꺼운 플라스틱 용기에 보관한다. 영하로 떨어지지 않는 공간에 햇빛에 노출되지 않게 저장 한다. 만일 자닮유황이 보관중에 얼었을 경우 녹여서 사용하면 된다. 자닮유황은 사용 유효기간이 없다.

자닮유황 만들기 (100ℓ 기준)

원재료: 유황(25kg, **99.9%**), 가성소다(NaOH 20kg, 98%), 물(82ℓ), 천매암분말(500g), 황토분말 (500g), 천일염(1.5kg)

준비물 : 110ℓ 내열플라스틱 용기, 보관용기, 나무막대기, 장갑, 보호안경, 마스크

- 110리더 보다 작은 용기나 알루미늄 용기는 사용할 수 없음.
- 고열이 나는 작업이니 보호구를 착용하고 안전에 유의함.
- 물 82ℓ는 1차 50ℓ, 2차 32ℓ 사용함.

(**26도 이상 고온기는** 1차 54ℓ, 2차 28ℓ 사용)

[고온이 발생되고 넘칠 수 있으니 안전에 유의해야 함]

자닮유황 제조 과정 (24시간만에 완성)

1. 자닮유황에 필요한 원재들료이다.

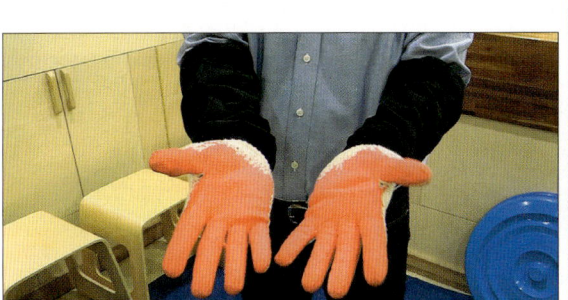
2. 안전을 위해 보호 장갑과 보호 신발을 신는다.

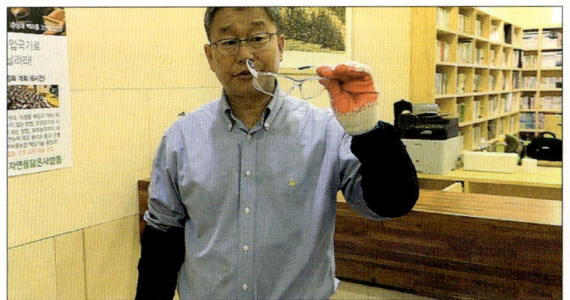
3. 안전을 위해 보호 안경을 착용한다.

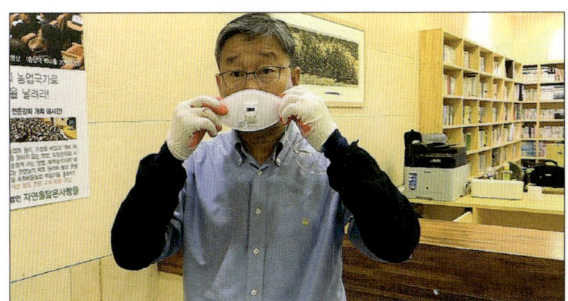
4. 안전을 위해 방진 마스크를 착용한다.

5. 두개의 용기를 놓고 작업한다.

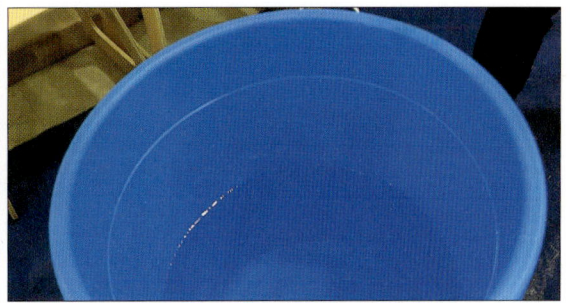
6. 한쪽의 용기에 물 50ℓ(kg)를 미리 담아 놓는다. **26℃가 넘는 고온기는 54ℓ를 담아 놓는다.**

7. 25kg의 유황을 먼저 넣는다. 유황 가루가 날리니 천천히 작업한다.

8. 투입순서를 반드시 지켜야한다.

9. 황토분말 500g을 넣는다. 황토분말이 없으면 파우더처럼 고운 암석분말을 사용한다.

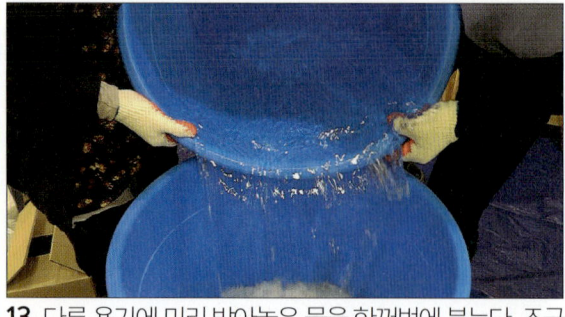

13. 다른 용기에 미리 받아놓은 물을 한꺼번에 붓는다. 조금씩 나눠 부으면 부분 고열이 발생할 수 있다.

10. 천매암 분말 500g을 넣는다. 없으면 황토로 대체한다. 이 분말 투입으로 자닮유황이 깔끔하게 된다.

14. 물을 채운 상태에서 막대로 천천히 바닥부터 골고루 젓기 시작한다.

11. 천일염 1.5kg을 넣는다. 암석분말과 천일염으로 자닮유황에 미네랄이 보강된다.

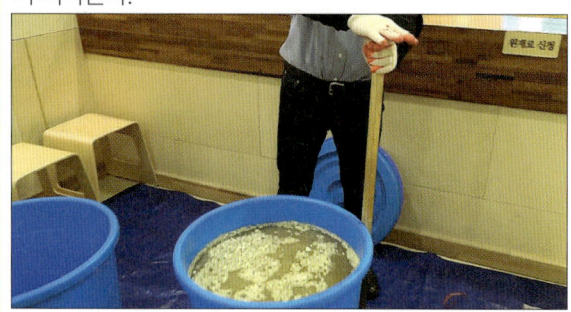

15. 나무 막대는 용기의 크기보다 배 정도 긴 것으로 한다.

12. 가성소다 20kg을 넣는다. 가성소다 가루가 날리니 천천히 작업한다.

16. 용기의 바닥에 붙어 있는 유황까지 녹이기 위해 꼼꼼하게 저어준다.

자닮유황 제조과정은 www.jadam.kr에서 동영상으로 볼 수 있다.

17. 가장 먼저 들어갔던 유황이 물위로 떠 오른다.

21. 액상으로 변한 유황이 보이기 시작한다. 약 6분 경과

18. 계속 저어주면 온도가 점차 올라가기 시작한다. 약 3분 경과

22. 물을 적게 넣거나 고온기에는 끓어넘칠 수도 있으니 만일을 위해 2ℓ 정도의 물을 대기해 놓는다.

19. 온도가 80℃ 이상으로 올라가면서 유황이 본격적으로 녹기 시작한다. 약 4분 경과

23. 온도가 100℃에 근접해간다. 지속적으로 저어준다.

20. 온도가 90℃에 근접해 가면서 녹는 속도가 더 빨라진다. 약 5분 경과

24. 나무 막대를 원형으로 돌려가며 지속적으로 저어준다. 약 10분 경과

25. 용기의 측면에 붙어있는 유황을 녹여내기 위해 작은 바가지로 씻어내린다.

29. 24번 이후부터는 전기드릴로 교반을 할 수 있다. 이전에 하는 것은 위험하다.

26. 용기바닥에 유황이 남았나를 가끔 확인해보고 남았으면 계속 저어준다.

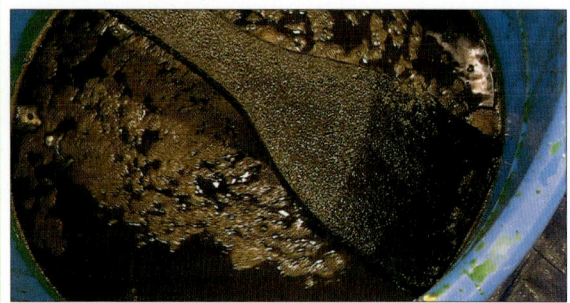

30. 용기 바닥에 남아 있는 유황이 전혀 보이지 않는다.

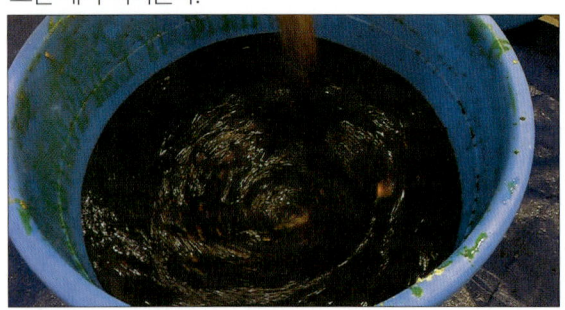

27. 열이 유지될 때 저어야 유황이 잘 녹는다.

31. 유황이 완전히 녹았다. 이때 유황의 함량은 40%이다. 여기서 그대로 나두면 저온기에 유황결정이 생긴다.

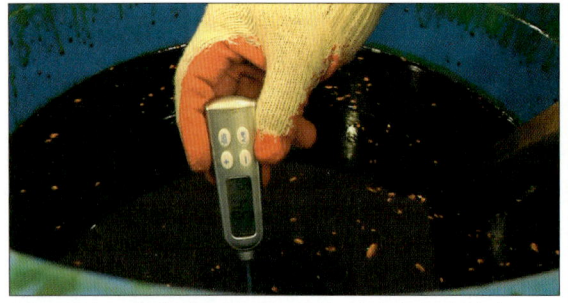

28. 액상 표면에 약간의 작은 유황 덩어리가 떠 있다. 온도가 약간씩 떨어지기 시작했다. 약 15분 경과

32. 물을 32ℓ(1차 54ℓ시 28ℓ)를 추가한다.

33. 110ℓ용기를 기준으로 상단에서 3cm 밑까지가 정확한 물량이다.

34. 최종적으로 전체를 잘 저어준다.

35. 물을 추가하여 100ℓ의 자닮유황이 되었다.

36. 자닮유황을 침전시키기 전에는 우측처럼 검은 색을 띤다.

37. 뚜껑을 닫고 24시간 침전 시킨다.

38. 침전 24시간이 지난 모습이다. 약 24시간 경과

39. 상층부의 자닮유황 색이다. 천매암과 황토, 천일염을 혼용한 까닭으로 맑은 유황을 얻을 수 있다.

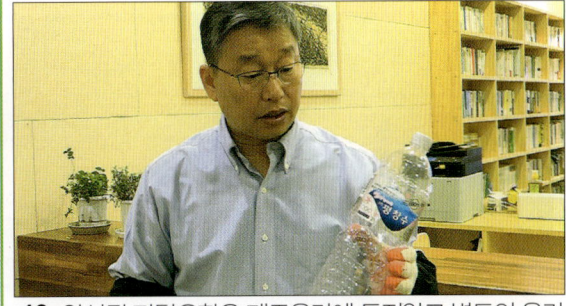

40. 완성된 자닮유황은 제조용기에 두지않고 별도의 용기에 담는다. 두꺼운 재질의 용기에 담는다.

41. 재질이 두꺼운 용기에 자닮유황을 저장한다.

45. 80ℓ까지 맑게 침천된 자닮유황을 얻었다.

42. 침전물이 올라오지 않게 천천히 자닮유황을 떠낸다.

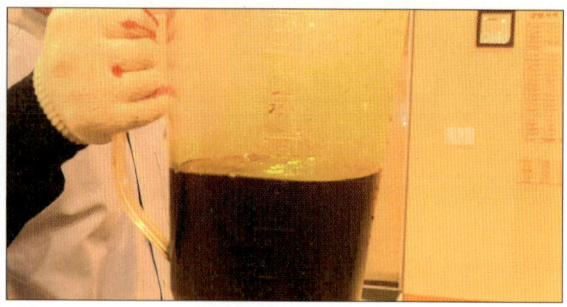
46. 80ℓ를 떠낸 후 침전물과 섞인 자닮유황이 보인다.

43. 보관용기에 담는다. 20ℓ 용기 5개를 미리 준비해놓는다.

47. 침전물이 혼합된 자닮유황은 별도의 용기에 담는다.

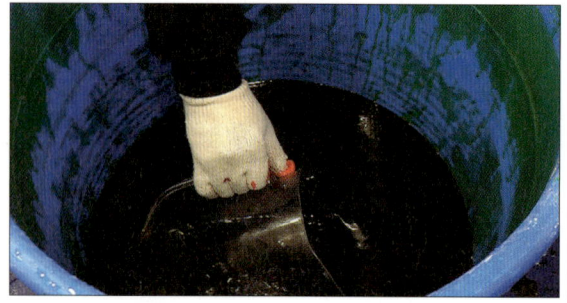
44. 밑으로 내려갈 수록 침전물과 섞이는지를 세심하게 확인하면서 작업한다.

48. 자닮유황 제조 용기를 통째로 들어서 완전히 담아낸다.

49. 용기 밑부분에 침전물이 약간 남았다. 침전물은 제조공정에서 녹지 않는 천매암과 황토 분말이다.

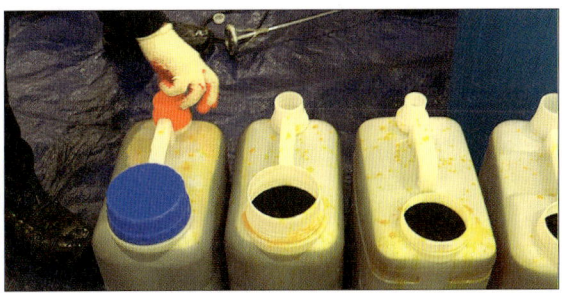
51. 공기가 통하지 않도록 저장용기의 입구를 단단히 막는다. 공기가 접하면 하얀 막이 생긴다.

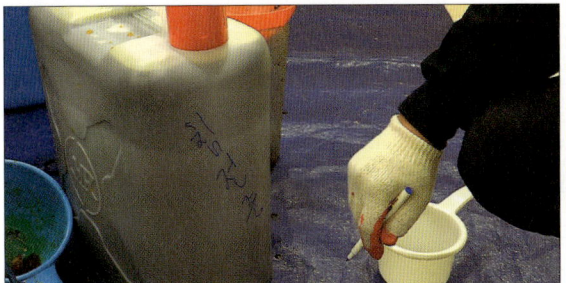
50. 침전물이 혼용되어 있는 것을 별도의 통에 담고 표시한 다음 재 침전을 시켜 사용한다.

52. 작은 내열병에 담아 완성한 자닮유황이다. 분석하면 유황함량이 약 25% 정도 나온다.

자닮유황 활용법

500ℓ를 기준으로 0.5~2ℓ를 권장한다. 2.5ℓ를 넘기면 농도장해가 일어날 수 있다. 자닮오일과 함께 혼용하지 않으면 약흔이 남고 살균효과가 떨어지며 농도장해가 발생할 수 있다. 하우스 작물은 0.5ℓ부터, 노지 밭작물에는 0.8ℓ로 시작하고 증량해 간다. 대부분의 작물에서는 1ℓ 정도의 자닮유황이 혼용된 농약을 지속적으로 살포할 수 있으나 작물에 따라 짧은 주기로 자닮유황을 지속 사용하면 농도장해가 올 수 있으니 주의한다. 작물의 생육 초기나 비닐하우스 작물의 경우 잎사귀가 연하여 자닮유황 사용시 주의해야 한다. 감과 호두, 포도, 호박, 깻잎, 하우스 작물의 경우 유황에 민감하니 500ℓ를 기준으로 0.5ℓ정도를 사용하고 증량에 주의해야 한다. 화학농약과 혼용하거나 교차 살포시에도 반드시 사전에 농도장해 테스트를 하고 사용한다. 적성병의 경우를 제외하고 특별한 경우가 아니면 하루 중 고온기 살포는 피한다. 관주로 사용시 1000배 희석한다. 자주 사용하면 토양 경화가 올 수 있다.

자닮유황을 물에 10배로 희석하여 캡이 있는 작은 스프레이 통에 담아 무좀과 습진 등에 사용한다. 효과가 아주 좋다. (민감 피부 주의)

흰가루병과 노균병, 곰팡이병에 탁월한 방제효과를 보이며 흑성병과 탄저병에도 효과가 있다. 자닮유황은 화학농약으로 판매하는 살균제와 견주어도 뒤지지 않는 살균효과가 있다. 살균제 효과를 높이려면 자닮오일의 양을 500ℓ기준으로 8ℓ 이상으로 늘리고 자닮유황의 양도 1.5ℓ까지로 늘려 살포한다. 자닮유황은 과수 동계 방제용으로 석회유황합제 대신 활용할 수 있다. 사용량은 새싹이 나오기 전이나 개화 전은 500ℓ기준 5ℓ내외의 활용을, 꽃봉우리가 부풀어 오르는 시기는 1ℓ내외를 사용한다. 과수에서 집중 만개시는 중심 화가 수정된 직후 적화제로 500ℓ기준 자닮유황 1.5ℓ정도와 자닮오일 5ℓ를 혼용하여 효과를 볼 수 있으나 사전 충분한 예비 실험을 한 후 사용한다. 농약에 좋은 물인 연수를 활용해야 자닮유황의 효과도 극대화된다.

제독 유황, 법제 유황. 유황에 대한 대중적 호감에 편승하여 제독 유황, 법제 유황을 운운하는 마케팅이 농민과 소비자 사이에서 활개치고 있다. 법제 유황 대신 일반 유황을 사용하면 유황 속에 들어 있는 독성 때문에 농사가 어려워질 수 있다는 설명도 곁들인다. 비싼 가격임에도 많은 농민들이 이에 현혹되고 있어 문제가 되고 있다. 제독과 법제란 어떤 원재료에서 독을 제거한다는 말인데 법제의 정당성을 인정받으려면 일반 유황에는 어떤 독이 얼마만큼 있었는데 법제로 얼마만큼의 독을 제거하였다는 것을 명확하게 밝혀야 한다. 그런데 대부분 최종적인 결과물에 납(Pb)과 카드늄(Cd), 크롬(Cr)과 비소(As)가 불검출되었다는 것만을 주장하며 법제를 반드시 거쳐야 함을 설명한다. 만일 일반적으로 시판되는 유황에서 네 가지 중금속 성분이 애초부터 불검출된다면 그 법제 유황은 정당성이 없다. 자닮이 사용하는 유황은 25kg 단위로 판매하는 일반 유황(99.9%)으로 1kg에 1,000원 정도로 저렴하다. 다음의 자닮유황의 분석 내용을 살펴보면 납(Pb)과 카드늄(Cd), 크롬(Cr)과 비소(As)에서 크롬만 0.04ppm(mg·kg-1) 검출되었다. 크롬 검출량은 법적 기준치의 1/2,000의 양이다. 여타의 액비분석에서 나온 중금속의 양과도 비교될 수 없을 만큼 깔끔하다. 그들이 강조하는 비소라는 독성 물질은 애초부터 없었던 것은 아닐까? 자닮유황을 반드시 100ℓ를 기준으로 만들 필요는 없다' 여건에 맞추어서 몇 배 더 많게 만들 수도 있고 적게 만들 수도 있다. 다음의 표를 참고하여 투입하는 재료의 양을 정한다. 텃밭농사는 1/10로 줄여서 자닮유황을 제조 하는 것이 바람직하다.

자닮유황 제조기계를 이용하여 대량제조도 가능하다.
사진 윤경호

자닮유황 분석 결과 (S함량은 자닮 분석 평균)

pH	EC (1:5) ds/m	OM %	T-C %	T-N %
11.6	79.55	2.02	1.17	0.18
C/N %	P_2O_5 %	S %	CaO %	MgO %
11.37	0.043	24.6	0.005	-
Na_2O %	Fe mg·kg^{-1}	Mn mg·kg^{-1}	Zn mg·kg^{-1}	Cu mg·kg^{-1}
15.650	5.307	-	1.747	0.907
Cd mg·kg^{-1}	Cr mg·kg^{-1}	Ni mg·kg^{-1}	Pb mg·kg^{-1}	As mg·kg^{-1}
-	0.04	-	-	-

투명하고 맑게 풀려야 정상
농약에 좋은 물(연수)은 자닮오일과 자닮유황을 희석하였을 때 사진처럼 맑게 풀리고 거품도 잘 생긴다. 이런 경우 농약의 효과가 좋다. 맑고 투명하게 풀리면 거품도 왕성하게 발생한다. 농약은 거품이 생명이다!

엉김이 생기면 물 문제
물에 문제가 있으면 엉김이 생긴다. 이 경우 엉김이 발생하지 않는 물로 바꿔야만 한다. 빗물과 연수는 완벽하게 투명하게 풀린다. 엉김이 생긴 것을 농약으로 사용하면 노즐이 막힐 수 있고 농약효과를 거의 볼 수 없다.

자닮유황 대비 재료 사용량 (물 1,000g = 1ℓ)

자닮유황	5L 1.3 gal	10L 2.6 gal	20L 5.3 gal	40L 10.6 gal	50L 13.2 gal	100L 26.4 gal
황	1.25 kg 2.75 lb	2.5 kg 5.51 lb	5 kg 11.02 lb	10 kg 22.05 lb	12.5 kg 27.56 lb	25 kg 55.12 lb
가성소다	1 kg 2.2 lb	2 kg 4.4 lb	4 kg 8.8 lb	8 kg 17.6 lb	10 kg 22.05 lb	20 kg 44.1 lb
1차 물	2.5 L 0.66 gal	5 L 1.32 gal	10 L 2.64 gal	20 L 5.3 gal	25 L 6.6 gal	50 L 13.2 gal
2차 물	1.6 L 0.42 gal	3.2 L 0.85 gal	6.4 L 1.69 gal	12.8 L 3.38 gal	16.5 L 4.22 gal	32 L 8.45 gal

자닮유황 요약

- 사용량 : 500ℓ기준으로 생육기 0.5~2ℓ, 과수동계방제는 5ℓ(사철과 2ℓ). 하우스나 비가림 작물은 0.5ℓ부터, 노지작물은 0.8ℓ부터 사용하며 증량시 농도장해에 유의. 과수 개화기는 1ℓ이내. 동력살분무기는 17ℓ기준 50cc. 감, 포도, 호박, 깻잎은 500ℓ기준 0.5ℓ 정도 사용.
- 연간사용량 : 300평당 약 20ℓ 필요.
- 적용작물 : 전 작물.   · 유효기간 : 없음.   · 제조비용 : ℓ당 600원 정도.
- 효과 : 살균 효과, 동계시 5ℓ 넘게 사용하면 살충효과 증대.
- 살포 시기 : 새벽녘, 하루 중 고온기 피함.
- 특이 사항 : 하우스 비닐과 철 파이프에 손상이 없음.
- 화학농약과 혼용시 : 500ℓ기준으로 0.5~2ℓ 사용(농도장해 테스트 필수)
- **주의 사항** : 지속적인 연용이 가능하나 일부 작물에서 수세저하 등 장해가 발생할 수 있으니 주의함. 관주시 1000배로 희석하며, 점적호스 막힘을 유발할 수 있으니 마지막 5분 맹물로 관주함. 자주 관주하면 토양 경화가 발생할 수 있으니 주의함. 대추 일부 품종에서 약흔을 남길 수 있다.

* 천매암과 황토를 구할 수 없을 경우 뺄 수도 있음.

□ 천연농약 원재료 공동구매 문의 1899-5012, shop.jadam.kr

과수농가에서 석회유황합제를 만드는 모습이다. 고열이 필요하고 장시간이 걸려 작업이 매우 힘겹다. (사진 이종상)

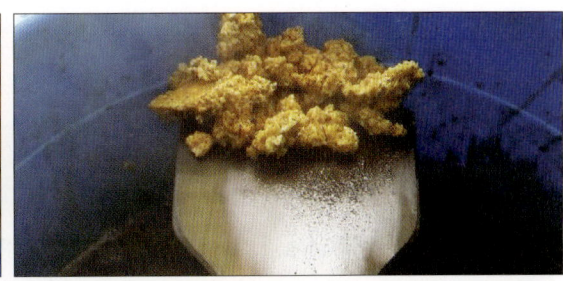

자닮유황제조시 1차 물을 적게 넣으면 고열로 끓어서 유황이 굳는다. 굳은 유황은 녹일 수 없다.

9. 약초액 만들기

　자닮오일과 자닮유황의 혼용으로 균과 일부의 충을 해결할 수 있지만 빈번하게 발생하는 배추흰나비, 담배나방, 파밤나방, 노린재, 잎벼룩벌레 등까지 해결하려면 약초액이 필요하다. 돼지감자를 기본 살충제로 사용하다 살충효과가 미흡하면 은행으로 전환하고 그래도 살충이 안되면 백두옹을 사용한다. 먼저 간략하게 약초액 제조과정을 설명한다.

❶ 생 약초를 적당히 잘라서 추출보자기에 넣고 물속에서 떠오르지 않게 무거운 돌을 추가하여 용기에 넣는다. 압력솥이나 중탕기는 물을 추출보자기의 높이 만큼 자작하게 채우고, 일반용기는 물을 30%정도 더 채운다. 물은 반드시 자닮오일이 투명하게 풀리는 물(연수)로 해야 한다. 물의 양은 생 약초 1kg을 기준으로 압력솥과 중탕기의 경우 약 4ℓ로 일반솥은 5ℓ로 하고, 건조된 약초는 1kg을 기준으로 압력솥과 중탕기는 약 20ℓ로 일반솥은 25ℓ로 한다. 물 1ℓ는 1kg과 같다.

❷ 압력솥과 중탕기는 4시간, 일반용기는 5시간 끓인다. 처음에는 센불로 가열하여 끓게 한 다음 이후는 뚜껑을 살짝 열어놓고 약간 끓는 정도를 유지하는 중불로 가열한다. 사용한 물의 70% 내외의 약초액을 얻게 된다. 작업이 완료된 후 약초가 든 망을 꺼낸다. (백두옹 등 입자가 작은 경우 반드시 망 사용)

❸ 약초액을 상온에 보관하면 변질될 수 있으니 장기 저장해 놓고 사용하려면 반드시 약초액이 끓고 있는 상태에서 내열용기에 가득 담고 뚜껑을 닫은 후 바로 옆으로 뉘여서 보관한다. 용기 입구 뚜껑쪽으로 고온 물이 채워져 멸균되어 보관에 효과적이며 용기가 작을 수록 장기저장에 유리하다. 에탄올을 15% 추가해서 상온에서 보관할 수도 있다.

❹ 약초액을 담은 통은 어둡고 서늘한 곳에 보관하여 사용하며 장기저장을 위해서는 저온저장고에 보관하는 것이 좋다. 1.5ℓ 내열병 구입처 : 02-428-9096

❺ 저장된 약초액 사용 시 밑에 앙금은 제외하고 사용하고, 약초 삶은 물에 이 물질 있으면 고운망에 여과후 사용해야 과일이 깨끗해진다.
❻ 500ℓ기준 5~30ℓ사용하고 연무기나 동력살분무기는 17ℓ기준 1ℓ내외 사용한다.

 자닮오일과 자닮유황의 혼합만으로도 농업에서 발생되는 충의 문제를 일부 해결할 수는 있지만 보다 완벽한 해결을 위해서는 약초가 필요하다. 농약에 필요한 약초를 선택하는데 전문적인 지식은 필요없다. 다양한 산야초나 나무를 관찰하여 충과 균이 잘 붙지 않거나 특이한 향이 나는 것을 선택하면 된다. 충과 균이 잘 붙지 않는 약초는 대부분 살충이나 기피효과가 있다. 다행히도 이런 약초는 우리 주변에 즐비하다. 충이 거의 붙지 않는 돼지감자·은행·자리공·고사리·여뀌·디기탈리스는 주변에서 쉽게 구할 수 있다. 여기에 독성이 강한 백두옹(할미꽃 뿌리) 등을 추가하면 된다. 말은 간단히 했는데 주변에 농약으로 사용할 수 있는 산야초가 많다는 것을 알기까지는 시간이 좀 걸렸다. 처음에는 한의약에서 소개하는 진귀한 약초를 구해 다양한 실험을 했었다. 문제는 약초를 구하는 어려움이 자닮이 지향하는 'SESE'에 반하여 대중성을 확보하는데 걸림돌이 되는 것이었다. 돼지감자가 살충제가 될 줄은 전혀 몰랐다. 전 세계 어떤 자료에도 돼지감자의 독성을 언급한 것이 없다. 돼지감자의 살충효과를 처음 발견한 분은 김천의 최정호 선생이다. 이 분을 취재하면서 당뇨병에만 효과가 있는 줄 알았던 돼지감자가 살충효과도 있다는 것을 알게 되었고 이 정보는 자닮식 천연농약의 대중화에 결정적인 도움을 주었다. 돼지감자는 전 세계 어디서나 쉽게 구할 수 있고 어디서나 재배하기 쉬워 자닮식 천연농약이 전 세계적으로 확산되는데 긴요한 역할을 할 것으로 본다. 돼지감자는 키가 크게 자라서 풀 관리도 필요없다. 돼지감자의 줄기와 잎사귀, 뿌리를 물에 삶아 자닮오일과 혼용하여 천연 살충제로 사용하면 흔히 발생하는 진딧물과 응애, 일부 나방

향이 강한 다양한 재료는 카놀라유에 튀겨내 다양한 색상의 오일을 만들고 이것을 원재료로 자닮오일을 만들면 천연농약 사용을 더욱 단순화시키는 데 도움이 될 것이다.

류까지도 제어할 수 있다.

 약초액을 만드는 방법으로 건조된 약초를 식초나 목초, 알콜에 우려내는 방법보다는 물에 삶아 만드는 방법을 권한다. 비용도 아낄 수 있고 누구나 쉽게 만들 수 있고, 또 약초액을 더욱 진하게 추출해낼 수 있어 이롭다. 한의약에서는 전통적으로 약초를 물에 삶아내어 먹는 탕약식을 사용했기에 우리에게 낯설지 않다. 닭고기를 물에 삶아육수를 내는 것과 식초나 알콜에 담가 육수를 내는 것의 차이를 연상하면 삶아 내는 장점을 이해할 수 있을 것이다. 대형 용기로 한 번에 많은 양을 만들어 필요시 바로 사용해도 되고, 진공멸균 보관하여 어둡고 서늘한 곳이나 저온저장고에 저장해 놓으면 1~2년도 쓸 수 있다. 삶는 용기는 대형 압력솥이나 중탕기가 효과적이나 가마솥이나 일반 용기도 가능하다. 대신 일반 용기를 쓸 경우는 가열시간을 1~2시간 늘려준다. 약초를 연수에 삶아낸 물은 자닮오일과 조화를 잘 이뤄 엉김이 안생기고 거품도 잘 발생한다. 약초를 물에 삶을 때 압력솥이나 고압중탕기를 사용할 수도 있다. 식초나 목초로 약초를 우려낸 것은 자닮오일과 잘 맞지 않지만 알콜로 우려낸 것은 자닮

돼지감자. 벌레들이 거의 붙지 않는다. 줄기와 잎사귀, 뿌리 모든 부분을 물에 삶아 천연살충제로 사용한다. 가을에 베어 건조시킨 후 사용도 가능하다. 이눌린 성분이 살충에 연관되어 있는 것으로 추정한다. 뿌리의 살충효과가 더 좋다.

은행. 지구상 식물중에서 균과 충에 대해 가장 완벽한 방어능력을 갖고 있다. 생 잎사귀와 낙엽, 열매 모두를 사용한다. 열매(과피)가 살충효과가 더 좋다. 독성이 있는 진겔락산, 하이드로진코릭산, 진놀 등의 성분을 함유하고 있다.

고사리. 항 염증 및 해독 효과가 있는 이 식물은 칼이나 뱀 물린 상처를 치료하는 데에 사용된다. 서구에서는 뿌리를 촌충과 회충의 구제, 피임약으로도 사용된다고 한다. 살충 효과가 뛰어나다.

천연농약 만들기 • 299

할미꽃. 백두옹이라고도 하며 뿌리를 사용한다. 한의약에서 혈액순환을 돕는 약제로 사용된다. 강력한 살충효과가 있다. 5월 중순경 씨앗을 채취해서 모판에 15~20일 정도 물관리를 잘 하면 싹이 튼다. 물 빠짐이 좋고 햇빛이 잘드는 곳에서 재배한다.

오일과 잘 조화를 이룬다.

향이 강한 식물인 박하, 방아, 계피, 정향, 팔각향, 로즈마리, 라벤더, 매운 고추, 겨자, 후추 등은 향을 지속적으로 살리기 위해 천연오일에 튀겨 내는 방법도 있다. 오일에 고유의 독성과 향이 오일에 스며들어 오랫동안 유지될 수 있는 장점이 있다. 앞으로 카놀라유 대신 약초를 튀겨낸 오일을 사용하여 자닮오일을 만들고 효과를 실험해 볼 계획이다. 이 실험에 성공하면 물에 자닮오일만을 혼용하여 살충효과나 기피효과를 낼 수 있어 더욱 편리한 자닮식 천연농약이 될 수 있을 것이다. 약초를 생즙으로 만들어 사용하는 방법도 있는데 권하지 않는다. 생즙식은 기대보다 살충효과가 크지 않고 작업이 힘들다. 그리고 농약 살포후 열매가 끈끈해지고 지저분해지는 경우가 생긴다.

담배잎과 마늘, 매운고추는 삶지 않고 물에 담궈두는 식으로 약초액을 만들기도 한다. 약초의 성분이 미생물에 의해 잘 분해되지 않아 변질되지 않는 것은 물에 담궈서 약초액을 만드는 것도 가능하다. 담배잎은 15일 정도, 매운고추와 마늘은 1개월 정도 물에 담궈두었다가 사용할 수 있다.

약초액을 저장하다가 용기가 부풀어 오르는 것은 멸균효과가 떨어져 약초액이 미생물에 의해 분해되기 시작되는 것을 의미한다. 미생물 분해가 시작되면 약초액의 살충효과가 떨어질 수 있다는 것을 감안하고 사용한다. 가급적 개봉한 보관통에 있는 약초액은 1~2일 내에 다 사용한다. 큰 보관용기를 사용하면 꽉 채우기 어려울 수도 있고, 사용 후 일부가 남게 되어 미생물 분해가 일어남으로 큰 용기보다는 작은 용기가 장기 저장에 바람직하다. 약초액에 에탄올을 15%추가하여 상온에서 저장할 수도 있다. 에탄올은 인터넷에서 쉽게 구입할 수 있다. 가을걷이가 끝난후 자닮오일과 자닮유황, 각종 약초액을 만들어 이듬해 사용할 모든 천연농약을 미리 준비해 놓는다. 약초액은 필요할 때마다 만들어 사용해도 된다.

고압중탕기를 이용하여 약초액을 대량제조할 수 있다. (사진 윤경호)

살충효과를 순서대로 나열하면 돼지감자잎, 돼지감자열매,은행잎,은행열매,백두옹 순으로 더 강해진다. 은행대신에 고사리로 대체할 수 있고 백두옹 대신 협죽도로 대체할수 있다.

☐ 천연농약 원재료 공동구매 문의 1899-5012, shop.jadam.kr

약초액 제조 과정

사진/준비: 차현호

1. 할미꽃 뿌리(백두옹)를 건조시켜 만든 것이다. 한약제로 시중에 유통되고, 자닭에서 구매할 수 있다.

2. 한국식품의학품안전처에서 우수의약품 생산기준을 통과했다는 마크이다.

3. 100ℓ의 용기와 가스버너를 준비한다. 약간의 가스가 발생하니 환기가 잘되는 공간에서 작업한다.

4. 건조시킨 할미꽃뿌리 3kg을 삶는데 75ℓ의 물을 넣는다.

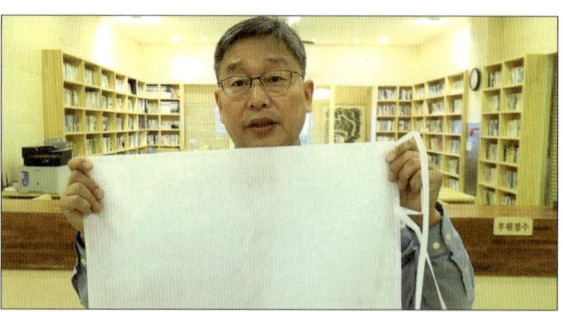

5. 고운 망으로 만든 추출보자기(60*70cm)를 준비한다. 인터넷에서 검색하여 구매한다.

6. 백두옹을 추출보자기에 담는다.

7. 물속에서 보자기가 떠오르지 않도록 무거운 돌이나 벽돌을 보자기에 넣는다. 2개가 적당하다.

8. 단단히 묶은 추출보자기를 물속에 넣는다.

약초액 제조과정은 www.jadam.kr에서 동영상으로 볼 수 있다.

9. 가스불이 용기 밖으로 새어나오지 않을 정도의 센불로 맞춘다.

13. 불을 중불로 줄인다. 센불을 유지하면 물의 증발량이 많아 내용물이 많이 줄어든다.

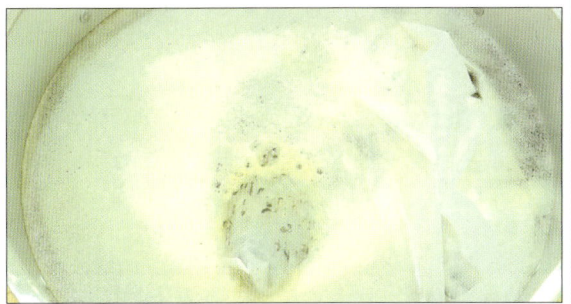

10. 물의 온도가 올라가면서 흰색 거품이 발생 하고 있다.

14. 적당히 보글보글 끓고 있는 상태를 유지한다.

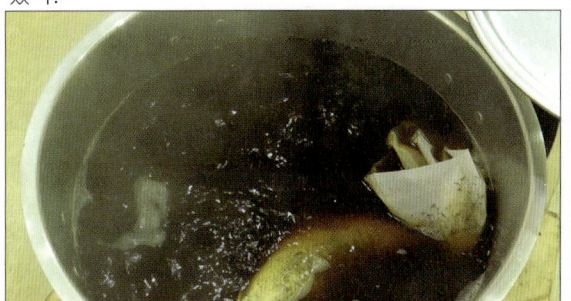

11. 물이 끓기 시작할 때까지 센불을 유지한다.

15. 약 5시간 지나 추출보자기를 건져낸다.

12. 거품이 넘치는 것을 방지하기 위해 뚜껑을 약간 열어 놓는다. 너무 많이 열면 증발이 많아진다.

16. 약초액을 보관하려면 물이 끓게 가스불을 유지하면서 떠낸다.

전열기로 은행 대량 만들기 (30시간 소요)

600ℓ 용기에 3kw, 1m 길이에 전열기 2개를 넣고 200ℓ 내외의 용기에는 3kw, 0.7m 길이 전열기 1개 사용.

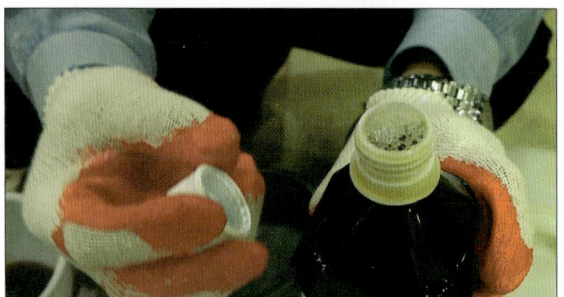

17. 내열병에 담는다. 물병은 뜨거운 물에 오그라든다. 1.5ℓ 내열병구입 02-428-9096. 개당500원

은행을 반쯤 넣고 물을 가득 붓는다. 온도는 110~120도에 맞춘다. 증발을 막기위해 비닐을 꼭 덮는다.

18. 가득채운 후 병을 살짝 눌러 입구까지 가득차게해서 뚜껑을 단단히 막아 서늘한 곳이나 냉장고에 보관한다.

약 10시간 이후부터 끓기 시작한다. 작업시 미세먼지 마스크를 꼭 착용한다. 추울땐 하우스 안에서 작업한다.

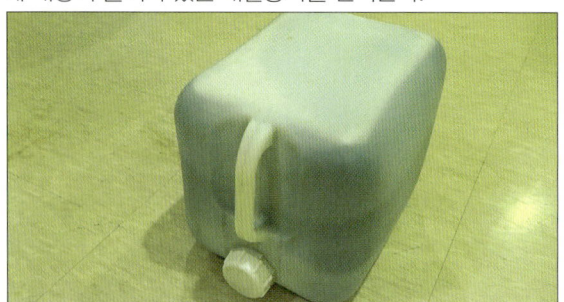

19. 1회당 사용량이 많은 농가는 큰 보관용기가 좋다. 뚜껑에 패킹이 들어가 있는 내열용기를 선택한다.

30시간만에 약 300ℓ의 은행삶은물을 생산할 수 있다. 끓고 있는 상태에서 용기에 담아보관, 1~2년간 사용한다.

20. 가득 담고 뚜껑을 단단히 닫은 다음 5분정도 기울여 놓았다가 서늘한 곳이나 냉장고에 보관한다.

아래 백두옹 분석 결과에도 나오듯이 자닮에서 활용하는 약초액은 화학농약과 달리 작물에 영양 공급원으로서도 훌륭한 기능을 한다. 약초액은 물 500ℓ를 기준으로 5~30ℓ정도 활용한다. 증량에 따른 농도장해가 적은 편이다.

약초액 요약

- 사용량 : 500ℓ기준으로 5~30ℓ사용. 연무기나 동력살분무기는 17ℓ 기준 1ℓ 내외.
- 연간사용량 : 300평당 약 150ℓ 필요.
- 적용작물 : 전 작물 • 유효기간 : 1~2년 (멸균시) • 제조비용 : 자급 충당.
- 효과 : 살충 살균 효과, 작물에 영양제도 됨.
- 주의 사항 : 자닮오일 테스트를 통과한 물(연수)로 삶아야함. 침전물을 제외하고 사용하며 이물질이 혼합되었을 때는 여과해서 사용함.

할미꽃(백두옹) 삶은 물 분석 결과

pH	EC (1:5) ds/m	OM %	T-C %	T-N %
6.9	0.67	0.21	0.12	0.01
C/N %	P₂O₅ %	K₂O %	CaO %	MgO %
9.25	0.070	0.071	0.015	0.005
Na₂O %	Fe mg·kg⁻¹	Mn mg·kg⁻¹	Zn mg·kg⁻¹	Cu mg·kg⁻¹
0.002	15.885	1.376	0.253	0.012
Cd mg·kg⁻¹	Cr mg·kg⁻¹	Ni mg·kg⁻¹	Pb mg·kg⁻¹	As mg·kg⁻¹
-	-	-	0.101	-

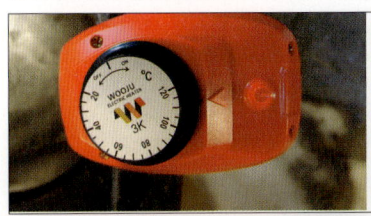

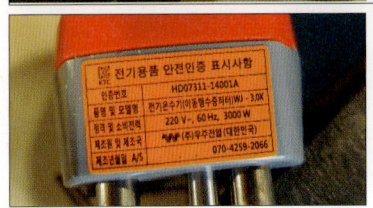

전열기 설치와 이용
용기의 바닥까지 닿는 크기를 선택하고 온도는 110~120도에 맞춰 사용한다. 코일 부분에 **청결**을 유지한다. 연결선은 굵은 것을 사용한다.

▶ 구입처 1899-5012. 저자 유걸

돼지감자 삶은 물 만들기
봄~ 가을까지 잎사귀와 뿌리 이용

봉숭아 삶은 물 만들기
봄~ 가을까지 잎사귀와 뿌리 이용

박하 삶은 물 만들기
봄~가을까지 잎사귀 이용

피라칸사스 삶은 물 만들기
가을에 열매 이용

디기탈리스 삶은 물 만들기
봄~가을까지 잎사귀 이용

담배 삶은 물 만들기 (물에 15일간 우려도 됨)
봄~가을까지 잎사귀, 말린 것 가능

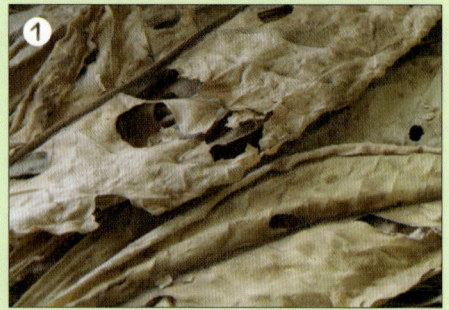

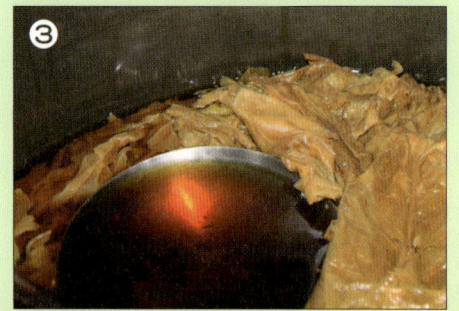

석산 삶은 물 만들기
가을~겨울까지 뿌리 이용

초오 삶은 물 만들기
가을에 잎사귀와 뿌리 이용

천연농약 만들기

협죽도 삶은 물 만들기
봄 ~ 가을까지 잎사귀 이용

고사리 삶은 물 만들기
봄 ~ 가을까지 잎사귀 이용

너삼(고삼) 삶은 물 만들기
가을에 뿌리 이용

마늘 삶은 물 만들기
연중 뿌리 이용

백두옹 삶은 물 만들기
가을에 뿌리 이용

매운 고추 삶은 물 만들기
가을에 열매 이용

10. 자닮 미생물이 미생물농약으로

 병원성 미생물과 충에 길항성(견제·점령·포식)이 있는 미생물을 선발하고 이 미생물을 집중 배양하여 미생물 농약으로 개발하는 방식이 일반적이다. 그래서 미생물 농약 연구는 첨단 과학으로 막대한 연구비와 인력 투입이 기본이다. 특정한 병원균을 잡는 특정한 미생물의 세계로 접근하면 미생물 농약연구는 첨단기술이 필요할 수 밖에 없다. 농가 차원에서는 연구가 불가능하다. 그러나 미생물 농약에 접근하는 방법을 달리하면 누구나 쉽게 만들 수 있는 놀라움이 시작된다. 바로 종속 영양 미생물의 식량은 '면적'이라는 관점에서 미생물 농약을 바라보는 것이다. 병원균의 대부분은 영양을 독립적으로 만들어 내지 못하기에 성장을 위해서는 반드시 먹이가 필요하다. 먹이는 어디서 오는가? 병원균이 확보한 면적에서 온다. 그 면적은 동물의 피부가 될 수도 있고 작물의 잎사귀와 줄기도 될 수 있다. 그 면적에 특정한 미생물을 골라 넣을 필요도 없다. 수백 만종의 토착미생물이 포함되어 있는 인접산의 부엽토로 배양한 자닮 미생물만 넣어주면 된다. 그 면적에 서식하는 다양한 미생물의 숫자만 높여주면 병원균과 게임은 종결된다. 상식에 입각한 논리를 정연하게 쌓아가다 보면 혜안(慧眼)이 열리는 것을 실감하게 될 것이다. 농업기술은 나의 상식에서 그리 멀리 떨어져 있지 않다.

 저자는 이미 실제 몸 실험으로 그 가능성을 확인했다. 항생제를 3개월 정도 먹어야 겨우 고칠 수 있는 손톱 무좀을 부엽토 물에 자주 담그는 노력만으로 완치시켰다. 아이들을 키울 때 복통 설사가 오래 이어지면 부엽토 물을 여러번 먹였었는데 놀랍게 설사가 바로 멈춘다. 모든 이에게 권할 일은 아니지만 몸소 경험을 하면서 미생물의 다양성의 힘을 직감했다. 나의 경험이 그리 특별한 것은 아니다. 누구나 다 맨발로 걸어다니면 무좀이 치유된다는 것쯤은 안다. 이것이 바로 미생물 다양성의 힘이다. 미생물 다양성의 힘으로 그 독한 무좀균까지 박살낸다. 자닮 미생물 배양액을 주기적으로

토양에 관주하고 엽면시비해 주는 것만으로 병원균의 득세를 막는다. 자닮 미생물 배양액 자체가 미생물 농약이다. 지속적인 미생물 사용은 토양과 작물의 표면에 미생물 다양성을 높이고 미생물의 수가 많아지면 자연스럽게 특정 병원성균의 과다 증식이 불가능해진다. 수백만 종의 다양한 토착미생물이 번성하면서 균병이 속시원하게 해결되는 것을 실감하게 될 것이다.

미생물을 종속 영양균과 독립 영양균으로 나누기도 한다. 종속 영양균이란 자신의 생명에 필요한 영양을 외부로부터 취하고, 독립 영양균은 스스로 해결하는 균이다. 병원균은 종속 영양균으로 자신에게 필요한 영양을 작물로부터 취한다. 그것도 생체만을 즐긴다. 여기서 중요한 힌트를 얻는다. 종속 영양균의 식량은 '면적'이다. 면적을 확대 못 하면 식량을 확보 못 하는 것과 같아서 면적 확대만 막으면 병원균의 확대를 막는 자연스런 결과를 얻게 된다. 자닮 미생물 배양액의 주기적인 활용은 토양 개량과 작물의 건강한 생육 등에도 도움을 주지만, 병원균의 입장에서 보면 자신들이 점유할 수 있는 면적을 자닮 미생물에게 빼앗기는 것과 같다.

그러나 자닮 미생물이 좋다고 무조건 병원균과 싸움에서 이길 수 있는 것은 아니다. 어느 정도 미생물의 수가 확보되어야 한다. 저자는 이것을 미생물은 '숫자싸움'이라고 표현한다. 병원균이 $1cm^2$에 1,000,000마리가 버티고 있는데 낙하산으로 1~2마리 자닮 미생물 떨어뜨린다고 승리할 수는 없다. 미생물 숫자를 최대한 늘려 사용하는 전략을 취한다. 미생물 배양 시 물 표면에 거품이 왕성했을 때 사용하면 된다. 거품이 왕성하게 올라온 상태의 미생물 배양액 1㎖에는 1억 마리 정도의 미생물이 들어 있다. 미생물 개체수를 늘려 작물과 토양에 살포하고 병원성 미생물의 식량이 되는 면적을 먼저 선점한다. 500ℓ 기준하여 10~20ℓ 정도의 미생물 배양액을 넣고 자닮오일을 3ℓ 이상 혼용하여 살포한다. 자닮오일을 넣지 않으면 미생물이 고루 전착되지 않고 작물에 약흔이 남는다. 그러나 미생물 배양액을 20ℓ 이상 넣으면 미생물이 자닮오일을 순식간에 분해시켜 거품은 사라지고 침투성이 떨어져 농약효과가 반감된다.

미생물 배양액 요약

- 사용량 : 토양관주시는 10배 이상 희석액을 사용, 토양에 작물이 없을 때는 원액사용도 가능, 엽면살포시는 500ℓ기준으로 20ℓ 내외 사용하고 자닮오일을 3ℓ 이상 혼용. 엽면살포용 미생물은 연수로 배양.
- 적용작물 : 전 작물.
- 사용적기 : 물 표면에 거품이 최고조 되었을 때.
- 효과 : 항균, 항충 효과, 토양 개량과 뿌리 활착에 도움.
- 기타 : 약초 삶은 물을 추가하면 살충효과도 겸비하게 됨. 자닮오일과 혼용하지 않으면 자국이 남고 효과가 줄어듦. 엽면살포에 사용할 미생물 배양액은 연수로 배양해야 함.

삶은 감자를 배지로 인접산의 부엽토를 미생물 원종으로 배양한 자닮 미생물 배양액이다. 1㎖에 1~10억 마리 내외의 다양한 토착미생물이 있다.

11. 각 재료별 사용 범주

천연농약 재료별 활용범위 (500L / 20L 기준)

사전 농도장해 테스트는 기본!!

- 자닮오일 : 3~15L (120~600cc) (과수 동계방제 10L 내외)
- 자닮유황 : 0.5~2L (20~80cc) (과수 동계방제 5L 내외)
- 약초 삶은 물 : 5 ~ 30L (200~1200cc)
- 자닮 미생물 배양액 : 10~20L (400~800cc)

* 자닮유황은 하우스 0.5L, 노지 0.8L 에서 시작, 0.2L씩 증량하며 활용.
* 감, 포도, 호두, 깻잎은 품종에 따라 유황에 민감하니 0.5L사용하고 증량에 주의.
* 병해가 심할 경우 자닮오일을 15L까지 증량가능, 연용은 삼가.

농도장해에 자유로운 물질은 없다. 그래서 천연농약의 자가제조와 활용은 효과에 앞서 농도장해 문제를 더 중요시해야 된다. 효과가 없으면 한 번 더 살포하면 되지만 농도장해가 오면 생리장해와 성장장해로 이어져 수확량과 품질에 바로 지장을 주고 다년생 과수의 경우는 이듬해 수확량까지 영향을 받는다. 위와 같은 범주에서 활용하면 대체로 이상은 없지만 항상 새로운 시도에 앞서 농도장해 테스트를 하고 출발하기 바란다. 자닮오일과 토착미생물 배양액, 약초액은 작물에게는 영양제와 다를 바 없어 위 범주에서 농도장해가 거의 발생하지 않지만 자닮유황은 작물의 생육상태 또는 작물의 종류에 따라 농도장해가 발생할 수 있다.

자닮오일은 500ℓ기준으로 3ℓ와 15ℓ사이를 오가며 사용한다. 자닮오일을 양을 늘리면 살균과 살충효과가 높아진다. 농약의 효과를 좀더 높이려면 10ℓ

이상으로 올렸다가 상황이 종료되면 5ℓ로 다시 내려온다. 병해가 심각하면 15ℓ 까지도 가능하다. 15ℓ 정도를 지속적으로 사용하면 일부 작물에서는 성장부진이 올 수 있고 과일의 분진이 약화될 수도 있다. 자닮오일은 식물의 잎사귀에 기공을 막아 생기는 피해가 거의 발생하지 않는다.

자닮유황은 500ℓ기준으로 0.5~2ℓ를 사용하되 비가림이나 하우스 작물에서는 0.5ℓ, 노지작물은 0.8ℓ부터 사용하며 증량해 간다. 1ℓ 정도의 자닮유황이 혼합된 농약은 대부분 작물에서 지속적으로 살포할 수 있다. 과수 개화기는 1ℓ이내로 사용한다. 과수 동계방제시 낙엽과수는 5ℓ, 사철과수는 2ℓ 사용한다. 사전에 반드시 농도장해 및 약흔 테스트를 거친다. 감과 포도, 호박, 깻잎은 자닮유황에 민감하니 0.5ℓ정도 사용하며 증량에 주의한다. 대추 일부 품종에서 약흔이 발생할 수 있으니 주의한다. 관주시 1000배로 사용하며 잦은 사용은 권하지 않는다. 관주 후 맹물을 5분 투입한다. 과잉사용은 토양을 경화시킬 수 있다.

약초액은 500ℓ기준으로 5ℓ와 30ℓ사이를 오가며 사용한다. 살충효과를 높이기 위해 약초액을 늘릴 경우는 반드시 자닮오일 양도 함께 늘려야 방제효과를 높일 수 있다. 자닮식 농약에서 매우 중요한 것은 물이다. 경수는 자닮오일의 전착효과를 떨어뜨려 방제효과가 제대로 나타나지 않는다. 전면적에 살포하기 전에 미리 소량으로 혼용 테스트와 농도장해 테스트를 기본으로 해야한다. 여러 재료를 혼합하여 흔들었을 때 합성세제 처럼 왕성한 거품이 나야한다.

방제주기는 획일적인 기준이 없다. 지역별, 기후별, 작물별 병발생량과 종류가 달라 시기적절하게 대응한다. 농약살포 간격은 병충해 발생의 정도에 따라 조정해 나간다. 정식 다음날 방제하고, 생육초기는 4~5일, 이후부터는 상황에 따라 간격을 늘려간다. 초기 방제에 실패하면 큰 피해로 이

어지기 때문에 생육초기는 세심하게 농약방제에 신경써야 한다. 꼼꼼한 농약살포는 기본이다. 337페이지 12번 '만능 농약'을 기본으로 삶고 응용해 나가면 편리할 것이다.

농약살포 시기는 대기 중에 습도가 높은 시간대가 가장 좋다. 농약물이 공기중에 빨리 증발되면 방제효과가 많이 떨어진다. 충과 균의 표면에 농약물이 오래 남으면 남을 수록 살충과 살균효과가 증대된다. 이른 새벽이 가장 좋다. 나방류의 활동시기에 맞춰 방제시간을 조정할 수도 있다.

천연농약 짧은 연타는 충 발생량이 많을 때 사용하는 방법으로 농약에서 자닮유황을 넣지 않은 경우 약초액과 자닮오일 만으로 혼합된 농약에 한해서 가능하다. 1차 살포후 2차 살포의 기간을 1시간 내외로 하는 것도 12시간 내외로 할 수도 있다. 해질녘에 살포하고 다음 날 새벽살포도 가능하다.

동력살분무기의 경우 17ℓ 기준, 자닮유황 50cc, 자닮오일 500cc, 약초액 1ℓ를 기준으로 가감한다. 자닮유황 포함시 반드시 사전 농도장해 테스트를 거쳐 사용한다. 포도, 감, 호박, 깻잎은 자닮유황에 민감하다.

12. 천연농약의 설계도

다음의 그림을 자세히 보면 자닮식 천연농약의 이해가 빠를 것이다. 정중앙에 있는 자닮오일로 모든 것이 다 모인다. 자닮오일 없으면 농약이 안 되고 자닮오일의 증감에 따라 농약의 효과도 증감된다. 자닮유황과 자닮오일이 결합되면 자닮유황 농약이 되는데 여기서 자닮유황의 양을 일방적으로 늘리는 것은 농도장해 부담이 되니, 자닮오일 양을 늘려 살균 효과는 물론 살충 효과도 높여 천연 살균 살충제로 변신시킨다. 약초액이 추가될 수도 있다.

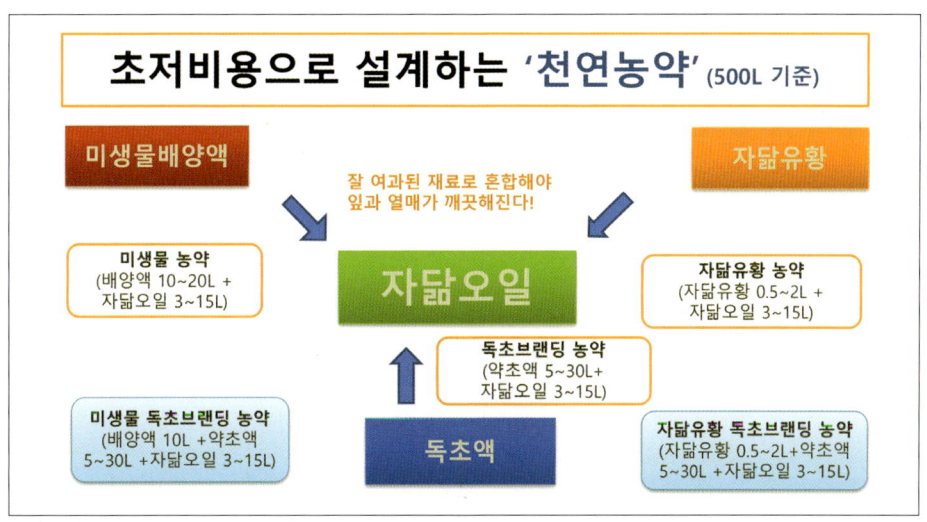

약초 삶은 물과 자닭오일이 결합하면 약초브랜딩 농약이 되고, 이 둘은 증량에 대한 부담이 없어 약초액은 5ℓ로 시작해 30ℓ까지도 늘려나갈 수 있다. 약초액의 양을 늘릴 때는 반드시 자닭오일양도 함께 늘려야 강력한 천연 살충제가 된다. 여기에도 미생물 배양액 또는 자닭유황이 추가될 수 있다. 미생물 배양액과 자닭오일이 만나면 미생물 농약이 되는데 여기서 미생물 배양액을 원액으로 할 경우는 순식간에 미생물이 자닭오일을 분해시켜 전착효과가 사라지니 미생물 배양액을 20ℓ이내로 제한하여 활용한다. 여기에도 약초액을 추가할 수 있다. 자닭식 천연농약의 효과가 적으면 '강하게' 살포하고, 해결이 안 되면 '더 강하게' 살포한다. 강한 살충제로 만드는 것은 간단하다. 자닭오일과 약초액을 늘려주면 된다. 여기에 500ℓ 기준, 고운 황토분말 0.5~1kg이나 가성소다 1~1.5kg을 추가할 수 있는데 살충효과가 배가된다. 추가시 농도장해 및 약흔 테스트는 필수다. 하우스 작물은 민감하다.

자닭식 천연농약은 광범위 살균 살충효과가 있으므로 작물별로 충과 균별로 아주 특별하고 복잡한 조합이 없다. 밭에 여러 작물을 재배한다고 해서 작

물별로 다른 조합의 농약을 만들지 않는다. 예를 들어 사과나무에 살포한 동일한 농약을 배나무에도 살포하는 식이다. 그날그날 살포하는 농약은 동일하다. 자닮오일, 자닮유황, 돼지감자 삶은 물, 은행 삶은 물, 백두옹 삶은 물의 단순한 조합으로 거의 모든 충과 균을 해결할 수 있다. 돼지감자는 진딧물과 응애, 나방류 일부를 해결하고 은행은 돼지감자의 효과를 포괄하면서 좀더 방제가 어려운 뽕나무이, 선녀나방, 갈색날개 매미충 등까지 해결하고 백두옹은 돼지감자와 은행으로 해결 못하는 거의 대부분의 충 문제를 해결한다. 은행열매 삶은 물을 미리 준비하면 백두옹이 필요없는 농사도 가능하다.

토양살충제와 토양살균제는 어떻게 할 것인가? 작물 지상부에 충을 제어할 수 있는 천연농약은 지하부의 충도 제어할 수 있다는 생각으로 접근하면 쉽다. 은행 삶은 물과 자닮오일을 포함한 농약을 토양에 뿌리면 어느 정도의 방제효과를 얻을 수 있다. 토양살균제로는 자닮유황과 자닮오일이 결합된 천연농약을 사용할 수 있으나 자주 사용하면 토양이 굳어져 장기적으로 손해가 될 수 있다는 것을 염두에 둔다. 자닮유황의 사용보다는 자닮 미생물 배양액을 자주 관주하면 토양에 미생물 다양성이 높아져 병원균의 확산을 막을 수 있다. 이 방법으로 토양 선충 문제까지 해결할 수 있다. 토양 선충 해결을 아주 어려워하는데 자닮 미생물을 지속 사용하여 토양에 미생물 다양성을 높이고 미생물 숫자를 높여주면 선충은 차츰 해결된다.

자닮식 천연농약을 사용하면서 수확하는 과일이나 잎사귀가 거칠어 지거나 지저분해지는 것을 막으려면 물 선택을 잘하고 재료의 조합을 잘해서 농약이 도포가 잘되도록 해야하고 약초 삶은 물은 침전물을 제외한 윗물만 따라쓰고 이물질이 포함되어 있을 경우는 반드시 고운망으로 여과시켜 혼용해야한다. 농약에 사용하는 물에 자닮오일을 혼용하였을때 뿌옇게 물이 변하면 거품이 많이 발생하지 않는다. 이 경우 물을 바꿔야한다. 물을 바꿀 수 없으면 자닮오일의 양을 늘려 사용할 수 있고 화학농약에서 사용하는 전착제를 대용으로 사용할 수도 있다. 유기인증 농가의 경우 사용하는 전착제가 유기재배에 허용되는 것인가를 반드시 확인해보고 사용해야한다. 시판되는 전착제(합성계면활성제) 중에 유기인증에 허용되는 것이 있으나 비싸다. 월 5,000원 미만의 비용밖에 안들어가는 자닮 농업용연수기를 이용해 물을 연수로 바꿔 사용하는 것을 권한다. 더 이상 비싼 농약을 사쓰는 방식으로는 농업을 유지할 수 없다. 자생력이 강한 농업으로 자리잡고, 유기농업을 초저비용농업으로 이끌고자 한다면, 평당 100원대로 농자재와 농약을 해결하는 자닮식 농업 방법이 필요하다. 자닮이 지금까지 구축한 천연농약 자가제조와 활용방식은 전 세계 어디에서도 볼 수 없는 것이어서 낯설고 두려움도 있겠지만, 자닮식 천연농약 자가제조 방식을 기본으로 삼고 부족할 때 시판 농약을 사 쓸 수도 있다는 여유를 갖고 시작해 보길 권한다.

34만평 유기재배를 하는 김해 봉하마을에서 자닮식 천연농약을 대량으로 만들기 위해 사용하는 기계들이다. 좌로부터 약초 삶는 기계, 자닮유황 제조기계, 자닮오일 제조기계이다. 자닮식 천연농약 방식은 수십 만평의 대형 면적의 유기재배에도 충분히 적용가능하다.

진딧물 방제 과정 (500ℓ 기준, 자닮오일 5ℓ+돼지감자 삶은 물 5ℓ)

1. 오이 잎사귀 뒷면에 자주 발생하는 진딧물이다.

1. 고추 뒷면에 다량의 진딧물이 발생했다.

2. 자닮오일과 돼지감자 삶은 물을 혼용하여 살포했다. 자닮오일 효과로 완전 도포가 되었다.

2. 자닮오일과 돼지감자 삶은 물을 혼용하여 살포했다. 자닮오일 효과로 완전 도포가 되었다.

3. 농약 살포후 3시간이 지난 모습이다. 100% 방제에 성공 했다.

3. 12시간 지난 모습이다. 진딧물의 몸에서 수분증발이 일어나 쪼그라 들었다.

4. 농약살포후 12시간이 지난 모습니다. 색이 변색되었다.

4. 사람이 먹어도 무해한 돼지감자 삶은 물의 위력이다. 100%방제에 성공했다.

사진 : 조영상

1. 복숭아 잎사귀 뒷면에 생긴 흰가루 진딧물이다. 흰가루가 몸에 있어 방제가 매우 힘든 진딧물이다.

1. 사과 잎사귀 뒷면에 생긴 조팝나무진딧물이다. 잎 뒷면에 잔털이 많아 꼼꼼히 살포해야한다.

2. 한번 살포에 진딧물들 속까지 농약이 잘 침투해 들어갔다. 물 선택을 잘해야 방제가가 높아진다.

2. 자닮오일 효과로 빈틈이 없이 농약이 잘 묻었다.

3. 불과 3시간이 지난 모습이다. 100%방제에 성공했다.

3. 전착이 잘되야 농약 방제효과가 높아진다. 자닮오일의 양을 늘릴 수록 전착은 더 잘된다.

4. 진딧물 방제에 성공하면 그 당시에 있었던 나방류의 유충도 방제가 잘 된다.

4. 24시간 지난 결과이다. 약 95%이상 방제에 성공했다.

자닮 천연농약연구소 '조영상 소장'의 연구실적

자닮 천연농약연구소는 연구실적을 실시간 공개하여 모든 농가들과 정보를 공유하고 있다. 연구실적과 현장 적용사례는 www.jadam.kr에서 확인할 수 있다. 자닮사이트는 2003년부터 운영하였으며 초저비용농업의 다양한 작물의 사례가 있다.

- 무가열 '자닮오일' 제조법(전착제)
- 무가열 '자닮유황' 제조법(살균제)
- 감자를 이용한 미생물배양법
- 현미잡곡을 이용한 미생물 배양법
- 벼 키다리병 천연농약
- 탄저병, 낙엽병 천연농약
- 흰가루병, 노균병 천연농약
- 진딧물, 응애 천연농약
- 담배나방, 파밤나방 천연농약
- 노린재, 깍지벌레 천연농약
- 민달팽이, 달팽이 천연농약
- 선녀벌레, 매미충 천연농약
- 벼 물바구미 천연농약 (수면전개제)
- 벼 종합방제약 광범위 살균살충제
- 축사 파리 제거법
- 설탕과 당밀 없는 액비 제조법
- 작물별 완전시비 설계법
- 나프탈렌 초분상화법
- 닭이 천연농약
- 커피 베리보어 천연농약
- 파파야 빌리버그 천연농약

13. 다양한 천연농약 조합의 예

자닮식 천연농약 사용시 공통 주의사항

- 모든 농약은 반드시 사전에 농도장해 및 약흔 테스트를 한 후 사용한다.
- 자닮오일 테스트에 합격한 물(연수)을 농약물로 사용하고, 연수로 자닮오일과 약초액도 만든다. 미생물배양액을 엽면살포할 경우에도 연수를 사용한다.
- 자닮유황은 500ℓ 기준, 하우스와 비가림 작물은 0.5ℓ부터, 노지 작물과 과수는 0.8ℓ부터 사용하면서 1.5ℓ정도까지 증량할 수 있다.
- 자닮유황은 감과 포도(캠벨), 호박, 깻잎은 500ℓ 기준 0.5ℓ정도로 사용하고 대추 일부 품종에서 약흔이 발생할 수 있다.
- 모든 농약은 습도가 높은 이른 새벽이나 흐린 날, 해질녘에 살포한다. 나방의 활동시기에 맞춰 방제할 필요가 있을 때는 방제시간을 변경한다.
- 시판 화학농약이나 액비와의 혼용시 농도장해 및 약흔 테스트를 한 후 사용한다. 델란수화제류와는 혼용이나 교차살포를 금지한다.
- 시판 화학농약 사용 후 7일 이상의 살포 간격을 유지한다.
- 식초나 목초, 바닷물과 천일염, 설탕이나 당밀로 만든 액비를 혼용하면 농약의 전착 효과가 떨어져 권장하지 않는다.
- 농약의 약흔을 남기지 않기 위해 이물질이 있을 경우 여과해서 사용한다. 저장된 약초액의 경우 침전물이 생기는데 침전물을 빼고 윗물만 사용한다.
- 자닮식 액비와 500배 정도로 혼용할 수 있다. 혼용시는 자닮오일 양을 약간 늘린다.
- **농약살포 간격**은 병충해 발생의 정도에 따라 조정해 나간다. 병충해 발생 초기 집중 방제가 효과적이다. 생육초기는 4~5일, 이후부터는 상황에 따라 간격을 늘린다.
- 수정벌 사용시 벌이 벌통에 들어간 후 입구를 막고 방제하고 환기 후에 열어 준다.
- 약초액을 늘릴 때는 자닮오일 양도 **함께** 늘려야 농약효과가 높아진다.
- 자닮유황이 혼용된 농약은 살포 후 농약이 남았다고 재 살포하지 않는다. 농도장해가 유발 될 수 있다.
- 농약 살포후 농약이 남았을 때 2~3일 이후까지 재사용이 가능하다.
- 동력살분무기는 17ℓ 기준, 자닮유황 50cc, 자닮오일 500cc, 약초액 1ℓ 를 기준으로 가감한다.
- **가성소다**를 추가시 약간의 물에 미리 녹여 사용한다. **황토분말**은 10배 이상 물에 섞어서 1분간 침전시키고 윗물을 사용한다. 가성소다 사용시 피부접촉에 주의한다.

1. 벼 키다리병 농약 (48시간 냉수 침종)

개발자 : 정선섭, 현영수, 김선수, 조영상

● **500ℓ 기준, 자닮유황 5ℓ (20ℓ 기준, 200cc)**

전세계적인 난제 벼 키다리병을 자닮이 풀다!

· 온탕침법 없이 냉수에 48시간 침종 후 물로 씻어내고 다음 단계를 진행한다.
· 정부 종자 보급종은 3번 비벼서 세척 후 침종한다.
· 껍질이 두꺼운 벼종자는 500ℓ에 자닮유황 7ℓ를 권장한다.
· 이 방법을 타종자의 종자소독에도 30분 내외로 시간을 달리하여 응용할 수 있다.
· 찹쌀 및 유색미는 500ℓ기준 자닮유황을 7ℓ 사용한다.
· 모판에서 발생하는 균병은 500ℓ 기준 자닮오일 5ℓ와 자닮유황 1.5ℓ를 혼용하여 살포한다.
· 마늘과 양파, 모든 종자소독에 화학농약 대신 사용할 수 있다.

* 주의 : 모를 키우는 하우스내 온도가 너무 높으면 키다리병이 유발될 수 있다.

1번 농약 활용법과 키다리병 효과

사진 김선수, 차현호

1번 농약 침종으로 키다리병 완벽방제

키다리병이 발생한 못자리

키다리병이 발생한 논.   사진 미상

1. 벼 종자를 작은 주머니에 넣는다.

2. 냉수에서 48시간 침종한다.

3. 하얀막이 생기며 표면을 덮는다.

4. 물로 씻어낸다.

5. 트레이에 볍씨를 파종한다.

6. 키다리병 전혀 없이 완벽방제가 되었다.

2. 벼 물바구미약 만들기 (수면확산제)

개발자 : 박성민, 조영상

1. 물 5ℓ에 자닮오일 3ℓ를 넣고 저어준다. (연수 사용)
2. 자닮유황 0.5ℓ를 추가하고 저어준다.
3. 카놀라유 3ℓ를 추가하고 핸드믹서기나 전기 드릴로 10분간 교반하면 완성이다.
4. 새벽에 논두렁 주변 곳곳에 원액을 살포한다. (새벽은 바람이 적어 유리)

- 논두렁 주변을 돌며 살포하며 바구미 발생량이 많으면 재 살포도 가능하다. 우렁이 피해는 거의 없다. 1ℓ로 300평 내외 살포가 가능하다.
- 프라스틱 물병 뚜껑에 구멍을 뚫고 수면확산제를 넣어 흔들면서(층분리 때문) 뿌리거나 20ℓ용 소형 분무기의 노즐을 빼고 살포할 수도 있다. 차가운 물이 유입되는 곳을 집중 방제한다.
- 모내기 전에 논두렁에 서식하는 물바구미를 철저히 방제한다. 500ℓ기준 자닮오일 5ℓ와 자닮유황 2ℓ을 혼용하여 논두렁에 살포한다. 미리 만들어 두고 사용시에 흔들어 쓸 수 있다.

2번 농약 제조법과 활용

사진 조영상

물바구미의 피해.   사진 미상

1. 물과 자닮오일을 넣고 저어준다.

2. 자닮유황을 추가하고 저어준다.

3. 카놀라유를 추가가하고 믹서한다.

4. 완성된 수면확산제이다.

5. 논 가장자리에서 약간씩 살포한다.

6. 물표면으로 농약이 퍼지기시작한다.

7. 전면적으로 퍼저나간다.

8. 물 표면에 막을 형성하고 있다

3. 벼 종합방제 농약
(대상 : 벼멸구, 이화명충, 멸강나방, 혹명나방, 도열병, 문고병, 깜부기병, 먹노린재 등)

개발자 : 조영상

- 자닮오일   (500ℓ 기준 : 5ℓ, 20ℓ 기준 : 200cc)
- 자닮유황   (500ℓ 기준 : 2ℓ, 20ℓ 기준 : 80cc)
- 은행잎,열매 삶은물 (500ℓ 기준 : 10ℓ, 20ℓ 기준 : 400cc)

· 충과 균의 발생량이 많으면 자닮오일과 약초액을 각각 10ℓ이상으로 증량하면 효과가 더 극대화된다. 은행 대신 고사리나 백두옹을 사용할 수 있다.
· 먹노린재 발생시 500ℓ기준 자닮오일을 10ℓ 이상, 약초액을 30ℓ까지도 늘릴 수 있다.
· 흰잎마름병 발생시 500ℓ기준 자닮오일을 10ℓ 이상 자닮유황을 2.5ℓ사용한다.
· 500ℓ기준 고운 황토분말 0.5~1kg을 추가하면 살충효과가 높아진다.

3번 농약으로 제어 가능한 균과 충류

먹노린재. 사진 박덕기  | 도열병. 사진 박덕기  | 벼 문고병. 사진 박덕기

벼애나방. 사진 박덕기  | 보리응애일종. 사진 박덕기  | 혹명나방. 사진 박덕기.

깜부기병. 사진 유은상  | 도열병. 사진 박덕기  | 벼멸구. 사진 박덕기

4. 흰가루병·노균병·각종 곰팡이병 농약

개발자 : 조영상

- **자닮오일**　　　(500ℓ 기준 : 5ℓ, 20ℓ 기준 : 200cc)
- **자닮유황**　　　(500ℓ 기준 : 1ℓ, 20ℓ 기준 : 40cc)

· 좋은 물(연수)을 농약물로 사용해야 전착효과가 높아져 농약효과를 높일 수 있다.
· 11번 미생물 농약을 사용하면 균 다양성이 높아져 균 병을 미리 막는 데 좋다.
· 충 방제도 동시에 하려면 약초액을 추가하고 자닮오일을 500ℓ기준 5ℓ 이상으로 늘린다.
· 자닮오일 양을 늘리면 살균효과가 더 커진다. 비온 직 후 살포가 효과적이다.
· 자닮유황은 500ℓ 기준, 하우스와 비가림 작물은 0.5ℓ부터, 노지 작물과 과수는 0.8ℓ부터 사용하고 증량에 주의한다. 모든 작물에 대해서 사전 농도장해 및 약흔테스트를 거쳐 사용한다.
· 자닮유황은 감과 포도(캠벨), 호박, 깻잎은 500ℓ 기준 0.5ℓ정도로 사용하고 사전에 농도장해 테스트를 거쳐 사용한다. 대추 일부 품종에서 약흔이 발생할 수 있다.

4번 농약으로 제어 가능한 균류

메론 흰가루병. 사진 미상　　참깨 흰가루병. 사진 이웃농부들　　노균병. 사진 미상
잎곰팡이. 사진 미상　　딸기 흰가루병. 사진 박덕기　　딸기 잿빛곰팡이병. 사진 미상
귤 녹색곰팡이병. 사진 농진청 자료　　귤흑점병. 사진 문제훈　　검정잎곰팡이병. 사진 미상

5. 탄저병 · 흑성병 · 적성병 · 갈반병 농약

개발자 : 구자운, 박희석, 조영상

- 자닮오일   (500ℓ 기준 : 8ℓ, 20ℓ 기준 : 320cc)
- 자닮유황   (500ℓ 기준 : 1.5ℓ, 20ℓ 기준 : 60cc)

· 탄저병이 심한 경우 자닮오일 12ℓ이상으로 늘려 하루 간격 연타한다.(2~3회)
· 배 적성병은 맑은 날 13~14시쯤에 살포해야 효과적이다. 흑성병은 비온 후 10시간 내에 살포한다.
· 자닮유황은 500ℓ 기준, 하우스와 비가림 작물은 0.5ℓ부터, 노지 작물은 0.8ℓ부터 사용하고 증량에 주의한다. 모든 작물에 대해서 사전 농도장해 및 약흔테스트를 거쳐 사용한다.
· 자닮유황은 감과 포도(캠벨), 호박, 깻잎은 500ℓ 기준 0.5ℓ정도로 사용하고 사전에 농도장해 테스트를 거쳐 사용한다. 대추 일부 품종에서 약흔이 발생할 수 있다.
· ❺번은 ❹번의 효과를 포괄한다.

5번 농약으로 제어 가능한 균류

고추 탄저병. 사진 차현호

배 적성병. 사진 미상

배 흑성병. 사진 미상

벼 잎마름병. 사진 미상

매실흑점병. 사진 미상

장미 흰가루병. 사진 미상

갈색무늬병. 사진 미상

오디 균핵병. 사진 미상

아로니아 갈색무늬병. 사진 미상

6. 진딧물·응애농약

개발자 : 최정호, 조영상

- **자닮오일**   (500ℓ 기준 : 5ℓ, 20ℓ 기준 : 200cc)
- **돼지감자 삶은 물** (500ℓ 기준 : 5ℓ, 20ℓ 기준 : 200cc)

· 돼지감자 대신 미국자리공이나 은행이나 고사리로도 가능하다.
· 돼지감자 잎도 효과적인데 뿌리는 더 효과적이다.
· 자닮유황을 추가하면 살균살충제가 된다.
· 자닮오일과 약초액의 양을 함께 늘릴 수록 방제가는 높아진다.
· 500ℓ기준 고운 황토분말 0.5~1kg을 추가하면 살충효과가 높아진다.
  [338페이지 황토분말 만들기 참고]
· 충 발생량이 많으면 1차 살포후 시간차로 연타하거나 해질녘 살포 후 이른 새벽 연타할 수 있다.
· 작물의 잎사귀를 말아 기생하는 혹진딧물은 생육초기 새순이 움틀 때부터 집중 방제해야한다.

6번 농약으로 제어 가능한 충류

귤 응애. 사진 박덕기

담배가루이. 사진 박덕기

대만흑수염진딧물. 사진 박덕기

목화진딧물. 사진 박덕기

무테두리진딧물. 사진 박덕기

벗나무응애. 사진 박덕기

복숭아가루진딧물. 사진 박덕기

토마토녹응애. 사진 박덕기

보리응애. 사진 박덕기

7. 배추흰나비·담배·파밤·깍지·쐐기·온실가루이 농약

개발자 : 차현호, 조영상

- 자닮오일 (500ℓ 기준 : 8ℓ, 20ℓ 기준 : 320cc)
- 돼지감자(뿌리) 삶은 물 (500ℓ 기준 : 12ℓ, 20ℓ 기준 : 480cc)

· 돼지감자 대신 미국자리공이나 은행이나 고사리로도 가능하다.
· 자닮유황을 추가하면 광범위 종합 살균살충제가 된다.
· 충 발생량이 많으면 1차 살포후 시간차로 연타하거나 해질녘 살포 후 이른 새벽 연타할 수 있다.
· 털이 달린 쐐기와 같은 충은 약대를 흔들면서 반복 살포하며 흠뻑 젖을수록 방제가가 높아진다.
· 500ℓ기준 황토분말 0.5~1kg, 가성소다 0.5~ 1.5kg을 추가하면 살충효과가 높아진다. 하우스나 비가림 작물, 포도, 호박 등 에 장해가 있을 수 있으며 사전에 농도장해 테스트 필수, 농약이 피부에 닿지 않게 주의한다. 가성소다는 약간의 물에 미리 녹여서 넣는다.
· ❼번은 ❻번의 효과를 포괄한다. 고운 황토분말은 고운 암석분말로 대체할 수 있다.

7번 농약으로 제어 가능한 충류

굴가루깍지벌레. 사진 박덕기

화살깍지벌레. 사진 박덕기

나방일종. 사진 박덕기

도둑나방. 사진 박덕기

담배가루이. 사진 박덕기

잎말이명나방. 사진 박덕기

쐐기일종. 사진 박덕기

온실가루이. 사진 박덕기

좀나방. 사진 박덕기

8. 선녀벌레 · 갈색날개매미충 · 뽕나무이 · 꽃매미 농약

개발자 : 박태화, 차현호, 조영상

- 자닮오일   (500ℓ 기준 : **10ℓ**, 20ℓ 기준 : 400cc)
- 은행잎, 열매 삶은 물   (500ℓ 기준 : **15ℓ**, 20ℓ 기준 : 600cc)

· 은행 잎도 효과적이지만 열매가 더 효과적이다. 은행은 열매 전체를 삶아 사용한다.
· 충 발생량이 많으면 1차 살포후 시간차로 연타하거나 해질녘 살포 후 이른 새벽 연타할 수 있다.
· 자닮유황을 추가하면 광범위 종합 살균살충제가 된다.
· 토양살충제로 사용 가능하며 토양살포나 관주로 한다.
· 은행삶은 물의 지속사용은 기피효과가 유발되어 충 발생양을 감소시키는 경향이 있다.
· 500ℓ기준 고운 황토분말 0.5~1kg을 추가하면 살충효과가 높아진다.
· 충발생량이 많으면 자닮오일을 10ℓ이상, 약초액을 20ℓ이상으로 늘릴 수 있다.
· **8**번은 **6**번과 **7**번의 효과를 포괄한다.

8번 농약으로 제어 가능한 충류

갈색날개매미충. 사진 박덕기

뽕나무이. 사진 박덕기

장수 쐐기나방. 사진 박덕기

끝동매미충. 사진 박덕기

선녀벌레 성충. 사진 안수정

선녀나방 약충. 사진 안수정

꽃매미 성충. 사진 안수정

꽃매미 약충. 사진 안수정

사과 면충. 사진 박덕기

9. 노린재 · 잎벼룩벌레 · 좀나방 · 심식나방 · 순나방 농약
(대상 : 담배거세미, 배나무이, 초파리, 고자리, 모기, 메뚜기, 총채벌레 등)

개발자 : 조영상

- 자닮오일   (500ℓ 기준 : **10ℓ**, 20ℓ 기준 : 400cc)
- 은행열매 삶은물   (500ℓ 기준 : **15ℓ**, 20ℓ 기준 : 600cc)

· 은행열매삶은물 대신 백두옹으로 대체할 수 있다. 총채벌레는 협죽도가 더 효과적이다.
· 자닮오일을 12ℓ이상, 약초액을 30ℓ까지 늘려 효과를 극대화할 수 있다.
· 자닮유황을 혼용하면 광범위 종합 살균살충제가 된다. 자닮오일과 약초액을 늘리면 효과가 높아진다.
· 500ℓ기준 고운 황토분말 0.5~1kg, 가성소다 0.5~1.5kg을 추가하면 살충효과가 높아진다.
  사전 농도장해테스트 필수. 하우스 작물은 주의 필요.
· 나방활동시간으로 방제 시간을 조정할 수도 있다.
· ❾번은 ❻번과 ❼번과 ❽번의 효과를 포괄한다.

9번 농약으로 제어 가능한 충류

개미톱다리허리노린재. 사진 박덕기

복숭아심식나방. 사진 박덕기

담배거세미나방. 사진 박덕기

꼬마배나무이. 사진 박덕기

굴나방. 사진 박덕기

귤총채벌레. 사진 박덕기

꽈리허리노린재. 사진 박덕기

모기. 사진 박덕기

초파리. 사진 박덕기

10. 민달팽이·달팽이 농약

개발자 : 조영상

- **자닮오일**   (500ℓ 기준 : **5ℓ**, 20ℓ 기준 : 200cc)
- **가성소다**   (500ℓ 기준 : **1.5kg**, 20ℓ 기준 : 60g)

· 가성소다를 1ℓ 정도의 물에 넣고 저어서 먼저 녹인 후 농약물과 혼합한다.
· 약초액을 추가하고 자닮오일을 늘리면 진딧물, 응애, 나방류 등의 방제도 가능하다.
· 하우스나 비가림 작물, 포도, 호박 등에 장해가 있을 수 있으며 사전에 농도장해 테스트 필수.
· 살포 시 농약물이 피부에 닿지 않게 주의 한다. 피부접촉시 화상이 생길 수 있다.
· 균 방제도 동시에 하려면 자닮유황을 추가한다.
· 500ℓ기준 고운 황토분말 0.5~1kg을 추가하면 살충효과가 높아진다.
· 자닮식 모든 농약의 효과를 높이기 위해 가성소다를 혼용할 수 있다.

10번 농약으로 제어 가능한 충류

명주달팽이. 사진 박덕기 | 민달팽이. 사진 박덕기 | 날개응애. 사진 박덕기
담배대진딧물. 사진 박덕기 | 명아주진딧물. 사진 박덕기 | 버들진딧물. 사진 박덕기
느티응애. 사진 박덕기 | 벨벳응애. 사진 박덕기 | 도라지수염진딧물. 사진 박덕기

11. 미생물 농약 (균과 사전 예방)

개발자 : 조영상

- **자닮오일**   (500ℓ 기준 : **5ℓ**, 20ℓ 기준 : 200cc)
- **자닮 미생물 배양액** (500ℓ 기준 : **20ℓ**, 20ℓ 기준 : 800cc)

· 균과 충의 발생하기 전에 사용하는 주기적 선방제 농약이다.
· 미생물 엽면살포는 균 다양성을 높여 병원균의 득세를 막는다.
· 균병이 발생하면 미생물 대신 자닮유황을, 충이 생기면 미생물을 빼고 약초액 양을 늘린다.
· 500ℓ기준 고운 황토분말 0.5~1kg을 추가하면 농약효과가 높아진다.
· 미생물 배양액의 양을 늘리는 것은 전착효과가 떨어져 바람직하지 않다.

11번 농약으로 예방 가능한 균과 충류

딸기흰가루병. 사진 박덕기  | 토마토잎곰팡이병. 사진 미상  | 오이흰가루병. 사진 미상

명나방. 사진 박덕기  | 목화진딧물. 사진 박덕기  | 물가지나방. 사진 박덕기

좁은가슴잎벌레. 사진 박덕기  | 담배나방. 사진 박덕기  | 도둑나방. 사진 박덕기

12. 광범위 종합 만능 살균살충제

개발자 : 조영상

- **자닮오일**   (500ℓ 기준 : **10ℓ**, 20ℓ 기준 : 400cc)
- **자닮유황**   (500ℓ 기준 : **1.2ℓ**, 20ℓ 기준 : 50cc)
- **은행열매 삶은 물** (500ℓ 기준 : **15ℓ**, 20ℓ 기준 : 600cc)

- 자닮오일을 12ℓ 이상, 은행열매삶은물을 30ℓ 까지 늘릴 수 있다. 모든 균과 충을 제어할 수 있다.
- 자닮유황은 감과 포도(캠벨), 호박, 깻잎은 500ℓ 기준 0.5ℓ정도로 사용하고 사전에 농도장해 테스트를 거쳐 사용한다. 대추 일부 품종에서 약흔이 생길 수 있다.
- 은행열매를 통채 삶아 사용하고, 은행 대신 고사리, 백두옹을 사용할 수 있다.
- 500ℓ기준 고운 황토분말 0.5~1kg, 가성소다 0.5~ 1.5kg을 추가하면 살충효과가 높아진다. 사전 농도장해테스트 필수. 하우스 작물은 주의 필요.
- 12번은 ❹번과 ❺번과 ❻번과 ❼번과 ❽번의 효과를 포괄한다.

12번 농약으로 제어가능한 충류

갈색주둥이노린재. 사진 박덕기

관감총채벌레. 사진 박덕기

꼬마배나무이. 사진 박덕기

네점박이노린재. 사진 박덕기

고자리파리유충. 사진 박덕기

담배거세미나방알. 사진 박덕기

대만흑수염진딧물. 사진 박덕기

목화바둑명나방. 사진 박덕기

배둥글노린재. 사진 박덕기

13. 과수 동계방제용 농약

개발자 : 김찬모

- **자닮오일** (500ℓ 기준 : **10ℓ**, 20ℓ 기준 : **400cc**)
- **자닮유황** (500ℓ 기준 : **5ℓ**, 20ℓ 기준 : **200cc**)
- **고운 황토분말** (500ℓ 기준 : **2kg**, 20ℓ 기준 : **80g**)

· 낙엽이 지지않는 과수는 자닮유황을 2ℓ이하로 내린다.
· 방제는 낙엽 후 1회, 2월부터 봄 새순이나 꽃이 피기 직전에 한번 그 일주일 전에 한번을 기본으로 충 발생이기에 따라 살포시기를 조정한다.
· 황토분말은 고운 암석분말로 대체할 수 있다.

황토분말 만들기: 농약물에 풀어서 가라앉지 않고 원활하게 살포될 수 있는 황토분말을 만들어야 한다. 예를 들어 거친 황토 1kg을 10ℓ의 물에 풀어 흙탕물을 내고 1분간 가라앉혀 윗물을 농약에 혼용한다. 고운 입자의 황토분말이 혼용되면 농약이 더욱 세밀한 곳까지 침투하고 오래 남게 되어 방제효과가 커진다.

13번 농약 제조 과정과 제어가능한 균과 충류

1. 고운 황토분말이다.

2. 2kg을 계량하여 물에 푼다.

3. 고운 망을 통해 거친 것을 걸러낸다.

4. 황토가 침전되지 않도록 기포기를 쓴다.

부란병. 사진 미상

긴꼬투리깍지벌레. 사진 박덕기

화살깍지벌레. 사진 박덕기

배나무이. 사진 박덕기

청태. 사진 미상)

14. 토양기반조성 (대상 : 토양선충, 청고병, 무름병, 바이러스병)

개발자 : 조영상

- **미생물 배양액 500ℓ** (10,000평까지 사용)
- **천일염 300평당 500g** (약간의 물에 녹여 추가)
- **천매암 우린 물 300평당 20ℓ** (없으면 제외)
- **산야초/열매액비 300평당 20ℓ 내외** (없으면 제외)

· 자닮에서 가장 중시하는 농업기술이다. 다수확은 물론 토양병해 전반을 해결한다.
· 과수는 신초발생이나 개화 전에 일반작물은 정식 전에 토양기반조성을 집중 반복 하는 것이 좋다.
· 다수확은 정식초기에 결정된다. 초기활착의 정도에 따라서 다수확이 결정된다.
· 정식과 개화전 비가림이나 비닐하우스의 경우 위 혼합물에 물을 대량 추가하여 토양 1m 이상 내려 갈 수 있도록 살포하고 노지는 가급적 비가 오기 전에 살포하며 원액 또는 물을 추가하여 살포한다.
· 작물 생육기에도 토양관주로 월 3~4회 지속적으로 사용한다. 물량은 필요한 만큼 추가한다.
· 미생물 배양액은 10,000 평까지 500ℓ를 그대로 사용할 수 있으며 천일염, 천매암, 액비는 300평을 기준으로 증량해나간다. 300평 이하 살포의 경우 천일염을 뺀다.
· 천매암우린 물은 천매암 60kg을 물 500ℓ에 넣고 휘저어 가라앉힌 윗물이다. 물을 지속적으로 추가하여 1년 내내 반복 사용한다. 천매암을 직접 토양에 평당 1kg내외를 살포할 수도 있다.

14번 농약의 효과와 제어 가능한 균과 충류

왕성한 뿌리활착에 도움. 사진 조영상

균형잡힌 뿌리의 확산에 도움. 사진 조영상

활착 좋아져 다수확에 도움. 사진 조영상

역병에 잘 걸리지 않는다. 사진 조영상

수분과 영양관리가 쉬워짐. 사진 조영상

뿌리혹선충. 사진 미상

시들음병. 사진 미상

바이러스병. 사진 미상

뿌리혹선충. 사진 미상

자닮식 토양관리의 결과로 어려운 과수의 낙엽병에 해결되고 있다. 우측의 감나무에는 낙엽병이 전혀 오지 않았다.

자닮책에 버블샷을 보고 이천의 권정기님이 개발한 버블샷 방식이다. 긴 나사를 사각에서 박고 가는 철사로 고정을 시켰다. 농약 물이 나오면서 나사에 부딪쳐 거품이 발생된다. 방제효가가 높아져 약초액을 추가하지 않고 자닮오일만으로도 응애를 수월하게 제어하고 있다.

새로운 방제 실험 버블샷 (500ℓ 기준, 자닮오일 5ℓ+돼지감자 삶은 물 5ℓ)

전 세계 어디에서나 쉽게 구할 수 있고 재배가능한 돼지감자의 효과를 극대화하기 위한 실험이다. 은행이나 할미꽃 등의 약초도 없이 자닮오일과 돼지감자만으로 살충효과를 극대화할 수 있는 방법을 찾는 과정에서 버블샷이라는 새로운 시도를 해보았다. 대형면적에서는 한계가 있겠지만 텃밭이나 도시농업에서는 충분히 적용 가능하다고 판단된다. 차량 세차에 많이 사용되는 버블샷 기계를 이용해서 거품 분사를 한 결과들이다.

인터넷 쇼핑몰을 통해서 10만원 정도에 구입할 수 있는 세차용 버블샷 기계이다.

돼지감자 삶은 물과 자닮오일의 결합으로 노린재 방제는 불가능하다. 그러나 버블샷은 달랐다.

버블샷 순간 나방이 거품 속에 완전 갖히며 순간 즉사하였다.

동력분무기에 거품 분사 노즐을 붙여 사용할 수도 있다.

돼지감자로 파리류는 방제할 수 없다. 그러나 버블에 갖힌 파리는 순간 즉사하였다.

14. 약초 훈증기 만들기

　약초 훈증기는 하우스 안에서 키가 낮은 작물의 충을 방제하는데 아주 유용하다. 특히 동절기에 하우스 안에서 물로 방제하면 습도가 높아져 과습의 문제가 생기는데 이를 극복하며 방제하는 방법이다. 응애, 담배가루이, 온실가루이와 굴파리 등 아주 작은 충들을 박멸하는 데 강력한 효과를 발휘한다. 연기가 모든 공간을 꽉 채워 빈틈을 없애기 때문이다. 약초로는 현재까지 담배가 주로 활용되고 있는데 다양한 약초들도 효과가 있을 것이라 기대하고 있다. 약초의 수분이 적으면 쉽게 타들어가 연기 발생량이 현저하게 줄어들기 때문에, 약초에 수분을 적당히 적셔 훈증기 안에 차곡차곡 쌓도록 한다. 약초 훈증기에 불을 붙이는 시간은 흐린날 오후 7시 이후로 하고 하우스 100평당 1~2개 정도가 적당하다. 흐린 날 훈증기를 사용하면 저기압의 영향으로 연기가 지표면에 깔리는 효과가 있다. 수정 벌통이 하우스 내에 있을 경우에는 벌통의 입구를 닫고 사용하고 다음 날 환기 후에 열어준다. 훈증기는 하우스 중간 중간 바닥에 놓고 불을 붙여 놓는다. 담배잎 사용시 과일에 담배향이 밸 수 있으니 수확기에는 사용하지 않는다. 약초 훈증의 가능성은 무궁무진하다. 아직 이 분야는 많은 연구를 해본 경험이 없지만 집중 연구하면 비닐 하우스 농사는 탈 농약의 길이 어렵지 않게 달성될 것이라고 기대한다. 기피효과와 살충효과가 뛰어난 은행잎을 하우스내에서 주기적으로 훈증하면, 향이 강한 박하나 정향, 방아나 초피 등을 훈증해서 하우스 내 향을 지속적으로 풍기게하면 어떤 결과가 나올까 참 궁금하다.

1. 식용유통을 약초 훈증기로 이용한다.

2. 쉽게 구멍을 뚫기 위해 뽀족한 망치를 준비한다.

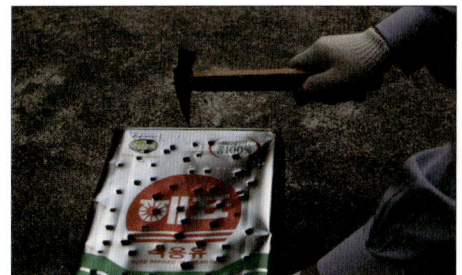

3. 4면의 측면에 구멍을 많이 낸다.

7. 약초가 타면서 연기를 많이 뿜게 물을 뿌려준다.

4. 바닥은 구멍을 좀 크게 해서 뚫는다.

8. 번개탄에 불이 붙으며 연기가 올라온다.

5. 하우스내 걸기 편하게 고리를, 바닥에 놓기도 한다.

9. 시간이 경과하면 연기의 양이 많아진다.

6. 정중앙에 번개탄을 넣는다.

10. 연기 발생 시간이 약 2시간 이상 된다.

자닮 천연농약 전문강좌 완전 공개!

자닮 사이트 (www.jadam.kr)와 YouTube를 통해 조영상 대표의 '천연농약 전문강좌'를 공개하였다. 자닮 강좌진행 수입이 줄어듦에도 불구하고 전 강좌를 완전 공개한 것은, 지역적 경제적 여건이 어려운 모든 분들도 쉽게 자닮의 초저비용농업을 배울 수 있도록 하기 위함이다. 앞으로 더 다양한 언어로 서비스 할 것이다. 자닮은 초저비용농업으로 대한민국 농업에 대혁신을 만들고자 한다.

자닮강좌 11. 아주 쉬운 무경운, 다수확 기술 비법2
JADAM Organic Farming in ...

자닮강좌 12. 밭 농사 원리가 몸 농사 원리, 자닮 SESE 건강법!
JADAM Organic Farming in ...

자닮강좌 13. 농약값 1/50로 확 줄인다. 진딧물, 흰가루병 100% 방제 실현, 천연농약...
JADAM Organic Farming in ...

자닮강좌 14. 화학농약 접고 완전 독립, 초저비용농업으로 직행, 전착제 자닮오일...
JADAM Organic Farming in ...

자닮강좌 14. 화학농약 접고 완전 독립, 초저비용농업으로 직행, 전착제 자닮오일...
JADAM Organic Farming in ...

자닮강좌 15. 고추 [탄저병] 확 잡는 초강력 살균제 자닮유황, 자가제조하면...
JADAM Organic Farming in ...

자닮강좌 16. 아주 흔한 식물이 강력한 살충제로, 약초 삶은 물 만들기
JADAM Organic Farming in ...

자닮강좌 17. 모든 해충 싹 잡는 기적같은 만병통치 살충제 탄생!!
JADAM Organic Farming in ...

자닮강좌 18. 모든 병해충 완벽방제 비법! 탄저병, 흰가루병, 곰팡이법,...
JADAM Organic Farming in ...

농약 약대, 노즐& 부품들, 아주 편리한 농약 살포시스템 만들기. 부품구입처 : https...
JADAM Organic Farming in ...

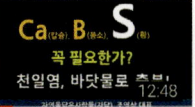
Ca(칼슘), B(붕소), S(황) 한방에 해결하는 비법! 자닮유황(황 25%) 직접...
JADAM Organic Farming in ...

N, P, K, Ca를 작물 생육주기별 차등 적용하는 방법에서 벗어나야 농업이...
JADAM Organic Farming in ...

맺음말

초저비용 유기농업에 관심을 보여주신 전세계 독자 여러분께 감사드립니다. 이 책은 현재 전 세계 아마존(Amazon)을 통해 판매되고 있습니다. 현재 영어, 스페인어, 중국어 및 일본어로 번역되었으며 향후 더 많은 언어로 출간할 예정입니다. 미국과 스페인, 필리핀에서 개최한 자닮 강좌를 통해서 초저비용 유기농업이 전세계 농부들에게 강력한 지지를 받고 있음을 실감했습니다. 날이 갈 수록 더 많은 독자로부터 호평을 받고 있어 영광입니다. 더욱 열심히 농업의 희망을 확장하기 위해 노력하겠습니다.

열대기후에서도 효과가 입증된 자닮 천연농약

자닮은 2018년 미국 하와이주 정부와 1년 동안 커피나무에 강력한 해충인 Coffee Berry Bore (CBB)에 대한 천연농약 방제 연구 계약을 체결했습니다. 우리는 CBB를 완전히 통제 할 수 있는 강력한 천연 살충제 혼합 비율을 찾는 데 성공했습니다. 또한 하와이에서 서식하는 다양한 농작물을 대상으로 자닮 천연농약을 적용해 보았으며, 열대 지역에서 발생하는 다양한 병해충에 대해서도 매우 효과적임을 확인했습니다. 자닮 기술이 전 세계적으로 통용될 수 있음을 보여준 것입니다. 농업기술에 완성은 없다고 생각합니다. 부족한 부분에 대한 의견을 보내 주시면 계속해서 내용을 보충하여 더 완벽한 책이 될 수 있도록 노력하겠습니다.

현대농업의 폐해, 위기의 농업

화학농약, 화학비료 및 제초제의 사용이 전 세계적으로 계속 증가하고 있습니다. 토양 오염과 지하수 오염이 점점 더 심각해 짐은 물론, 이제는 제초제가 맥주에서 흔히 발견되고 있으며 인간의 혈액에서 조차 화학농약 잔류가 검출되고 있어 충격을 주고 있습니다. 어린 아이들의 혈액에서 발견되는 잔류 농약은 소아 우울증을 유발하는 것으로 알려져 있습니다. 화학농약과 화학비료에 기반한 현대의 농업은 이미 지구와 인류에게 심각한 위협이 되고 있습니다. 한편, 전세계 농부들의 자살이 급증하고 있습니다. 농부 자살은 인도 뿐만 아니라 영국과 미국 같은 선진국에서도 심각한 사회적 문제가 되고 있습니다. 자살의 주요 원인은 경제적 파산입니다. 농부는 이제 세계에서 가장 빨리 사라지는 직업이 되었습니다. 나는 일찍이 이런 불행한 흐름이 가속화될 수 밖에 없는 구조적인 문제에 대해 관심을 기울여 왔습니다. 또한 이런 현상을 극복하기 위한 대안을 찾기 위해 수십 년 동안 노력해 왔습니다.

농업기술 누가 지배하는가?

전세계적으로 보편화된 농업기술은 상업적 기업에 의해, 오로지 기업의 이윤을 극대화하기 위해 설계되고 있습니다. 화학농약, 화학비료, 종자, 식량, 기계 등 농업관련 거의 모든 분야를 몇몇 거대한 소수의 회사들이 장악하고 있습니다. 화학농약 회사는 더 많은 농약을 사용할 수 밖에 없는 기술 개발에 집중하고, 화학비료 회사는 더 많은 비료를, 농업 기계 회사는 더 많은 기계를 사용하는 새로운 기술에 집중합니다. 현대 농업기술은 객관적인 과학적 결과로 완성 된 순수 학문이 아닙니다. 현대 농업기술은 기업의 이익을 위해서만 존재할 뿐, 농부와 농업을 위한 기술이 아닙니다. 또한, 농업기술은 기업과 전문가의 독점적 지위를 강화시키기 위해 의도적으로 복잡하고 어렵게 진화하고 있습니다. 농업기술이 더욱 복잡하고 어려워지면서 농부는 기술에 대한 주도권을 상실하게 되고, 농업은 점점 고비용 농업으로 변모합니다. 지금의 농민은 더 이상 생산자가 아닙니다. 거의 모든 농자재들을 구매하고 재배기술을 서비스 받는 단순 소비자로 전락하고 있습니다. 나는 이런 상황전개가 전세계적으로 농부 파산과 자살이 급증하는 근본적 원인이라고 생각합니다.

칼 마르크스(Karl Marx)는 200년 전에 '상업적 독점 자본이 우위를 차지하면 의심할 여지 없이 전 부분에 인간을 약탈하는 시스템이 작동한다'고 예언했습니다. 그리고 현대 사회는 그가 예언한 것과 정확히 일치하고 있습니다. 농업 부문은 물론 전세계 산업 전반에 거대한 상업적 기업들이 지배적 위치를 차지하고 있습니다. 오로지 기업 이윤을 추구하는 상업적 독점 자본의 지능적인 약탈 시스템의 작동으로 전세계 빈부격차는 점점 더 엄청난 간격으로 벌어지고 있습니다. 그 결과 이 세계는 기아와 난민이 폭증하고 테러와 전쟁의 수렁으로 빠져 있습니다.

상업적 기업이 만든 농업기술로부터 독립하라!

나는 이 구조적인 악순환의 고리를 끊을 수 있게 하는 근본적인 해결책은 농부 스스로 기술의 주도권을 가질 수 있는 쉽고 단순한 농업기술의 정립이라고 확신했습니다. 그래서 수십 년 동안 상업적 기업이 만든 기술로부터 자유로울 수 있는 자생적 농업기술 개발에 최선의 노력을 기울여 왔습니다. 나는 농업에 필요한 대부분의 농자재들을 간단히 만들 수 있는 방법뿐만 아니라, 매우 저렴한 비용으로 병해충을 쉽게 해결할 수 있는 천연농약 자가제조와 활용기술을 완성하였습니다.

자닮의 천연농약은 화학농약을 완전 대체하기에 충분하며 초저비용 유기농업에 핵심 기술입니다. 여러분께서 이 자닮의 농업기술을 받아들여, 기업이 만들어낸 고비용 농업기술, 자연 파괴적 기술로부터 완전 독립할 것을 강력하게 촉구합니다.

두번째 직업으로 유기농업을 제안합니다.
　지구 온난화로 날로 급증하는 전세계적 환경 재난을 보고 불확실한 미래에 대한 좌절감을 느끼는 것이 우리 일상이 되었습니다. 2019년 전세계 대륙의 수림에서 7만여건의 화재가 발생했습니다. 지구가 불타고 있습니다. 또한 대륙의 매우 많은 토지가 경작이 불가능한 토양으로 바뀌고 있으며, 수 십년 안에 대기근이 발생할 것으로 예측하고 있습니다. 앞으로 닥쳐올 식량 위기가 인류를 치명적인 위험에 빠뜨릴 것이 분명합니다. 또한 AI와 로봇이 모든 산업에 대중화되면서 인구 절반이 만성 실업에 빠질 것으로 예측합니다. 농업 생산 부문의 로봇화도 빠르게 진행되고 있어 농업 부분에서도 인간 노동력이 소외되고 있습니다. 우리의 삶은 이제 매우 불안정한 혼란 속으로 빠져들고 있습니다. 그래서 생존을 위한 전략적 선택이 매우 중요한 시점에 와있습니다. 유기농업은 더 이상 농부만의 직업이 아닙니다. 유기농업은 우리 삶을 지지하는 마지막 버팀목이 될 것입니다. 은퇴 후 30년을 아름답게 마무리할 수 있는 희망입니다.

　우리 가족에게 필요한 주요 식품을 스스로 해결할 수 있는 작은 농장을, 만성적인 실업의 위기로부터 자신을 지탱해 줄 제 2의 직업을, 삶을 행복과 희열로 이끌 수 있는 유기농업을 일상적으로 영위하는 것은 어떻습니까? 나는 여러분들이 전업 농부가 아니더라도 두 번째 직업으로 유기 농부가 될 것을 강력히 권합니다. 300평 정도의 작은 농장은 하루에 3~4시간 정도의 노동력으로 충분히 운영할 수 있습니다. 구매에 일상적으로 의존하는 대부분의 식품을 자급 자족할 수 있습니다. 필수적인 가공식품조차도 스스로 해결해 봅시다. 우리 삶에 필요한 거의 모든 것을 외부에 의존하는 생활 방식은 점점 더 위태로워 지고 있습니다. 새로운 생각, 새로운 전환이 필요합니다.

원래 유기농업이 말처럼 쉽지 않았습니다. 병해충 방제가 매우 어렵습니다. 그러나 자닮은 이 어려운 문제를 아주 손쉽게 해결할 수 초저비용 해법을 제시합니다. 비용도 적게 들어가고 농기계의 사용도 필요 없는 무경운 유기농업의 세계를 자닮을 통해서 경험해 보십시오. 자닮과 초저비용 유기농업에 든든한 동반자입니다.

내 인생의 여정

나는 중학교를 마치기 전까지 네 번의 죽음을 경험했습니다. 익사로 거의 죽을 뻔했고, 전신이 갑자기 마비되는 경험을, 장기 고열이 발생하여 전신 피부가 다 벗겨지기도 했습니다. 구강을 뾰족한 나무에 찔려서 대동맥이 파열되어 엄청난 피를 흘린 적도 있습니다. 반복되는 죽음의 경험으로 어린 나의 마음속에 새로운 인생관이 자리잡기 시작했던 것 같습니다. 자원 입대한 군대에서는 706 특공연대에 차출되었고, 그곳에서 강도 높은 특수훈련을 받으며 삶과 죽음의 미묘한 차이를 생생하게 느끼기도 했습니다. 나는 많은 차량사고를 보았고 고속도로에서 버스가 회전하며 전복되어 부상을 당하기도 했습니다. 이러한 경험들로 나는 죽음은 늘 문밖에 있다라는 생각을 가지고 살게 되었습니다. 나의 죽음에 대한 인식은 결국 행복한 가정을 만드는 데 도움이 되었으며, 자율적이고 편안한 자닮 조직 문화를 발전시키는 데 도움이 되었습니다. 늘 죽음을 염두에 두며 살아가는 것이 자닮의 기술 공유 문화를 정착시켰다고 생각합니다.

나는 자연 천연농약에 대한 핵심기술들을 다수 발명했습니다. 그 모든 기술은 특허없이 즉시 공개하였습니다. 특허 획득을 통해 막대한 부를 얻을 수 있었지만 대중적 공유를 선택했습니다. 이러한 결정에 큰 영향을 미친 두 명의 위대한 스승이 있습니다. 바로 예수 그리스도와 칼 마르크스입니다. 나는 이 위대한 두 스승을 열렬히 사랑합니다. 나는 수십년 동안 성서와 관련 역사적 자료를 탐독하였고, 칼 마르크스의 전기와 그의 책 "자본론"을 읽고 다시 읽었습니다. 두 스승은 서로 관련이 없는 것처럼 보일지 모르지만, 그들의 가슴 속에 인간에 대한 깊은 사랑이 있음을 깨달았기에 두 분은 내 마음 속에서 완전 조화를 이룰 수 있었습니다.

예수께서는 이렇게 말씀하셨습니다. "예수께서 이르시되 여자여 내 말을 믿으라 이 산에서도 말고 예루살렘에서도 말고 너희가 아버지께 예배할 때가 이르리라" (요한 복음 4:21). 예수께서는 독점화된 교회 권력에 저항하고 영성의 해방을 주장하셨습니다. 이러한 예수 모습은 무한한 감동으로 다가왔습니다. 칼 마르크스 (Karl Marx 1818 ~ 1883)는 "상업 자본이 의심의 여지가 없이 지배적 우위를 차지할 때 어느 곳에서나 약탈 시스템이 작동한다"고 예언했습니다. 칼 마르크스 예언했듯이, 전 지구적 산업부분은 몇몇 상업적 독점 자본에 의해 지배되고 있습니다. 안타깝게도 대중의 공익을 위해 존재해야 하는 의료와 농업 부문도 예외가 아닙니다. 나는 두 스승에게서 독점적 교회 권력으로부터 영성을 해방시키고, 상업적 독점 자본이 지배하고 있는 농업기술로부터 농업을 해방시키는 것이 매우 중요하다는 것을 배웠습니다. 이 위대한 두 스승이 추구한 사상이 지금의 자닮을 있게 했다고 해도 과언이 아닙니다.

나는 화학에 남다른 재능을 가지고 있어, 대부분 학생들은 화학을 배우는 데 어려움을 겪었지만 영어로 쓰여진 화학 서적들을 큰 어려움없이 이해할 수 있었습니다. 게다가 군대를 통해서 특수 훈련 경험까지 가지게 되었습니다. 그래서 그 당시 나는 전투 능력을 겸비한 정치 혁명가가되는 것을 운명으로 받아들이고 있었습니다. 나는 자본주의 사회에 대한 종말론적 미래를 확신했었기에 나의 운명을 따르려 했습니다. 군대에서 해방 신학자 구스타보 구티에레스 (Gustavo Gutiérrez 1928 ~)와 레오나르도 보프 (Leonardo Boff 1938 ~)를 책을 통해 만났습니다. 구스타보 구티에레스의 저서 '우리는 자신의 샘에서 물을 마신다'는 책은 큰 감동을 주었고 '영성의 해방'이라는 예수의 정신을 다시 일깨워 주었습니다. 이 책은 너무도 혼란스럽고 좌절했던 어려운 청년시기를 끝내고 농부로 인생의 방향을 정하는데 큰 도움이 되었습니다. 농업기술의 주도권을 농부 자신이 갖게하겠다는 '기술의 해방'이 인생의 목표로 공고화된 것입니다.

레오나르도 보프의 저서 "지구의 울음, 가난한 사람의 울음"과 "생태신학"은 나의 삶의 진로를 유기농업으로 바꾸어 놓았습니다. 즉각적인 실천, 참여와 행동을 원했던 나는 주변의 만류에도 불구하고 군 제대 후 대학 복학을 포기하고 농장을 시작하기 위해 시골로 내려갔습니다. 자연농업을 하시는 아버지 조한규님으로부터 돼지와 가금류를 포함한 농업 전반에 대해 배우기 시작했습니다. 이렇게 위대한 스승, 칼 마르크스와 예수의 사상을 쫓아 독점적 상업 자본으로부터 농업 기술을 해방시키기 위한 삶의 여정이 시작된 것입니다. 대학은 그 이후로 15년 만에 졸업 했습니다. 현재 대학원 박사과정을 밟고 있습니다. 공부는 언제나 할 수 있습니다.

농업기술을 상업적 독점자본으로부터 완전 해방시키려면 누구나 손쉽게 따라할 수 있는 천연농약 솔루션이 절실히 필요했습니다. 나는 수십 년 동안 농약에 관한 연구를 했으며 마침내 화학 살충제를 대체 할 수 있는 강력한 천연농약 솔루션을 완성하는데 성공했습니다. 나는 천연농약 솔루션을 누구나 쉽게 따라할 수 있도록, 단순하며 쉽고, 과학적이면서 효과적일 수 있도록 설계하는데 최선을 다했습니다(Simple, Easy, Scientific, Effective -

SESE). 자닮 농업 기술의 지향을 SESE로 해야겠다는 생각은 아시아의 위대한 사상가 노자(老子)의 말씀에서 비롯된 것입니다. 그는 2,500년 전 아주 아름다운 말을 했습니다. 상선약수(上善若水)라는 말입니다. 가장 큰 선은 물과 같다는 의미입니다. 나는 이 말씀을 듣고 곧 '최고의 농업 기술은 물과 같다' 라는 말로 떠올렸습니다. 바로 그 물의 의미가 자닮 기술 방향을 SESE로 정하도록 만든 것입니다. 여러분들도 자닮 천연농약 기술을 배우면서 놀랄 것입니다. 정말 SESE입니다.

자닮 초저비용 유기농업에는 동서양의 지혜가 함께 조화를 이루고 있습니다. 이런 지혜가 근본이 되고 늘 위로가 되었기에 한 번도 마음에 흔들림 없이 30여 년 한 길을 걸을 수 있었습니다. 이 책은 내가 개발한 기술뿐만 아니라 자닮과 함께하는 농부들이 개발하고 적극 공유한 기술들이 포함되어 있기에 더욱 의미가 깊습니다. 이 책에는 기술 공유와 연구에 참여한 농부들의 실명이 포함되어 있습니다. 정말 위대한 농부들입니다.

초저비용 유기농업을 추구하면서 자닮은 재정적으로 많은 어려움을 겪었습니다. 이렇게 30년을 넘게 조직을 유지할 수 있는 것은, 자닮의 가치를 인정하고 매달 정기 후원하는 2,000명 이상의 후원자가 있기 때문입니다. 이 후원자들의 후원이 없었다면 나는 이 세상에서 초저비용 유기농업의 가치를 실현하지 못했을 것입니다. 후원자 여러분께 진심으로 감사드립니다. 고맙습니다. 후원자 여러분!

국제적 기준이 되는 미국 유기농업 관련 규정

미국농무성(USDA)의 유기농업 관련 규정은 전세계 모든 국가의 유기농업 기준에 기준이 되고 있다. www.ams.usda.gov/rules-regulations/organic

미국농무성은 유기농업에 허용되는 물질을 내셔널 리스트(National List)항목으로 관리하고 있다. https://www.ams.usda.gov/rules-regulations/organic/national-list

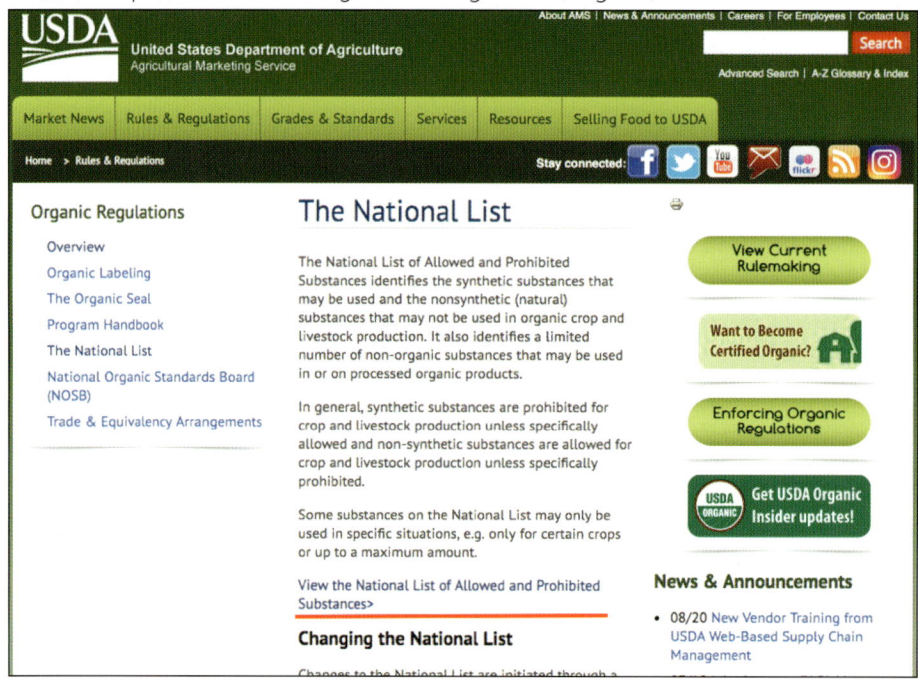

Electronic Code of Federal Regulations

e-CFR data is current as of June 27, 2019

§205.601 Synthetic substances allowed for use in organic crop production.

(m) As synthetic inert ingredients as classified by the Environmental Protection Agency (EPA), for use with nonsynthetic substances or synthetic substances listed in this section and used as an active pesticide ingredient in accordance with any limitations on the use of such substances.

(1) EPA List 4—Inerts of Minimal Concern.

(2) EPA List 3—Inerts of unknown toxicity—for use only in passive pheromone dispensers.

(n) Seed preparations. Hydrogen chloride (CAS # 7647-01-0)—for delinting cotton seed for planting.

(o) As production aids. Microcrystalline cheesewax (CAS #'s 64742-42-3, 8009-03-08, and 8002-74-2)-for use in log grown mushroom production. Must be made without either ethylene-propylene co-polymer or synthetic colors.

(p)-(z) [Reserved]

[65 FR 80637, Dec. 21, 2000, as amended at 68 FR 61992, Oct. 31, 2003; 71 FR 53302 Sept. 11, 2006; 72 FR 69572, Dec. 10, 2007; 75 FR 38696, July 6, 2010; 75 FR 77524, Dec. 13, 2010; 77 FR 8092, Feb. 14, 2012; 77 FR 33298, June 6, 2012; 77 FR 45907, Aug. 2, 2012; 78 FR 31821, May 28, 2013; 79 FR 58663, Sept. 30, 2014; 80 FR 77234, Dec. 14, 2015; 82 FR 31243, July 6, 2017; 83 FR 66571, Dec. 27,

미국은 화학(혼합)물질 중에서 독성등급이 낮은 EPA List 4와 3의 물질을 유기농업에 허용하고 있다. 이를 관리하는 National List에는 약 234종(종류)가 포함되어 있다. 자닮 천연농약은 국제적 기준을 완벽하게 준수하고 있다.

JADAM Natural Pesticide(NAP) are made from materials permitted by the USDA Organic Regulations.

U.S. Environmental Protection Agency
Office of Pesticide Programs List of Inert Pesticide Ingredients

List 4A - Minimal Risk Inert Ingredients   Sulfur(S)

U.S. Environmental Protection Agency
Office of Pesticide Programs List of Inert Pesticide Ingredients

List 4B - Other ingredients for which EPA has sufficient information to reasonably conclude that the current use pattern in pesticide products will not adversely affect public health or the environment.

Potassium hydroxide(KOH)
Sodium hydroxide (NaOH)

§205.601 Synthetic substances allowed for use in organic crop production.

In accordance with restrictions specified in this section, the following synthetic substances may be used in organic crop production: *Provided,* That, use of such substances do not contribute to contamination of crops, soil, or water. Substances allowed by this section, except disinfectants and sanitizers in paragraph (a) and those substances in paragraphs (c), (j), (k), and (l) of this section, may only be used when the provisions set forth in §205.206(a) through (d) prove insufficient to prevent or control the target pest.

(a) As algicide, disinfectants, and sanitizer, including irrigation system cleaning systems.

(1) Alcohols.

(i) Ethanol.

(ii) Isopropanol.

(2) Chlorine materials—For pre-harvest use, residual chlorine levels in the water in direct crop contact or as water from cleaning irrigation systems applied to soil must not exceed the maximum residual disinfectant limit under the Safe Drinking Water Act, except that chlorine products may be used in edible sprout production according to EPA label directions.

(i) Calcium hypochlorite.

(ii) Chlorine dioxide.

(iii) Hypochlorous acid—generated from electrolyzed water.

(iv) Sodium hypochlorite.

(3) Copper sulfate—for use as an algicide in aquatic rice systems, is limited to one application per field during any 24-month period. Application rates are limited to those which do not increase baseline soil test values for copper over a timeframe agreed upon by the producer and accredited certifying agent.

(4) Hydrogen peroxide.

(5) Ozone gas—for use as an irrigation system cleaner only.

(6) Peracetic acid—for use in disinfecting equipment, seed, and asexually propagated planting material. Also permitted in hydrogen peroxide formulations as allowed in §205.601(a) at concentration of no more than 6% as indicated on the pesticide product label.

(7) Soap-based algicide/demossers.

(8) Sodium carbonate peroxyhydrate (CAS #-15630-89-4)—Federal law restricts the use of this substance in food crop production to approved food uses identified on the product label.

(b) As herbicides, weed barriers, as applicable.

(1) Herbicides, soap-based—for use in farmstead maintenance (roadways, ditches, right of ways, building perimeters) and ornamental crops.

(2) Mulches.

(i) Newspaper or other recycled paper, without glossy or colored inks.

(ii) Plastic mulch and covers (petroleum-based other than polyvinyl chloride (PVC)).

(iii) Biodegradable biobased mulch film as defined in §205.2. Must be produced without organisms or feedstock derived from excluded methods.

(c) As compost feedstocks—Newspapers or other recycled paper, without glossy or colored inks.

(d) As animal repellents—Soaps, ammonium—for use as a large animal repellant only, no contact with soil or edible portion of crop.

(e) As insecticides (including acaricides or mite control).

(1) Ammonium carbonate—for use as bait in insect traps only, no direct contact with crop or soil.

(2) Aqueous potassium silicate (CAS #-1312-76-1)—the silica, used in the manufacture of potassium silicate, must be sourced from naturally occurring sand.

(3) Boric acid—structural pest control, no direct contact with organic food or crops.

(4) Copper sulfate—for use as tadpole shrimp control in aquatic rice production, is limited to one application per field during any 24-month period. Application rates are limited to levels which do not increase baseline soil test values for copper over a timeframe agreed upon by the producer and accredited certifying agent.

(5) Elemental sulfur.

(6) Lime sulfur—including calcium polysulfide.

(7) Oils, horticultural—narrow range oils as dormant, suffocating, and summer oils.

(8) Soaps, insecticidal.

(9) Sticky traps/barriers.

(10) Sucrose octanoate esters (CAS #s—42922-74-7; 58064-47-4)—in accordance with approved labeling.

(f) As insect management. Pheromones.

(g) As rodenticides. Vitamin D_3.

(h) As slug or snail bait. Ferric phosphate (CAS # 10045-86-0).

(i) As plant disease control.

(1) Aqueous potassium silicate (CAS #-1312-76-1)—the silica, used in the manufacture of potassium silicate, must be sourced from naturally occurring sand.

(2) Coppers, fixed—copper hydroxide, copper oxide, copper oxychloride, includes products exempted from EPA tolerance, *Provided,* That, copper-based materials must be used in a manner that minimizes accumulation in the soil and shall not be used as herbicides.

(3) Copper sulfate—Substance must be used in a manner that minimizes accumulation of copper in the soil.

(4) Hydrated lime.

(5) Hydrogen peroxide.

(6) Lime sulfur.

(7) Oils, horticultural, narrow range oils as dormant, suffocating, and summer oils.

(8) Peracetic acid—for use to control fire blight bacteria. Also permitted in hydrogen peroxide formulations as allowed in §205.601(i) at concentration of no more than 6% as indicated on the pesticide product label.

(9) Potassium bicarbonate.

(10) Elemental sulfur.

(j) As plant or soil amendments.

(1) Aquatic plant extracts (other than hydrolyzed)—Extraction process is limited to the use of potassium hydroxide or sodium hydroxide; solvent amount used is limited to that amount necessary for extraction.

(2) Elemental sulfur.

(3) Humic acids—naturally occurring deposits, water and alkali extracts only.

(4) Lignin sulfonate—chelating agent, dust suppressant.

(5) Magnesium oxide (CAS # 1309-48-4)—for use only to control the viscosity of a clay suspension agent for humates.

(6) Magnesium sulfate—allowed with a documented soil deficiency.

(7) Micronutrients—not to be used as a defoliant, herbicide, or desiccant. Those made from nitrates or chlorides are not allowed. Micronutrient deficiency must be documented by soil or tissue testing or other documented and verifiable method as approved by the certifying agent.

(i) Soluble boron products.

(ii) Sulfates, carbonates, oxides, or silicates of zinc, copper, iron, manganese, molybdenum, selenium, and cobalt.

(8) Liquid fish products—can be pH adjusted with sulfuric, citric or phosphoric acid. The amount of acid used shall not exceed the minimum needed to lower the pH to 3.5.

(9) Vitamins, B_1, C, and E.

(10) Squid byproducts—from food waste processing only. Can be pH adjusted with sulfuric, citric, or phosphoric acid. The amount of acid used shall not exceed the minimum needed to lower the pH to 3.5.

(11) Sulfurous acid (CAS # 7782-99-2) for on-farm generation of substance utilizing 99% purity elemental sulfur per paragraph (j)(2) of this section.

(k) As plant growth regulators. Ethylene gas—for regulation of pineapple flowering.

(l) As floating agents in postharvest handling. Sodium silicate—for tree fruit and fiber processing.

(m) As synthetic inert ingredients as classified by the Environmental Protection Agency (EPA), for use with nonsynthetic substances or synthetic substances listed in this section and used as an active pesticide ingredient in accordance with any limitations on the use of such substances.

(1) EPA List 4—Inerts of Minimal Concern.

(2) EPA List 3—Inerts of unknown toxicity—for use only in passive pheromone dispensers.

(n) Seed preparations. Hydrogen chloride (CAS # 7647-01-0)—for delinting cotton seed for planting.

(o) As production aids. Microcrystalline cheesewax (CAS #'s 64742-42-3, 8009-03-08, and 8002-74-2)-for use in log grown mushroom production. Must be made without either ethylene-propylene co-polymer or synthetic colors.

(p)-(z) [Reserved]

[65 FR 80637, Dec. 21, 2000, as amended at 68 FR 61992, Oct. 31, 2003; 71 FR 53302 Sept. 11, 2006; 72 FR 69572, Dec. 10, 2007; 75 FR 38696, July 6, 2010; 75 FR 77524, Dec. 13, 2010; 77 FR 8092, Feb. 14, 2012; 77 FR 33298, June 6, 2012; 77 FR 45907, Aug. 2, 2012; 78 FR 31821, May 28, 2013; 79 FR 58663, Sept. 30, 2014; 80 FR 77234, Dec. 14, 2015; 82 FR 31243, July 6, 2017; 83 FR 66571, Dec. 27, 2018]

National List Sunset Dates

National List Section	Substance	Listing	Sunset
205.605(b)	Monoglycerides	Glycerides (mono and di)—for use only in drum drying of food.	3/15/2022
205.605(b)	Nutrient vitamins and minerals	Nutrient vitamins and minerals, in accordance with 21 CFR 104.20, Nutritional Quality Guidelines For Foods.	3/15/2022
205.605(b)	Ozone	Ozone.	3/15/2022
205.605(b)	Peracetic acid	Peracetic acid/Peroxyacetic acid (CAS # 79-21-0)—for use in wash and/or rinse water according to FDA limitations. For use as a sanitizer on food contact surfaces.	9/12/2021
205.605(b)	Phosphoric acid	Phosphoric acid—cleaning of food-contact surfaces and equipment only.	3/15/2022
205.605(b)	Potassium acid tartrate	Potassium acid tartrate.	3/15/2022
205.605(b)	Potassium carbonate	Potassium carbonate.	3/15/2022
205.605(b)	Potassium citrate	Potassium citrate.	3/15/2022
205.605(b)	Potassium hydroxide	Potassium hydroxide—prohibited for use in lye peeling of fruits and vegetables except when used for peeling peaches.	5/29/2023
205.605(b)	Potassium phosphate	Potassium phosphate—for use only in agricultural products labeled "made with organic (specific ingredients or food group(s))," prohibited in agricultural products labeled "organic".	3/15/2022
205.605(b)	Silicon dioxide	Silicon dioxide—Permitted as a defoamer. Allowed for other uses when organic rice hulls are not commercially available.	11/3/2023
205.605(b)	Sodium acid pyrophosphate	Sodium acid pyrophosphate (CAS # 7758-16-9)—for use only as a leavening agent.	9/12/2021
205.605(b)	Sodium citrate	Sodium citrate.	3/15/2022
205.605(b)	Sodium hydroxide	Sodium hydroxide—prohibited for use in lye peeling of fruits and vegetables.	3/15/2022
205.605(b)	Sodium hypochlorite	Chlorine materials—disinfecting and sanitizing food contact surfaces, Except, That, residual chlorine levels in the water shall not exceed the maximum residual disinfectant limit under the Safe Drinking Water Act (Calcium hypochlorite; Chlorine dioxide; and Sodium hypochlorite).	3/15/2022
205.605(b)	Sodium phosphates	Sodium phosphates—for use only in dairy foods.	3/15/2022

National List Section	Substance	Listing	Sunset
205.605(b)	Sulfur dioxide	Sulfur dioxide—for use only in wine labeled "made with organic grapes," Provided, That, total sulfite concentration does not exceed 100 ppm.	3/15/2022
205.605(b)	Tocopherols	Tocopherols—derived from vegetable oil when rosemary extracts are not a suitable alternative.	3/15/2022
205.605(b)	Xanthan gum	Xanthan gum.	3/15/2022
205.606	Arabic gum	Gums—water extracted only (Arabic; Guar; Locust bean; and Carob bean).	3/15/2022
205.606	Beet juice extract color	Beet juice extract color (pigment CAS # 7659–95–2).	3/15/2022
205.606	Beta-carotene extract color	Beta-carotene extract color—derived from carrots or algae (pigment CAS# 7235-40-7).	5/29/2023
205.606	Black currant juice color	Black currant juice color (pigment CAS #'s: 528–58–5, 528–53–0, 643–84–5, 134–01–0, 1429–30–7, and 134–04–3).	3/15/2022
205.606	Black/Purple carrot juice color	Black/Purple carrot juice color (pigment CAS #'s: 528–58–5, 528–53–0, 643–84–5, 134–01–0, 1429–30–7, and 134–04–3).	3/15/2022
205.606	Blueberry juice color	Blueberry juice color (pigment CAS #'s: 528–58–5, 528–53–0, 643–84–5, 134–01–0, 1429–30–7, and 134–04–3).	3/15/2022
205.606	Carob bean gum	Gums—water extracted only (Arabic; Guar; Locust bean; and Carob bean).	3/15/2022
205.606	Carrot juice color	Carrot juice color (pigment CAS # 1393–63–1).	3/15/2022
205.606	Casings	Casings, from processed intestines.	3/15/2022
205.606	Celery powder	Celery powder.	3/15/2022
205.606	Cherry juice color	Cherry juice color (pigment CAS #'s: 528–58–5, 528–53–0, 643–84–5, 134–01–0, 1429–30–7, and 134–04–3).	3/15/2022
205.606	Chokeberry—Aronia juice color	Chokeberry—Aronia juice color (pigment CAS #'s: 528–58–5, 528–53–0, 643–84–5, 134–01–0, 1429–30–7, and 134–04–3).	3/15/2022
205.606	Cornstarch (native)	Cornstarch (native).	3/15/2022
205.606	Elderberry juice color	Elderberry juice color (pigment CAS #'s: 528–58–5, 528–53–0, 643–84–5, 134–01–0, 1429–30–7, and 134–04–3).	3/15/2022

☐ 대한민국 유기농업 관련 규정
(친환경농어업 육성 및 유기식품등의 관리,지원에 관한법률) 2015.12월 개정

[별표 1]

허용물질의 종류(제3조제1항 관련)

1. 유기식품등에 사용가능한 물질

가. 유기농산물 및 유기임산물

1) 토양개량과 작물생육을 위하여 사용이 가능한 물질

사용가능 물질	사용가능 조건
○ 농장 및 가금류의 퇴구비(堆廐肥) ○ 퇴비화 된 가축배설물 ○ 건조된 농장 퇴구비 및 탈수한 가금 퇴구비	○ 별표 3 제2호다목5)에 적합할 것
○ 식물 또는 식물 잔류물로 만든 퇴비	○ 충분히 부숙(腐熟: 썩다)된 것일 것
○ 버섯재배 및 지렁이 양식에서 생긴 퇴비	○ 버섯재배 및 지렁이 양식에 사용되는 자재는 이 목 1)에서 사용이 가능한 것으로 규정된 물질만을 사용할 것
○ 지렁이 또는 곤충으로부터 온 부식토	○ 지렁이 및 곤충의 먹이는 이 목 1)에서 사용이 가능한 것으로 규정된 물질만을 사용할 것
○ 식품 및 섬유공장의 유기적 부산물	○ 합성첨가물이 포함되어 있지 않을 것
○ 유기농장 부산물로 만든 비료	○ 화학물질의 첨가나 화학적 제조공정을 거치지 않을 것
○ 혈분·육분·골분·깃털분 등 도축장과 수산물 가공공장에서 나온 동물부산물	○ 화학물질의 첨가나 화학적 제조공정을 거치지 않아야 하고, 항생물질이 검출되지 않을 것
○ 대두박, 쌀겨 유박, 깻묵 등 식물성 유박(油粕)류	○ 유전자를 변형한 물질이 포함되지 않을 것 ○ 최종제품에 화학물질이 남지 않을 것
○ 제당산업의 부산물[당밀, 비나스(Vinasse), 식품등급의 설탕, 포도당 포함]	○ 유해 화학물질로 처리되지 않을 것
○ 유기농업에서 유래한 재료를 가공하는 산업의 부산물	○ 합성첨가물이 포함되어 있지 않을 것
○ 오줌	○ 충분한 발효와 희석을 거쳐 사용할 것
○ 사람의 배설물	○ 완전히 발효되어 부숙된 것일 것 ○ 고온발효: 50℃ 이상에서 7일 이상 발효된 것 ○ 저온발효: 6개월 이상 발효된 것일 것 ○ 엽채류 등 농산물·임산물의 사람이 직접 먹는 부위에는 사용 금지

사용가능 물질	사용가능 조건
○ 벌레 등 자연적으로 생긴 유기체	
○ 구아노(Guano: 바닷새, 박쥐 등의 배설물)	화학물질 첨가나 화학적 제조 공정을 거치지 않을 것
○ 짚, 왕겨, 쌀겨 및 산야초	비료화하여 사용할 경우에는 화학물질 첨가나 화학적 제조공정을 거치지 않을 것
○ 톱밥, 나무껍질 및 목재 부스러기 ○ 나무 숯 및 나뭇재	○ 「폐기물관리법 시행규칙」에 따라 환경부장관이 고시하는 「폐목재의 분류 및 재활용기준」의 1등급에 해당하는 목재 또는 그 목재의 부산물을 원료로 하여 생산한 것일 것
○ 황산칼륨, 랑베나이트(해수의 증발로 생성된 암염) 또는 광물염 ○ 석회소다 염화물 ○ 석회질 마그네슘 암석 ○ 마그네슘 암석 ○ 사리염(황산마그네슘) 및 천연석(황산칼슘) ○ 석회석 등 자연에서 유래한 탄산칼슘 ○ 점토광물(벤토나이트·펄라이트 및 제올라이트·일라이트 등) ○ 질석(Vermiculite: 풍화한 흑운모) ○ 붕소·철·망간·구리·몰리브덴 및 아연 등 미량원소	○ 천연에서 유래하여야 하고, 단순 물리적으로 가공한 것일 것 ○ 사람의 건강 또는 농업환경에 위해(危害)요소로 작용하는 광물질(예: 석면광, 수은광 등)은 사용할 수 없음
○ 칼륨암석 및 채굴된 칼륨염	○ 천연에서 유래하여야 하고 단순 물리적으로 가공한 것으로 염소함량이 60퍼센트 미만일 것
○ 천연 인광석 및 인산알루미늄칼슘	○ 천연에서 유래하여야 하고 단순 물리적 공정으로 제조된 것이어야 하며, 인을 오산화인(P_2O_5)으로 환산하여 1kg 중 카드뮴이 90mg/kg 이하일 것
○ 자연암석분말·분쇄석 또는 그 용액	○ 화학물질의 첨가나 화학적 제조공정을 거치지 않을 것 ○ 사람의 건강 또는 농업환경에 위해요소로 작용하는 광물질이 포함된 암석은 사용할 수 없음
○ 광물을 제련하고 남은 찌꺼기[베이직 슬래그, 광재(鑛滓)]	○ 광물의 제련과정에서 나온 것(예: 비료 제조 시 화학물질이 포함되지 않은 규산질 비료)

사용가능 물질	사용가능 조건
○ 염화나트륨(소금) 및 해수	○ 염화나트륨(소금)은 채굴한 암염 및 천일염(잔류농약이 검출되지 않아야 함)일 것 ○ 해수는 다음 조건에 따라 사용할 것 - 천연에서 유래할 것 - 엽면(葉面) 시비용으로 사용할 것 - 토양에 염류가 쌓이지 않도록 필요한 최소량만을 사용할 것
○ 목초액	○ 「목재의 지속가능한 이용에 관한 법률」 제20조에 따라 국립산림과학원장이 고시한 규격 및 품질 등에 적합할 것
○ 키토산	○ 농촌진흥청장이 정하여 고시한 품질규격에 적합할 것
○ 미생물 및 미생물추출물	○ 미생물의 배양과정이 끝난 후에 화학물질의 첨가나 화학적 제조공정을 거치지 않을 것
○ 이탄(泥炭, Peat), 토탄(土炭, peat moss), 토탄 추출물	
○ 해조류, 해조류 추출물, 해조류 퇴적물	
○ 황	
○ 주정 찌꺼기(stillage) 및 그 추출물(암모니아 주정 찌꺼기는 제외한다)	
○ 클로렐라(담수녹조) 및 그 추출물	○ 클로렐라 배양과정이 끝난 후에 화학물질의 첨가나 화학적 제조공정을 거치지 아니할 것

2) 병해충 관리를 위하여 사용이 가능한 물질

사용가능 물질	사용가능 조건
○ 제충국 추출물	○ 제충국(Chrysanthemum cinerariae folium)에서 추출된 천연물질일 것
○ 데리스(Derris) 추출물	○ 데리스(Derris spp., Lonchocarpus spp 및 Terphrosia spp.)에서 추출된 천연물질일 것
○ 쿠아시아(Quassia) 추출물	○ 쿠아시아(Quassia amara)에서 추출된 천연물질일 것
○ 라이아니아(Ryania) 추출물	○ 라이아니아(Ryania speciosa)에서 추출된 천연물질일 것

사용가능 물질	사용가능 조건
○ 님(Neem) 추출물	○ 님(Azadirachta indica)에서 추출된 천연물질일 것
○ 해수 및 천일염	○ 잔류농약이 검출되지 않을 것
○ 젤라틴(Gelatine)	○ 크롬(Cr)처리 등 화학적 공정을 거치지 않을 것
○ 난황(卵黃, 계란노른자 포함)	○ 화학물질이나 화학적 제조 공정을 거치지 않을 것
○ 식초 등 천연산	○ 화학물질의 첨가나 화학적 제조공정을 거치지 않을 것
○ 누룩곰팡이(Aspergillus)의 발효 생산물	○ 미생물의 배양과정이 끝난 후에 화학물질의 첨가나 화학적 제조공정을 거치지 않을 것
○ 목초액	○ 「목재의 지속 가능한 이용에 관한 법률」 제20조에 따라 국립산림과학원장이 고시한 규격 및 품질 등에 적합할 것
○ 담배잎차(순수니코틴은 제외)	○ 물로 추출한 것일 것
○ 키토산	○ 농촌진흥청장이 정하여 고시한 품질규격에 적합할 것
○ 밀납(Beeswax) 및 프로폴리스(Propolis)	
○ 동·식물성 오일	○ 천연유화제로 제조할 경우에 한하여 수산화칼륨은 동물성·식물성 오일 사용량 이하로 최소화하여 사용할 것. 다만, 인증품 생산계획서에 등록하고 사용할 것.
○ 해조류·해조류가루·해조류추출액	
○ 인지질(lecithin)	
○ 카제인(유단백질)	
○ 버섯 추출액	
○ 클로렐라(담수녹조) 및 그 추출물	○ 클로렐라 배양과정이 끝난 후에 화학물질의 첨가나 화학적 제조공정을 거치지 아니할 것
○ 천연식물(약초 등)에서 추출한 제재(담배는 제외)	
○ 식물성 퇴비발효 추출액	○ 별표 1 제1호가목1)에서 정해진 허용물질 중 식물성 원료를 충분히 부숙(腐熟)시킨 퇴비로 제조할 것 ○ 물로만 추출할 것

사용가능 물질	사용가능 조건
○ 구리염 ○ 보르도액 ○ 수산화동 ○ 산염화동 ○ 부르고뉴액	○ 토양에 구리가 축적되지 않도록 필요한 최소량만을 사용할 것
○ 생석회(산화칼슘) 및 소석회(수산화칼슘) ○ 석회보르도액 및 석회유황합제	○ 토양에 직접 살포하지 않을 것
○ 에틸렌	○ 키위, 바나나와 감의 숙성을 위하여 사용할 것
○ 규산염 및 벤토나이트	○ 천연에서 유래하거나, 이를 단순 물리적으로 가공한 것만 사용할 것
○ 규산나트륨	○ 천연규사와 탄산나트륨을 이용하여 제조한 것일 것
○ 규조토	○ 천연에서 유래하고 단순 물리적으로 가공한 것일 것
○ 맥반석 등 광물질 가루	○ 천연에서 유래하고 단순 물리적으로 가공한 것일 것 ○ 사람의 건강 또는 농업환경에 위해요소로 작용하는 광물질(예: 석면광 및 수은광 등)은 사용할 수 없음
○ 인산철	○ 달팽이 관리용으로만 사용할 것만 해당함
○ 파라핀 오일	
○ 중탄산나트륨 및 중탄산칼륨	
○ 과망간산칼륨	○ 과수의 병해관리용으로만 사용할 것
○ 황	○ 액상화할 경우에 한하여 수산화나트륨은 황 사용량 이하로 최소화하여 사용할 것. 반드시 인증품 생산계획서에 등록하고 사용할 것
○ 미생물 및 미생물 추출물	○ 미생물의 배양과정이 끝난 후에 화학물질의 첨가나 화학적 제조공정을 거치지 않을 것
○ 천적	○ 생태계 교란종이 아닐 것
○ 성 유인물질(페로몬)	○ 작물에 직접 처리하지 않을 것(덫에만 사용할 것)
○ 메타알데하이드	○ 별도 용기에 담아서 사용하고, 토양이나 작물에 직접 처리하지 않을 것(덫에만 사용할 것)
○ 이산화탄소 및 질소가스	○ 과실 창고의 대기 농도 조정용으로만 사용할 것

사용가능 물질	사용가능 조건
○ 비누(Potassium Soaps)	
○ 에틸알콜	○ 발효주정일 것
○ 허브식물 및 기피식물	○ 생태계 교란종이 아닐 것
○ 기계유	○ 과수농가의 월동 해충 구제용에만 허용 ○ 수확기 과실에 직접 사용하지 않을 것
○ 웅성불임곤충	

3. 유기농업자재 제조 시 보조제로 사용가능한 물질

사용가능 물질	사용가능 조건
○ 미국 환경보호국(EPA)에서 정하는 농약제품에 허가된 불활성 성분 목록 (Inert Ingredients List) 3 또는 4에 해당하는 보조제	○ 제1호가목2) 병해충 관리를 위하여 사용이 가능한 물질을 화학적으로 변화시키지 않으면서 단순히 PH 조정 등과 같은 효과를 증진시키기 위하여 첨가하는 것으로만 사용할 것 ○ 유기농업자재를 생산, 제조·가공 또는 취급하는 자는 물을 제외한 보조제가 주원료의 투입비율을 초과하지 않았다는 것을 인증품 생산계획서 또는 공시(품질인증) 생산계획서에 기록·관리하고 사용할 것 ○ 불활성 성분 목록 3의 식품등급에 해당하는 보조제는 식품의약품안전처에서 식품첨가물로 지정된 물질일 것

🗂 유기농업에 도움이 되는 책들 (무순)

석유 없는 세상, 그리고 닥칠 위기들 (제임스 쿤슬러/갈라파)

뜨거운 지구가 보내는 냉혹한 경고 (레스터 브라운/ 도요새)

석유 종말에 대한 충격 리포트 (크리스토퍼 스타이너/ 시공)

진화생물학자의 환경 보고서 (폴 에얼릭 외/ 부키)

세계 장기 전망에 관한 미래예측서 (박영숙 외/ 교보문고)

석유 시대 종말과 현대문명의 미래 (리처드 하인버그/ 시공)

인류가 없는 지구에 어떤 일이 (앨런 와이즈먼/ 랜덤하우스)

고령화 사회를 위한 미래 성찰 (테드 C. 피시언/반비)

식량 전쟁을 싸고 벌어지는 세계화의 본질 (월든 벨로/ 더숲)

식량으로 세계를 지배하려는 음모 (부르스터 닐/ 시대의 창)

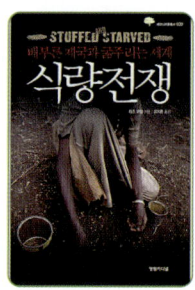
배부른 제국과 굶주리는 세계 (라즈 파텔/ 영림카디널)

달러의 탄생과 금융 몰락의 진실 (엘렌 H. 브라운/ 이른아침)

(앨리스 아웃워터 외 /궁리)

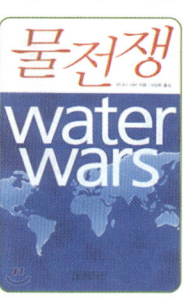
물로 인해 전개되는 긴박한 긴장 (반다나 시바/ 생각의 나무)

세계 곳곳에서 일어나는 물 재난 (찰스 피시먼/ 생각연구소)

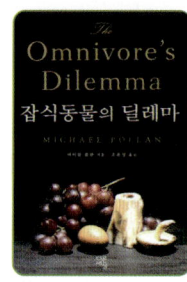
잃어버린 식탁 위의 이야기 (마이클 폴란/ 다른세상)

한국농업의 르네상스를 위한 전략
(성진근 외 / 삼성경제연구소)

농촌살리기 세계 기행
(이상무 / 도솔)

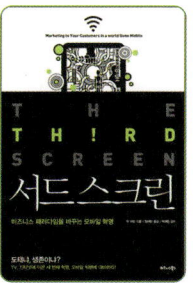
모바일 혁명이 비즈니스에 미치는 영향 (척 마틴/비즈니스북스)

21세기 인류 문명의 새로운 가치방향 (도올 김용옥/통나무)

BOP시장을 개척하는 5가지 전략(유엔개발계획 / 에이지21)

경제를 모르면 다 모른다.
(최진기/한빛비즈)

자발적 동기 부여의 중요성
(다니엘 핑크 / 청림출판)

유명 동화작가의 아름다운 정원 (타샤 튜터 / 월북)

장하준의 경제학 파노라마
(장하준 / 부키)

빚, 악마에게 영혼을 판 대가
(마거릿 애트우드 / 민음사)

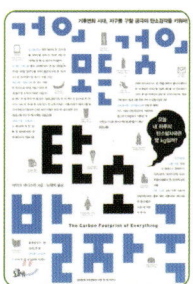
내 하루 탄소발자국은 몇 kg일까
(마이크 버너리스 / 도요새)

자연공동체 아미쉬의 삶의 기록들
(브래드 이고우/생태마을연구회)

엔트로피법칙이 가져올 엄청난 변화
(제레미 리프킨/세종연구원)

농업, 자급에 대한 성찰
(아마자키연구소/녹색평론사)

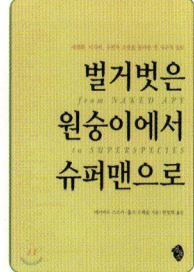
세계화, 유전자 조작의 세계적 음모
(데이비드 스즈키 외/검둥소)

지금 당신의 밥상은 안전합니까(폴 로버츠 / 민음사)

식품과 약이 당신의 건강을 해친다 (랜덜 피츠제럴드 / 시공사)

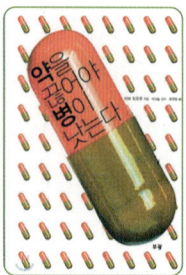
약이 새로운 병의 원인이 된다. (아보 도오루 / 부광출판사)

실내 공기 화학물질에 오염 심각 (마크 R. 스넬러 / 더난출판사)

많이 바를수록 노화를 부르는 화장품 (구희연 외 / 거름)

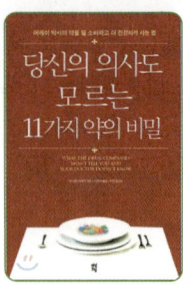
약 덜 소비하고 건강하게 사는 법 (마이클 머레이 / 다산초당)

새롭게 태어나는 내 몸의 혁명 (안드레한드로 융거 / 샘앤파커스)

비타민 과잉 섭취의 해악 (예르크 치틀라우스 / 21세기북스)

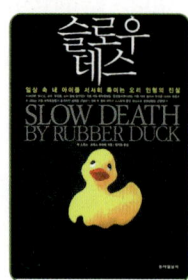
아이를 서서히 죽이는 오리 인형 (릭 스미스 외 / 동아일보사)

물의 역할과 그 효과 (F. 뱃맨겔리지 / 물병자리)

인간의 질병, 진화의 놀라운 상관관계 (샤론 모알렘 / 김영사)

농장에서 식탁까지 잔인한 여정 (피터 싱어 외 / 산책자)

녹색연합이 추천하는 요리 110선 (녹색연합 / 북센스)

밥상이 희망이다 (제인구달 외 / 사이언스북스)

(이나가키 히데히로 / 생각의 나무)

(엄성희 / 김영사)

왕필, 소자유 등의 노자풀이 (초횡 / 두레)

흙에 대한 역동적 생명 이야기
(제임스 B, 나르디/상상의 숲)

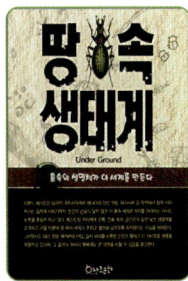
흙 속의 생명체가 이 세계를 만든다
(이본느 베스킨/창조문화)

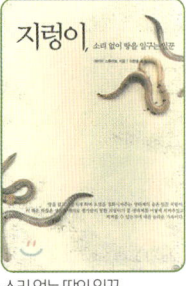
소리 없는 땅의 일꾼
(에이미 스튜어트/달팽이)

농업과 삶의 조화로운 모색
(헨리 데이빗소로우/은행나무)

합성물질이 환경을 오염시켜 결국
(스티븐해로드뷰너/나무심는사람)

나도 모르게 쌓여가는 중금속의 진실 (오모리 다카시/에코리브르)

죽음을 생산하는 몬산토의 실체(마리-모니크 로뱅 / 이레)

생명이 품고 있는 다양한 가치
(에드워드 윌슨/사이언스북스)

토양의 기초에서 최신연구까지 (Nyle C, Brady / 교보문고)

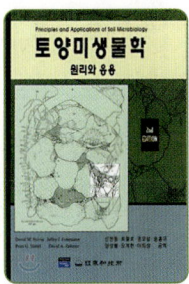
토양미생물의 원리와 응용
(David M Sylvia/동화기술)

고대문명의 환경문제와 몰락은
(도널드 휴즈 / 사이언스북스)

쉽고 재밌게 이해하는 화학의 세계 (래리고닉 외 / 궁리)

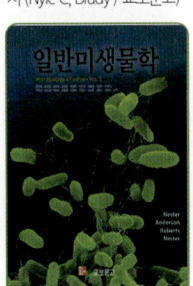
미생물의 모든 것
(네스터 외 / 교보문고)

식물 병해충의 모든 것
(병리학연구모임/월드사이언스)

식물생리학의 모든 것
(LINCOLN 외/라이프사이언스)

(임선욱 / 일신사)

참고도서 ● 369

유기농업의 원류-중국,한국,일본 (F.H. 킹 / 들녘)

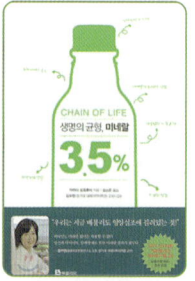
미네랄 부족으로 건강에 적신호 (야마다 도요후미 / 북폴리오)

내 몸에 필요한 영양의 모든 것 (얼L 민델 / 이젠)

건강을 해치는 달콤한 살인자 (낸시 애플턴 외/싸이프레스)

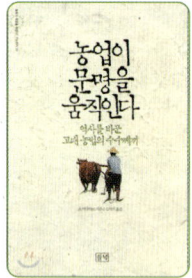
역사를 바꾼 고대 농업의 수수께끼 (요시다 타로 / 들녘)

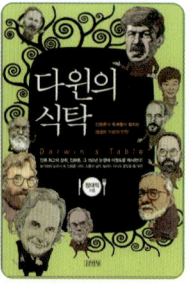
흥미진진한 진화론에 대한 논쟁 (장대익 / 김영사)

알기 쉬운 생물학의 세계 (프랭크 H, 해프너/도솔)

똥에 관한 모든 것 (조셉 젠킨스 / 녹색평론사)

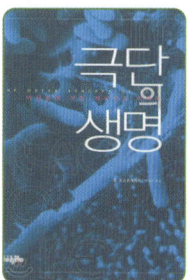
미생물에 관한 재미있는 이야기(존 포스트게이트 / 코기토)

미생물의 흥미진진한 역사 (버나드 딕슨 /사이언스북스)

바이러스도 분명한 생명체다 (이재열 / 지호)

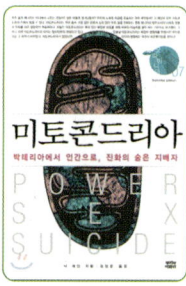
진화의 숨은 지배자의 역할 (닉 레인 / 뿌리와이파리)

인류는 질병과 어떻게 싸우는가(매리언 켄들 / 궁리)

생명 사이 놀라운 동적 평형의 신비 (후쿠오카 신이치/은행나무)

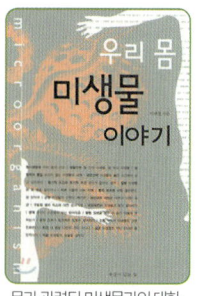
몸과 관련된 미생물과의 대화 (이재열 / 우물이있는집)

물의 신비로운 세계 (에모토 마사루 / 더난출판사)

식물의 비밀, 생명의 문을 여는 열쇠 (피터 톰킨스 / 정신세계사)

면역학의 새로운 도발 (타다 토미오 / 한울)

생명의 블랙박스를 열다 (션 B. 캐럴 / 지호)

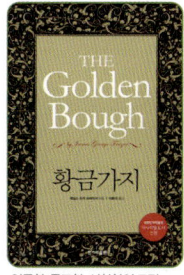
인류학, 종교학, 신화학의 고전 (제임스 프레이져 / 한겨레신문사)

알고 보면 반드시 알아야 할 (요네야마 마사노부 / 이지북)

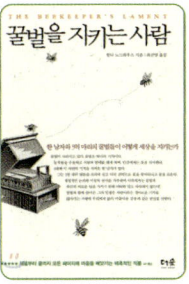
5억 마리 벌이 세상을 어떻게 지키는가 (한나 노드하우스 / 더숲)

네 안에 잠든 DNA를 깨워라! (제임스 베어드 외 / 베이직북스)

식물도감이 만들어지기까지 (애너 파브로드 / 글항아리)

순환의 농사, 순환하는 삶 (안철환 / 들녘)

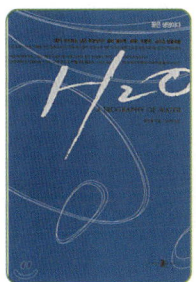
물은 모든 생명의 자궁이다. (필립 볼 / 양문)

매혹적인 생명들의 세계 (후쿠오카 신이치 / 은행나무)

생물에게 성의 발생과 그 의미 (린 마굴리스 외 / 지호)

자연을 꿈꾸는 뒷간 (이동범 / 들녘)

약이 되는 잡초 음식들 (변현단 외 / 들녘)

자가채종의 실제 (안완식 / 들녘)

생명 진화의 신비로운 세계 (린 마굴리스 외 / 지호)

자유인 조르바가 펼치는 영혼의 삶 (니코스 카잔차키스/열린책들)

인간의 생명을 구하는 식물의 신비 (장준근/아카데미북)

약초의 성분과 이용에 대하여 (북한과학백과사전출판/일월서각)

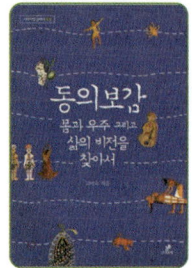
몸과 우주의 비전을 찾아서 (고미숙/그린비)

유전자 지상주의 통렬 비판 제기 (이블린 폭스켈러/지호)

21세기 지식의 대통합, 지식의 혁명 (에드워드 윌슨/사이언스북)

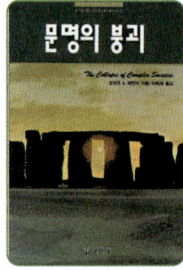
문명과 국가의 붕괴에 관한 탐구 (조지프 A. 테인터/대원사)

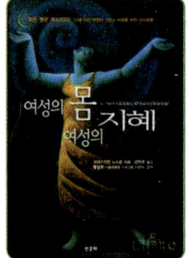
육체와 영혼의 진정한 치유의 시작 (크리스티안/한문화)

아미쉬공동체로부터 배우는 삶 (임세근/리수)

농사와 먹거리에 대한 성찰 (웬델 베리/낮은산)

버몬트 숲에서 산 스무 해의 기록 (헬렌 니어링 외/보리)

글로벌셀러 아마존 판매 실전 바이블 (저자 : 최진태)

아마존과 제프 베조스의 모든 것 (브레드 스톤/21세기북스)

372 • 자닭 유기농업